천왕성은 왜 거꾸로 있을까?

우주 저편에 대한 148가지 질문

천왕성은 왜 거꾸로 있을까?

WHY IS URANUS UPSIDE DOWN?

프레드 왓슨 지음
김소정 옮김 | 김웅태 감수

사람과책

추천의 글

내가 학교를 다녔던 1970년대 중반, 과학 시간에 가장 많이 한 건 쥐 해부였다. 머리 달링 분지에서 물이 증발하는 원리를 설명해야 할 때면 선생님은 슬쩍 쥐 해부 시간을 끼어 넣었다. 지구와 토성 사이의 거리를 물을 때도 선생님의 대답은 "우리, 쥐를 해부해볼까?"였다.

이것은 대단한 학습법이었지만, 유일한 문제는 내가 해부해놓은 쥐를 볼 때마다 처음에는 그저 기분이 나쁘다가 결국 어지러워서 쓰러지고 만다는 점이었다. 교실 밖에서 수업이 끝나기만을 기다려야 했던 나날이 얼마나 많았던가! 교실 밖에 나가 있었던 것이 몇 번이었는지는 정확하게 기억나지 않지만 반 친구들 서른 두 명이 소리를 죽이고 킥킥거렸던 것만은 분명히 기억한다.

이렇게 약한 기질만 타고나지 않았어도 지금쯤 나는 훌륭한 과학자가 되어 밤마다 새로운 행성을 찾아내거나 질병에서 세상을 구해냈을 것이다. 하지만 수업 시간 대부분을 인사불성인 상태로 지내다 보면 과학의 기본지식은 쌓기 힘들다.

그러나 나는 30년 전부터 지금까지 언제나 과학에 대한 열망에 사로잡혀 있었다. 그리고 ABC 라디오 방송을 진행하면서, 쥐를 해부할 때마다 기절하는 나 같은 사람은 많지 않지만, 과학에 목말라하는 사람은 놀라울 정도로 많다는 것을 알게 되었다.

1950년대 말, C. P. 스노는 유명한 저서 『두 문화와 과학 혁명 *The Two Cultures and the Scientific Revolution*』에서 인류를 크게 두 부류, 인문 과학에 지식 기반을 둔 사람들과 자연 과학에 지식 기반을 둔 사람들로 나누었다. 그리고 둘의 차이가 세상에서 일어나는 문제를 푸는 데 장애가 된다고 말했다.

두 문화의 차이는 여전히 존재하지만, 여기 그 간격을 넘나들며 활약하는 유쾌한 사람들이 있다. 지금은 그 어느 때보다 비과학자들이 과학의 세계를 이해하기 위해 노력하는 시대이며, 과학자들도 일반인들이 흥미를 잃어버리지 않도록 누구나 쉽게 이해할 수 있는 언어로 자신들의 과학을 표현하려고 노력하고 있다.

프레드 왓슨도 바로 그런 과학자이다. 그는 정말 멋지게 과학을 전달하는 사람이다. 천문학을 이야기하는 그의 목소리에는 하나 가득 즐거움이 담겨 있다. 오랫동안 셀 수도 없이 많은 날들을 ABC 라디오에서 흘러나오는 그의 방송을 들었지만 한 번도 열정이 식었다거나 지쳤다는 느낌은 받지 못했다. 그다지 많진 않았지만 그를 만나 인터뷰를 할 때마다 정말 기분이 좋았다.

프레드 왓슨은 자신의 전공 분야에 대한 조예가 아주 깊지만, 초심자들의 궁금증을 정확하게 꿰뚫어본다. 청취자들의 질문을 받을 때면 아주 어려운 질문에도 당황하는 법이 없으며 아주 기본적인 질문에도 성심성의껏 답해준다.

뭐니 뭐니 해도 프레드 왓슨의 가장 뛰어난 능력은 우쭐대지 않고 말하는 능력이라고 생각한다. 그는 자신의 전문 지식을 과시하지 않는다. 자신이 대단한 학자라는 사실을 결코 뽐내지 않는다. 그는 비전문가의 이해를 돕는 성실한 안내자가 되는 일에만 신경을 쓴다.

그는 자세하고도 명확한 설명, 유머, 현란한 말솜씨 등 다양한 도구를 활용한다. 어떤 도구를 사용하든 결과는 항상 똑같다. 그의 설명을 듣는 순간 자신도 모르게 과학의 세계로 들어가 있는 것이다.

프레드 왓슨의 설명에는 어떠한 기교도 없다. 우리 같은 일반인들은 과학자들이 주고받는 이야기를 듣다 보면 도대체 무슨 말인지 몰라 내 자신이 바보처럼 느껴지거나 지식이 부족한 사람처럼 느껴질 때가 있다. 그러나 프레드 왓슨의 설명은 대화가 됐건 책이 됐건 논문이 됐건 간에 전혀 다른 느낌을 준다. 흐리멍덩했던 머릿속 안개가 걷히고 나도 충분히 지식 사회의 일원이 될 수 있다는 자신감을 심어준다. 그는 우리가 건널 수 있게 저 건너편에 있는 세상에 다리를 던져주는 사람이다.

다행히 쥐를 해부하지 않는데도 말이다.

시드니에서, 리처드 글로버

감사의 글

라디오 대담 시간에 청취자들과 나눈 이야기를 책으로 펴내려면 무엇보다도 먼저 청취자들이 있어야 합니다. 그래서 나는 제일 먼저 청취자 분들에게 감사드리고 싶습니다. 청취자 분들의 질문이 없었다면 이 책은 출간되지 못했을 겁니다. 이 책을 선택하신 분들이라면 이미 짐작하고 계시겠지만 이 책의 제목도 사실 청취자 한 분이 했던 질문입니다.

그리고 함께 방송을 진행해주신 분들이 계십니다. 제 방송에 정기적으로 출연해주신 분들은 1장에서 특별히 감사의 말씀을 드리겠지만 그 외에도 앨리슨 뷰캐넌, 린드 번스, 버니 홉스, 케리 앤 케널리, 조지 클루그, 레이첼 콘, 사이먼 마니, 스티브 마틴, 줄리 맥크로신, 재니스 맥길크리스, 이안 맥나마라, 마가렛 스로스비, 제임스 발렌틴, 로빈 윌리엄스에게도 감사의 인사를 드립니다. 수전 애킨슨, 마이클 배드콕, 로안 버윅, 린들 벨, 헬렌 브라운, 준 카울, 네바 풀, 에이미 샘브룩, 켈리 세퍼드, 젠 스미스, 토미 트위스 같은 프로듀서들과 일할 수 있었다는 사실은 정말 행운이라고 생각합니다.

때때로 자신이 진행하는 〈드라이브 쇼 Drive Show〉에 초대해

주고, 추천사에서 나를 한껏 치켜세워준 리처드 글로버에게는 특히 고맙다는 말을 전하고 싶습니다.

이 책을 쓰는 동안 정말 많은 사람들의 도움을 받았습니다. 제일 먼저, 오랫동안 지독한 고통을 참아 준 가족들에게 감사의 인사를 전합니다. 끊임없이 휴대용 컴퓨터에 매달려 사는 사람과 함께 살아야 한다는 것은 참으로 고통스러운 일입니다. 그런 고통을 참아준 트리시, 제임스, 윌에게 진심으로 다시 한 번 감사의 말을 전합니다. 제 딸들 헬렌과 안나에게도, 그리고 스코틀랜드에 살고 있는 그들의 가족들에게도 감사의 말을 전합니다.

앵글로 오스트레일리안 천문대의 소장이자 앵글로 오스트레일리안 망원경을 책임지고 있는 사람들 중 하나인 매슈 콜리스에게 감사의 말을 전할 수 있다는 사실이 정말 행복합니다. 제 동료들인 천문대 식구들에게도 감사의 말을 전합니다.

수 년 동안 친구 및 동료들과 나눈 대화 덕분에 이 책을 완성할 수 있었습니다. 피터 에이브러햄, 고(故) 데이비드 앨런, 제레미 베일리, 브라이언 보일, 러셀 캐넌, 브래드 카터, 빅터 클루비, 고(故) 존 도우, 글렌 도스, 켄 프리먼, 게리 길모어, 피터 그레이, 산드라 해리슨, 데릭 하틀리, 타냐 힐, 롭 할로우, 스티븐 휴즈, 아닐로 이안누치, 크리스 임페이, 데이비드 킬케니, 존 라탄지오, 찰리 라인위버, 닉 롬, 말콤 롱에어, 존 루시, 데이비드 맥키넌, 롭 맥노트, 패드릭 무어 경, 폴 머딘, 샘 네자드, 피터 노스필드, 파커, 로이 페리, 빌 레이드, 빅터 리처드슨, 마조리 로버츠, 존 사키시안, 브라이언 슈미트, 헬렌 심, 고(故) 데이비드 신든, 고(故) 바비 베일, 켄 월레스, 존 왓슨, 앨런 왓슨, 피트 휠러, 그레엄 화이트, 더그 휘테트, 트레버 윌슨, 레그 윌슨에게 감사의 말을 전합니다.

이 책을 처음 기획하게 된 계기는 청취자 한 분 덕분이지만 엘렌 앤 언윈(A & U) 사의 매기 해밀턴과 이언 바우링이 아니었다면 이 책은 세상에 나오지 못했을 겁니다. 세 분 모두에게 감사를 드립니다. 또한 엠마 코터, 안젤라 햄드리, 클라라 핀레이, 펠리시티 맥알파인, 조 루드에게 함께 일하는 동안 정말 즐거웠다고 말하고 싶습니다.

마지막으로 영감은 다양한 삶을 사는 여러 사람에게서 얻을 수 있다는 말을 드리고 싶습니다. 예전에 내가 활동했던 포크 블루스 그룹 레디 믹스트의 동료였던 케니 브릴, 자신의 힘만으로도 놀라운 업적을 쌓은 은퇴한 스코틀랜드 출신 기술자 짐 캐넌, 전설적인 호주 제작자 로스 에드워즈, 우주를 보는 방식을 바꾼 데이비드 말린, 세상을 보는 눈이 놀라울 정도로 독특한 사진작가 프랜시스 목닉, '할 수 있다'는 자세로 나를 깜짝 놀라게 한 트라이브 트래블 오스트레일리아의 마니 오그 같은 모든 분들께 감사의 인사를 전합니다.

차례

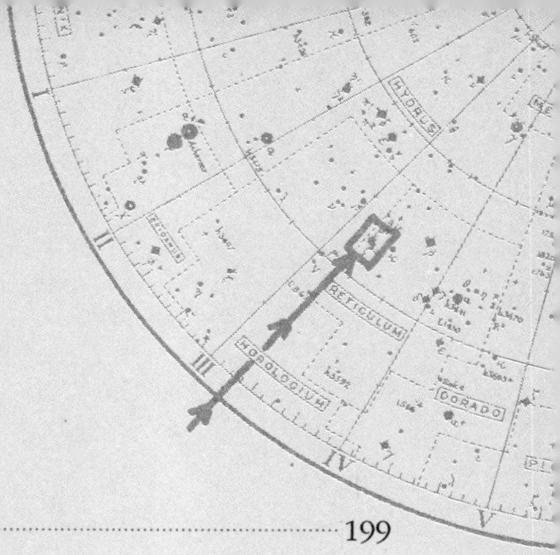
HYDRUS
RETICULUM
HOROLOGIUM
DORADO

Space 01

전파 천문학

우주 저편에서 온 소식들

당시 데이비드 앨런은 눈에 보이는 가시광선의 가장 끝 부분에 있는 붉은 선 바깥 영역을 관찰하고, 그 어두운 곳에 어떤 것이 있는지 알아내려는 적외선 천문학이라는 새로운 영역을 개척해 나가면서 명성을 쌓고 있었다. 우주여행을 목전에 앞두고 있는 오늘날, 약간의 가능성만을 제시했던 적외선 천문학은 현대 기술에 힘입어 새로운 신기술로 성장해 가고 있다. 전직 화학 연구원이었던 데이비드 말린은 그 무렵 혼자서 천문학 사진의 일대 혁신을 이룩하려 하고 있었다. 데이비드 말린이 개발한 기술로 찍은 근사한 별 사진이 전 세계 유명 음반은 물론이고 우표에 이르기까지 그 멋진 모습을 뽐낼 날도 머지않았다.

RADIO ASTRONOMY

1978년을 기억하는 사람들은 손을 번쩍 들어보자. 손을 들지 않아도 괜찮다. 그런 사람은 미래에 속한 사람이니까. 이 책이 그런 사람들에게 도움이 됐으면 하는 바람이다.

손을 든 사람들은 우리 모임에 들어오기 바란다. 당신은 우리 세대임이 분명하다. 사실 나는 1978년을 바로 어제처럼 생생하게 기억한다. 1978년 6월에 나는 스코틀랜드에 있는 집을 떠나 호주를 처음 방문했다. 호주와 스코틀랜드 모두 계절의 끝자락에 있었지만 두 곳의 기후는 놀라울 정도로 비슷했다고 기억한다. 에든버러에 있는 영국 왕립 천문대 소속 젊은 천문학자였던 나는 한적한 뉴사우스웨일스 쿠나바라브란(Coonabarabran)에 있는 거대한 앵글로 오스트레일리안 망원경을 볼 수 있다는 사실에 한껏 고무되어 있었다. 그때만 해도 앵글로 오스트레일리안 망원경은 최신형 장비로 세상에서 가장 큰 망원경 가운데 하나였다. 흔히 티밀(t'mill)이라고 부르던 산업화된 요크셔 공장 지대에서 자란 신참 천문학자에게 앵글로 오스트레일리안 천문대에서의 경험은 정말로 굉장한 것이었다(티밀에는 언제나 트러블(trubble)이 있다).

내가 호주를 방문한 이유는 묘하게도 지금도 내가 풀어내야 할 과제인 가능한 많은 수의 별들의 속도를 측정하기 위해서였지만 당시 내 목적은 제대로 달성되지 못했다. 아니 제대로가 아니라 첫 번째 방문은 완전히 실패라고 하는 편이 옳다. 망원경을 써도 좋다는 허락을 받은 4일 동안 날씨가 너무 나빠 결국 아무 소득 없이 영국으로 돌아와야 했기 때문이다. 천문학에서 기상 현상의 좋

●●● 트러블(trubble) : 트러블은 목욕을 아주 싫어하는 작은 두더지라는 것 외에는 알려진 것이 거의 없는 단어다. 저자가 'trouble at t'mill'이라는 구절을 발음이 비슷한 트러블(trubble)로 바꾼 농담이다. – 옮긴이

고 나쁨은 전적으로 뽑기 운에 달려 있으니 나로서는 그 다음 해를 기약하는 것밖에는 다른 도리가 없었다. 그런데 내게는 불행이었던 날씨가 뉴사우스웨일스 농부들에게는 희소식이었단다.

지금 와서 그때를 돌이켜보면 천문 자료는 조금도 가져오지 못했지만 그보다 훨씬 중요한 무언가를 가지고 왔음이 분명하다. 그것은 바로 영감이었다. 그때 나는 영감을 한 바가지 퍼 가지고 왔다. 당시 앵글로 오스트레일리안 천문대에는 열정과 번뜩이는 아이디어로 넘치는 영국 출신 과학자 세 명이 있었다. 함께 협력해 여러 가지 업적을 쌓아가던 세 사람은 아주 재미있는 책도 함께 썼다. 호주를 처음 방문했을 때 나는 세 사람을 만나고 정말 강렬한 인상을 받았다. 그들이 바로 데이비드 앨런, 데이비드 말린, 폴 머딘이다.

나와 직접 일했던 사람은 폴로 내가 망원경의 다양한 특성을 익히도록 도와주었다. 손재주가 없는 방문객들을 돕지 않을 때면 폴은 주로 폭발한 별의 잔재를 연구했지만 그의 흥미는 다방면에 걸쳐 있었다. 사실 두 데이비드도 마찬가지였다.

당시 데이비드 앨런은 눈에 보이는 가시광선의 가장 끝 부분에 있는 붉은 선 바깥 영역을 관찰하고, 그 어두운 곳에 어떤 것이 있는지 알아내려는 적외선 천문학이라는 새로운 영역을 개척해 나가면서 명성을 쌓고 있었다. 우주여행을 목전에 두고 있는 오늘날, 약간의 가능성만을 제시했던 적외선 천문학은 현대 기술에 힘입어 새로운 신기술로 성장해 가고 있다. 전직 화학 연구원이었던 데이비드 말린은 그 무렵 혼자서 천문학 사진의 일대 혁신을 이룩하려 하고 있었다. 데이비드 말린이 개발한 기술로 찍은 근사한 별 사진이 전 세계 유명 음반은 물론이고 우표에 이르기까지 그 멋진 모습을 뽐낼 날도 머지않았다.

그러나 세 사람이 정말로 나를 놀라게 한 점은 자신들의 흥미와 열정을 다른 사람에게 전달하는 대화 방식이었다. 그들은 천문학 교수이건 택시 운전사건 간에 상관없이 자신들이 하고자 하는 말을 정말 쉽게 전달했다. 세 사람 모두 자신들이 연구하는 학문에 대한 깊은 조예와 사랑을 품고 있으며 다른 사람들이 궁금해하는 점을 정확하게 알고 있었기 때문에 쉽게 설명할 수 있었다. 그리고 무엇보다도 세 사람은 사람을 좋아했다. 타고난 과학 전달자인 세 사람을 보고 나는 깊은 감명을 받았고 그들처럼 되고 싶었다.

스코틀랜드로 돌아오고 몇 년이 지났을 때 내게도 과학 전달자가 될 기회가 찾아왔다. 어떤 연유에서인지는 몰라도 내 연구와는 별도로 왕립 천문대 방문 센터를 관리하게 된 탓에 언론사 질문에 답해야 하는 일이 종종 있었다. 하루는 우주의 대기록으로 남겨질 새로운 발견이 언론에 발표됐다. 바로 앵글로 오스트레일리안 망원경이 비행청소년인 젊은 은하 준항성체, 퀘이사(quasar)를 발견했던 것이었다. 준항성체는 인류가 발견한 천체 가운데 가장 멀리 있는 천체였다. 그 때문에 스코틀랜드 BBC 방송에서 준항성체 발견에 대해서 설명해 달라며 나를 초대했다. 〈브렉퍼스트 쇼 Breakfast Show〉에서 방송할 내용을 녹음한 BBC 방송은 방송에 내보내기 전에 퀸 스트리트에 있는 스튜디오에서 녹음한 내용을 꼼꼼하게 점검했다.

녹음은 무사히 진행되었고 다음 날 나는 공중파를 타고 흘러나오는 감미로운 내 목소리를 듣기 위해 철저하게 준비하고 있었다. 그러나 내 목소리는 전파를 타지 못했다. 그날 1982년 4월 2일, 영국 언론들은 일제히 아르헨티나 군대가 남태평양 포클랜드 제도를 침범한 사실을 보도하느라 정신이 없었다. 급히 내각이 구성되고 수상이 성명서를 발표하고 군사 작전이 시작되고…… 정신없는 일이 계속해서 벌어졌다. 모든 것이 끝나버리고 말았다. 그날 아침에 벌어진 일은 마가렛 대처 수상을 국가와 함께 한 잔혹한 신혼여행을 끝내고 관계 회복의 길로 들어서게 했지만 프레드 왓슨의 방송 입문은 불운하게 끝내 버렸다.

반면 호주에 있던 세 사람은 승승장구했다. 세 사람 모두 일반인들이 쉽게 다가갈 수 있는 천문학 책을 출간했고 인기 있는 천문학 강사가 되었다. 영국으로 돌아온 폴은 영국 천문학계가 진행하는 프로그램을 책임지는 사람이 되었다. 호주에서 안정적으로 정착한 데이비드 말린은 앵글로 오스트레일리안 천문대의 망원경 두 대를 이용해 그 어느 때보다 생생한 천체 사진을 찍어내고 있었다. 그가 찍은 천체 사진은 아름다울 뿐 아니라 세밀한 정보를 제공해, 과학적으로도 어마어마한 가치를 지니고 있다고 평가받고 있다. 적외선 천문학을 연구하는 데이비드 앨런은 혁신적인 과학 기술을 한층 더 세련된 단계로 발전시켰으며 자신이 직접 적외선 천문학에서 쓸 혁신적인 장비들을 만들어 냈다.

데이비드 앨런은 아주 다양한 분야에 관심이 많았다. 그는 달이나 금성 같은 가까운 천체는 물론이고 먼 곳에 있는 준항성체 같은 천체도 연구했다. 앨런이 앵글로 오스트레일리안 천문대에서 중요한 자리에 오르자 호주 방송에 출연하는 일이 많아졌다. 그는 ABC(The Australian Broadcasting Corporation) 방송에 자주 출연하는 유명 인사가 되었다. 하지만 불행한 일이 일어났다. 1993년 앨런은 급속도로 번지는 뇌종양에 걸렸다는 진단을 받고 다음 해 47세의 나이로 세상을 떠났다. 그의 죽음은 가족뿐 아니라 과학계와 호주 과학의 대중화라는 측면에서도 정말 크나큰 손실이었다.

앨런이 세상을 떠나고 3년이 흐른 후, 그러니까 포클랜드 전쟁 발발 후 15년이 흐른 후에 내게 두 번째 기회가 찾아왔다. 그때 나는 쿠나바라브란에 있는 앵글로 오스트레일리안 천문대 천문 학장이었다. ABC 시드니 방송국에서 필립 클락이 진행하는 〈브렉퍼스트 쇼〉에 출연해서 일주일 동안 매일 아침 전화 통화로 천문학에 관한 이야기를 나누어 달라는 의뢰가 들어왔다. 10분간 두세 가지 천문학 이야기와 새로운 우주 소식을 전하고 청취자들의 질문을 받으면 된다고 했다. 이렇게 시작한 아침 방송을 지금까지 계속하고 있다. 지금 사회자는 스스로를 세련된 책벌레(Sleek Geek)라고 부르는 애덤 스펜서이다. 수학자였던 애덤은 라디오 방송 진행자로 멋지게 변신했다. 〈브렉퍼스트 쇼〉의 시청률을 급상승시킨 사람은 필립 클락이 그만두고 애덤 스펜서가 사회를 맡기 전까지 4년 반 동안 진행을 맡았던 안젤라 캐턴스이다.

안젤라는 우리가 함께 진행하는 방송을 정말 좋아했다. 그중에서도 특히 몇억 광년이 떨어진 곳에서 벌어지는 일에 대해서 이야기할 때면 무척 흥미로워했다. 가까운 곳에 닭장이 있는 야외에서 전화를 받을 때가 많았기 때문에 '프레드의 닭에게 이름을 지어주기' 같은 오락거리를 생각해 낸 사람도 안젤라였다. 가까이에 닭장이 있었기 때문에 전화 통화를 하는 동안 꼬꼬댁 소리가 대화를 방해하는 경우가 많았다. 안젤라의 제안을 들은 청취자들이 백여 통이 넘는 전화를 걸어왔기 때문에 결국 무명의 닭에게 이름이 생겼다.

하늘 위로 지나가는 국제 우주 정거장을 본 것도 안젤라와 통화하고 있을 때였다. 그때 나는 쿠나바라브란에 있는 우리 집에서 시드니 쪽으로 빠른 속도로 날아가고 있는 작은 빛을 보면서 우주 정거장을 찾고 있는 시청자들에게 어떤 물체가 우주 정거장인지를 설명해 주었다. 우주 정거장을 찾은 수많은 사람들이 한껏 고무되어 우리에게 전화를 걸어왔다. 그중에 한 사람은 버스에 타고 있는 사람 가운데 절반 정도가 헤드폰을 쓰고 있었는데, 모두들 갑자기 창문 밖으로 고개를 내밀더니 하늘을 쳐다봤다고 했다.

ABC 시드니 방송의 〈브렉퍼스트 쇼〉 덕분에 ABC 방송국과 몇몇 방송국에 비슷한 정규 방송이 생겨났으며 그 덕분에 나는 수도 없이 많은 유능한 사회자들을 만날 수 있었다. 그중에서 리사 햄프셔, 브라이오니 페치, 젠 레이시, 제임스 올로그린, 크리스토퍼 로렌스, 게리 콕스헤드, 앤드류 던클리, 이안 로저슨, 마이키 로빈스 같은, 지금은 친구가 되어 준 좋은 사람들을 많이 만나는 행운을 누렸다. ABC 중서부 및 서부 평원 지부에서 몇 달 동안 진행된 방송은 하늘에 관한 것이라면 청취자들과 아무 제한 없이 이야기를 나눌 수 있는 공개 토론장이 되기도 했다. 자신들의 크고 청명한 하늘을 자랑스러워하고 밤낮으로 보는 존재에 대해 알고 싶어 하는 열정적인 관측자들과의 대화는 정말 많은 보람을 느끼게 했다.

청취자가 도시에 살건 시골에 살건 간에 청취자들의 질문을 받는다는 사실은 정말 큰 기쁨이었다. 내가 모르는 문제를 대답해야 할 때면 솔직하게 모른다고 대답하고 다음 시간에 대답할 내용으로 기록해 두었다. 나 같은 천문학자들은 처음부터 꼼꼼하게 파고들어갔기 때문에 많은 것을 알고 있을 뿐, 특별한 재능이 있어야 우주에 관한 지식을 쌓을 수 있는 것은 아니다. 호주에 살고 있는 천문학자라면 누구나 ABC 라디오 방송에서 내가 하는 일을 멋지게 해 낼 수 있다. 하지만 어쩌면 앵글로 오스트레일리안 천문대가 소속 과학자들의 방송 능력을 키워 주고 있는지도 모르겠다. 데이비드 앨런, 데이비드 말린, 폴 머딘이 바로 그 증거가 아닌가!

이 책은 청취자들이 전화나 이메일로 해 온 질문을 기록한 메모지를 참고로 써 나갔다. 이 책에 실은 148가지 질문들은 모두 청취자들이 알고 싶어 했던 내용으로 그에 대한 답도 라디오 방송에서 말한 내용과 거의 다르지 않다. 물론 직접 입력해 나가는 동안 좀 더 자세한 설명을 덧붙이기는 했지만. 어쨌거나 가장 중요한 사실은 이 책에 담긴 질문들은 과학자들이 알고 싶어 하는 문제들이 아니라 청취자들이 알고 싶어 하는 문제들이라는 점이다. 그 한 가지 사실만으로도 이 책은 아주 특별하다고 하겠다.

이 책은 기존 책들과 조금 다르다. 일반적인 천문학 입문서가 다루는 지구의 대기, 인류의 우주 탐험, 달의 모습 등이 아닌 그 이상의 내용을 다루고 있다. 다른 책에서도 충분히 볼 수 있는 각 행성에 대한 자세한 설명도 이 책에서는 다루지 않았다. 오랫동안 책을 쓰기 위해 준비해 온 내가 염두에 둔 질문들은 가벼운 마음으로 방송을 즐기는 청취자들이 아니라 대학 1학년생에게나 어울릴 만한 것들이었다. 청취자들의 이야기는 그런 질문들을 가까이 있는 블랙홀 속에 던져 버리게 했다.

라디오라는 매체를 통해 청취자들과 대화한다는 사실은 독특한 매력이 있다. 지금도 방송을 할 때면 무척 즐겁다. 최근 데이비드 말린이 내가 진행하는 방송이 '재미도 있고 무척 유익한 정보를 담은 방송'이라고 치하하는 말을 듣고 정말 기뻤다. 이 책도 그런 특성을 담고 있기를 간절히 바라본다.

지금부터 이 책을 읽으며 느긋하게 즐겼으면 좋겠다. 1978년을 기억하는 사람이건 아니건 간에.

Space 02

별 바라기

천문학, 망원경, 천문대

천문학이 중요한 이유는 우리를 둘러싼 광활한 환경에 대해서 이야기해 준다는 데 있다. 천문학은 우리가 어디에서 왔으며, 우리 말고 다른 생명체가 살고 있는 행성이 있는지, 그리고 우리의 운명은 어떻게 되는 것인지와 같은 큰 문제들에 초점을 맞춘다. 천문학은 오감으로 즉시 파악할 수 있는 세계가 아닌 저 너머에 있는 놀라운 우주를 엿보게 해 준다. 항해할 때면 부딪혀야 했던 길 찾기 문제가 대부분 해결된 18세기 말부터 천문학은 유용한 학문으로서의 자리를 잃었다. 요즘 천문학자들은 언제쯤 사람들이 천문학을 주목해 줄지 궁금해하고 있다.

STARGAZING

우주를 연구하는 이유는 무엇일까? 영국에 있는 내 동료도 이런 질문을 받았다. 그런 질문 속에는 굳이 피 같은 국민의 세금을 써 가면서까지 천문학을 연구해야 하는 이유가 무엇인지 밝히라는 의도가 담겨 있다. 그 질문에 내 동료는 약간 과장 섞인 말투로 이렇게 답했다.

"아, 그 이유는 아주 간단합니다. 천문학은 문명이 탄생시킨 최종 산물이기 때문입니다."

내 동료가 그렇게 말한 이유는 잘 알고 있지만 사실 그런 식의 답변은 거만하기 짝이 없다는 인상을 준다. 그런 대답을 들은 사람은 감명도 받지 않을 뿐더러 다른 사람과 대화하기 위해 그 자리를 떠나기도 전에 내 동료를 형편없는 사람으로 낙인찍어 버리고 말 것이다. 분명 다른 곳으로 걸어가는 동안 그 사람 입 속에서는 '거만한 인간' 또는 '얼간이'라는 말이 맴돌고 있을 것이다. 내가 그런 대답을 들었더라도 같은 반응을 보였을 테고 말이다.

문명의 최종 산물이라니, 아주 틀린 말은 아니지만 문명의 최종 산물 자리를 차지할 후보는 천문학 말고도 여럿 있다. 인류의 기본 덕성이라 할 수 있는 '노력'도 인류의 최종 산물이라는 영광을 차지할 자격이 충분하다. 인류의 여러 가지 활동들은 인류의 영혼 깊숙이 자리 잡은 욕구를 충족시켜 주지만 그 이유만으로 어떠한 특정 활동이 인류의 생존이나 진보에 기여한다고 보기는 어렵다.

천문학이 중요한 이유는 우리를 둘러싼 광활한 환경에 대해서 이야기해 준다는 데 있다. 천문학은 우리가 어디에서 왔으며, 우리 말고 다른 생명체가 살고 있는 행성이 있는지, 그리고 우리의 운명은 어떻게 되는 것인지와 같은 큰 문제들에 초점을 맞춘다.

천문학은 오감으로 즉시 파악할 수 있는 세계가 아닌 저 너머에 있는 놀라운 우주를 엿보게 해 준다. 항해할 때면 부딪혀야 했던 길 찾기 문제가 대부분 해결된 18세기 말부터 천문학은 유용한 학문으로서의 자리를 잃었다. 요즘 천문학자들은 언제쯤 사람들이 천문학을 주목해 줄지 궁금해하고 있다.

인류의 활동은 무엇이든 천문학만큼이나 문명의 최종 산물로 평가받을 가치가 있다고 생각한다. 얼마 전에 시드니 오페라 하우스에서 교향악 연주를 들은 적이 있다. 이런 저런 이유로 그때 나는 갑자기 센타우루스 자리의 알파성(Alpha Centauri)에서 온 누군가가 친숙하고도 유서 깊은 이 전통 음악 연주 방식을 만들고 간 것은 아닐까 하는 생각이 들었다. 2~3백 년 전쯤부터 화음을 맞추기 시작한 악기들, 우스꽝스러운 정장 차림의 지휘자, 언제 박수를 쳐야 할지 몰라 숨을 죽이고 긴장해 있다가 연주가 끝난 걸 확인한 후에야 열화와 같은 박수갈채를 보내는 청중들. 시니컬한 비평가의 입장에서 보면 교향악 공연은 기이한 일투성이다.

그렇다고 교향악을 폄하할 생각은 없다. 음악이 끝나면 청중들의 마음은 더없이 평온해진다. 그 공연이 특히 더 그랬던 이유는 가장 중요한 부분을 연주한 사람이 전 세계적으로 유명해진 호주 출신 음악가였기 때문이다. 그날의 주인공인 로스 에드워즈는 시드니에서 독학으로 음악을 공부한 사람이었다. 풍부한 상상력과 호주의 덤불숲에서 받은 영감만을 가지고 가장 아름다운 선율을 만들어 낸 사람. 에드워즈는 그 자신이 인류 문명의 최종 산물이라 해도 좋을 사람이었다.

●●● 알파성(Alpha Centauri) : 태양에서 가장 가까운 항성계 – 옮긴이

예술 활동은 대부분 인류 문명의 최종 산물이라고 불리기에 손색이 없다. 돈을 내고 록 음악을 보러 가거나 오페라, 미술 전시회, 영화 등을 보고 오면 즐거운 마음으로 잠자리에 들 수 있다. 우리는 이런 모든 활동을 아울러 '문명'이라고 부른다. 그와 마찬가지로 직접적인 즐거움은 아닐지라도 천문학자나 우주를 탐사하는 일에 투자하는 사람들이 우리가 발견한 사실 때문에 행복을 느꼈으면 한다. 내 멍청이 동료—아니, 그게 아니고 영국 동료—는 그렇게 말할 수밖에 없었겠지만 천문학이 인류 문명의 최종 산물이라고 주장할 수 있는 천문학만의 유일무이한 특성이 거의 없음은 분명한 사실이다.

그러나 천문학에 공공 기금을 투자해도 좋은 이유는 몇 가지가 있다. 그 이유를 설명하기 위해서는 먼저 천문학이 공공 자금을 얼마나 사용하는지부터 분명하게 짚고 넘어가야 한다. 11장에서 '다른 중요한 일이 많은데 굳이 천문학에 국가 예산을 낭비하는 이유는?'이라는 제목으로 다룰, 막대한 자금이 필요한 프로젝트가 아닌 일반적인 천문학 연구에 지급되는 공공 자금에 대해서 말이다. 현재 호주 정부가 천문대, 전파 망원경, 대학 천문학과 같은 일반적인 천문학에 책정한 1년 예산은 호주 국민 한 사람당 3호주달러를 내야 하는 금액이다. 따라서 천문학에 배정한 금액이 아주 적은 액수는 아니다. 다른 나라와 비교해 볼 때 호주의 천문학 지원 액수는 상당히 좋은 편으로 천문학에 종사하는 사람들로서는 그 점을 정말 고맙게 생각하고 있다.

그렇다면 그런 예산을 지원하는 국민들에게는 어떤 혜택이 돌아갈까? 무엇보다도 천문학은 호기심이 아주 강한 생명체인 인류의 가슴 깊이 자리 잡고 있는 우주에 대한 호기심을 만족시켜 준다. 인류는 태곳적부터 하늘을 보며 경이로워했으며 현재 인류는 깜짝 놀랄 만한 사실을 아주 많이 발견했다. 그런 정보를 알아낸 과학자들은 그 정보를 연구비용을 지불한 대중들에게 전달할 의무가 있다. 자신들이 알아낸 정보로 무엇을 할지는 대중들이 결정할 몫이다. 일반인 중에는 텔레비전 뉴스에서 흘러나오는 과학 정보에만 잠깐 관심을 가지다 마는 사람도 있을 테고 과학에 커다란 흥미를 느껴 아마추어 과학자가 되는 사람도 있을 테고 중간 정도의 관심을 보이는 사람도 있을 것이다.

이 책에 담은 질문들은 대부분 과학에 중간 정도의 관심이 있는 사람들이 궁금해하는 내용들이다. 이 책에서는 '하늘을 관찰한다는 것은 대체 어떤 일일까?', '나 혼자서도 천체를 발견할 수 있을까?', '망원경은 어떻게 구입할 수 있을까?', '천문대에서는 어떤 일이 벌어지나?', '천문학자들도 보통 사람들과 비슷할까?' 같은 천문학에 조금 더 가까이 다가갈 수 있는 내용을 다룰 생각이다. 호주 사람들에게 천문학에 대해 이야기하는 동안 가장 기뻤던 일은 그 누구도 자신들이 해마다 내야 하는 3호주달러에 불만을 품지 않았다는 사실이다.

물론 인류의 호기심을 만족시킨다는 사실이 천문학에 투자해야 하는 유일한 이유는 아니다. 천문학에 투자해야 하는 가장 중요한 이유는 과학에 재능을 지닌 학생들의 관심을 우주로 돌릴 수 있기 때문이라고 생각한다. 천문학과를 나왔다고 해서 학생들이 모두 천문학자가 되지는 않을 것이다. 그러나 분명 의학이나 공학, 환경 과학 같은 여러 분야에서 활동하면서 사회를 위해 공헌하게 될 것이다.

현재 교육자들은 전례가 없을 정도로 과학, 그중에서도 자연 과학에 흥미를 갖는 학생들을 길러내지 못하고 있다. 어려운 교육 과정, 비싼 수업료, 불투명한 진로 등을 생각해 보면 대부분의 학생들이 '과학은 내 갈 길이 아니야' 라고 생각하거나 최악의 경우 '과학은 멍청한 샌님이나 하는 학문' 이라고 생각하는 것은 당연하다. 하지만 이 때문에 국가의 복지가 위태로워지고 있다. 현명한 국가는 영리하고 혁신적인 과학자들과 공학자들이 산업체와 연구소를 지탱해야만 국가가 번영한다는 사실을 잘 알고 있다. 우주에 대한 관심은 어린 학생들을 꽉 막힌 사고방식에서 벗어나 과학적 창의성을 발휘하게 할 것이다. 그렇게 되면 뛰어난 인재들은 나라에 진 빚을 더 큰 몫으로 갚게 되는 것이다.

천문학에서 이룩한 독특한 기술 발전이 다른 영역에서 해결사 노릇을 할 때가 있다는 점도 천문학이 사회에 기여하는 공로 가운데 하나이다. 실제로 백 년도 더 된 먼 옛날에 상황이 바뀌었는데도 천문학자라면 망원경을 들여다보는 사람이라고 생각하는 사람들이 많다. 이미 19세기 말에 사진 감광판이 희미한 별빛을 사람의 눈보다 훨씬 선명하게 잡아낼 수 있다는 사실이 알려졌고 지금은 감광판보다 빛에 예민한 텔레비전 형태의 탐지기를 사용하고 있는데도 말이다. 이처럼 우주의 비밀을 밝히기 위해 첨단 장비를 이용해 자신의 한계를 깨뜨리기 위해 노력하는 것이야말로 천문학자들이 지니고 있는 제2의 천성이다. 이것은 요즘 기업체들이 최선을 다해 정교한 장비를 만들어내는 쪽으로 발전하고 있다. 이런 노력들은 의학 화상, 로봇 공학, 소프트웨어 공학의 발전에도 긍정적인 영향을 미치고 있다.

●●● 의학 화상 : 초음파 단층 촬영 장치 등 각종 기기로 체내 상태를 눈으로 볼 수 있게 하는 방법 – 옮긴이

천문학이 기여하는 간접적인 공로는 잘 알려져 있지 않다. 천문학자들이 세운 연구 시설은 대부분 인적이 드문 외지고 장관이 멋진 곳에 짓기 때문에 그 지역의 관광 산업에 도움을 준다. 호주를 대표하는 사이딩 스프링 천문대와 파크스 전파 망원경(The Parkes radio dish)이 대표적인 예이다. 사이딩 스프링 천문대는 뉴사우스웨일스 북서부에 있는 쿠나바라브란과 가까운 곳에 있고 파크스 전파 망원경은 뉴사우스웨일스 중서부 지역에 있다. 국제 어두운 밤하늘 협회(The International Dark-Sky Association : IDA)는 에너지 효율과 하늘 친화적인 빛을 위해 평범하긴 해도 결코 하찮지는 않은 일을 수행하고 있다. 천문학에 관심이 많은 IDA 회원들은 광공해가 천체 관측을 방해할 뿐 아니라 사람을 포함한 많은 생물 종의 밤하늘을 해치고 막대한 에너지 낭비로 국민의 세금만 축내고 있음을 깨달았다.

그러나 천문학을 포함한 기초 과학에 예산을 책정하는 최종 결정권자는 정치인들이다. 그러니 예산 책정에 정치적인 요소가 개입될 수밖에 없다. 극히 적은 양이라고 해도 국가 예산의 일부를 천문학에 투자하는 국가는 천문학이 국민을 부강하게 하고 자국을 방어하는 역할 이상을 해낸다는 사실을 안다. 국제 사회에서 천문학을 주도하는 국가는 그렇지 않은 나라들보다 당당하게 자국의 주장을 내세울 수 있다. 반면 천문학의 국제 장벽은 아주 낮기 때문에 국가 간 과학 협력 관계를 쉽게 끌어낼 수도 있다.

마지막으로 하늘을 연구할 때 얻는 분명한 이익 가운데 하나를 짚고 넘어가자. 천문학은 결국 아주 유용한 학문으로 인정받을 것이다. 천문학은 우주에 대한 우리의 지식을 넓혀 준다. 7장에서 좀 더 자세히 다루겠지만 천문학은 지구 주변 물체(Near-Earth Object :

NEO)의 위험성을 밝혀냈다. 3일 후면 소행성이 지구에 부딪쳐 큰 재앙이 닥칠 거라는 등의 말은 절대 못하겠지만 장기간으로 볼 때 천체가 지구에 부딪쳐 큰일이 날 수도 있다고 생각한다. 천문학자들은 앞으로도 계속해서 위험을 내포한 천체들을 발견해 나갈 것이다. 언젠가 천문학이 인류 문명의 최종 산물은 아니지만 인류 문명의 구원자로 평가받을 날이 올지도 모를 일이다.

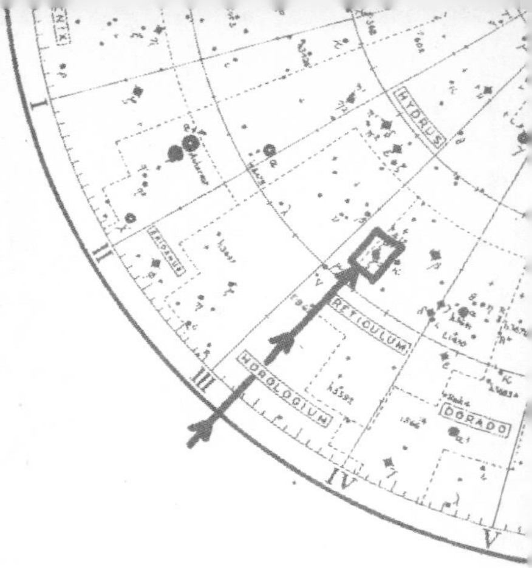

하늘 바라보기
: 천문학은 위를 보는 학문이다

● 특정 시간에 하늘에 떠 있는 별자리를 구별하는 가장 좋은 방법은?

별자리란 예부터 주변 하늘을 보고 길을 찾을 수 있게 해 준 별 무리였다(8장 '남십자성을 이루는 별의 개수는?' 참고). 내 옆에 있는 별자리 전문가라면 아무 문제없이 별자리를 구별해 내겠지만 일반인들이 별자리를 알아맞히는 가장 좋은 방법은 평면 천체도(별자리 일람표)나 별자리 지도를 찾아보는 것이다. 평면 천체도는 별자리 전문가가 아니더라도 누구나 간단하게 사용할 수 있다(당신이 별자리 전문가라면 훨씬 유용하게 사용하겠지만).

평면 천체도는 겹쳐 놓은 원반 두 개가 빙글빙글 돌아가게 되어 있다. 위에 놓인 원반에는 특정 시기에 보이는 하늘을 볼 수 있는 타원형 구멍이 뚫려 있고 아래 원반에는 별자리 지도가 그려져 있다. 따라서 원반을 돌려 타원형 구멍을 특정 날짜, 특정 시간에 맞추면 정확히 그때 떠 있는 별들을 볼 수 있다. 구멍 끝은 지평선을 나타내며 중앙은 바로 머리 위를 가리킨다(보통 동서남북 순으로 표시하는 나침판의 기본 방위가 표시되어 있다). 평면 천체도라는 이름은 반구 위에 떠 있는 별들을 평면 위에서 볼 수 있게 한다는 의미로 붙인 것이다. 누구나 평면 천체도와 전등만 있으면 밤하늘에 떠 있는 별자리 이름을 쉽게 알아낼 수 있다.

한 가지 기억해 두면 좋은 것은 평면 천체도는 위도에 따라 달라진다는 점이다. 따라서 가능한 자신이 사는 곳의 위도에 가깝게 평면 천체도를 맞춰야 한다. 위도가 몇 도 어긋난다고 해서 큰 문제는 없겠지만 자신이 살고 있는 반구를 다르게 선택한다면 전혀 엉뚱한 별자리를 보게 된다. 또한 평면 천체도에는 달이나 행성 같이 움직이는 천체는 표시하지 않는다. 움직이는 천체를 보는 방법은 다음 질문에서 설명할 것이다. 서머 타임이 실시될 때는 현재 시간에서 한 시간을 빼면 된다.

평면 천체도는 서점이나 천문학 전문 상가에 가면 구입할 수 있는데, 종류가 아주 많다. 그중에서도 가장 좋은 평면 천체도는 남반구와 북반구 별자리가 반대쪽에 함께 있는 양면 평면 천체도이다(양면 평면 천체도를 사면 남반구에 있는 사람도 북반구의 별자리를 볼 수 있고 북반구에 있는 사람도 남반구의 별자리를 볼 수 있다). ABC 방송에서 제작한 호주 원주민들의 별자리를 기록한 독특한 평면 천체도도 있다.

일단 평면 천체도로 쉽게 별자리를 구별할 수 있다는 사실을 알게 되면 이번에는 좀 더 자세한 내용이 실려 있는 별자리 지도를 사고 싶다는 생각이 들 수도 있다. 아마추어 천문학자들은 1910년에 처음 출간된 후 20쇄 이상을 찍은 『노턴의 별자리 지도 *Norton's Star Atlas*』를 가장 선호한다. 편리하게 구성되어 있는 『노턴의 별자리 지도』는 망원경과 쌍안경으로 볼 수 있는 천체도 함께 실었다. 『노턴의 별자리 지도』 외에도 윌 티리온(Wil Tirion)이 지은 『케임브리지 별자리 지도 *Cambridge Star Atlas*』 같은 훌륭한 최신 별자리 안내서도 많다. 또한 평면 천체도나 별자리 지도를 인터넷에서 다운받아 활용할 수도 있다. 하지만 나는 어두운 야외에서 훨씬 더 유용하다는 이유 때문에 책을 더 선호한다.

평면 천체도는 아주 오랫동안 고대 그리스에서 만든 아스트롤라베의 형태로 사용되어 오다가 천 년 전쯤에 이슬람 천문학자들에 의해 보다 정교한 형태로 발전됐다. 놋쇠로 만든 이런 원형 기구들은 지평선 위에 떠 있는 천체의 각 높이를 재는 관측 장비와 함께 설치됐으며 때로는 다른 위도를 표시한 판으로 교체되기도 했다. 고대 평면 천체도의 흔적은 2차 세계 대전 때 연합군 항공대원을 위해 만든 '거친 별 발견 및 식별기(Rude Star Finder and Identifier)'라는 괴상한 이름의 장치에서도 볼 수 있다. 이 장치는 각기 다른 위도의 별자리를 나타내는 별자리 판을 일곱 개씩 장착해 놓고 필요할 때마다 적당한 판으로 교체했다. 그 당시 항법기는 별 찾는 능력만 있으면 됐다.

● 행성을 찾는 방법을 자세하게 알려주는 책들

앞에서도 말했듯이 달이나 행성은 물론이고 태양까지도 하늘에 고정되어 있는 별들을 배경으로 움직이기 때문에 평면 천체도에 나타내기 쉽지 않다. 그러나 행성의 이동로는 벌써 밝혀져 있기 때문에 하늘 지도를 담은 컴퓨터 프로그램을 이용하면 행성의 위치를 찾을 수 있다. 메가스타(MegaStar), 레드시프트 5(Redshift 5), 스타리 나이트(Starry Night), 더스카이(TheSky), 보이저 4(Voyager 4) 같은 프로그램을 활용하면 쉽게 행성의 위치를 파악할 수 있다. 'www.heavens-above.com' 같은 웹사이트에서도 행성의 위치를 찾을 수 있는 자료를 얻을 수 있다.

역서(曆書)나 연감 같은 책에도 행성의 위치를 찾는 법이 실려 있다. 그런 책은 일몰 시간과 일출 시간, 달의 형태 변화, 일식, 월식 같은 정보는 물론이고 행성의 위치를 비롯한 태양계 내 여러 천체들의 정보를 담고 있다. 기본적으로 역서나 연감 같은 책에는 항성은 물론이고 변화하는 모든 천체들에 관한 정보가 실려 있다.

역서도 책에 따라서 구성 방식과 설명하는 정도가 모두 다르다. 경우에 따라서는 한 지역, 혹은 한 나라에 국한된 자료만 실은 책도 있다. 다행히 호주에는 여러 가지 면을 만족시켜 주는 멋진 역서가 두 권이나 나와 있다. 파워하우스 퍼블리싱(www.powerhousemuseum.com/publications)에서 출간한 『호주 하늘 안내서 *The Australian Sky Guide*』는 앞에서 언급한 여러 가지 기본 정보 외에도 육안으로 관찰할 수 있는 행성의 뜨는 시간과 지는 시간 같은 매일같이 하늘에서 일어나는 일들을 간략하게 소개하고 있고 매달 달라지는 별자리 모습과 일반적인 천문학 상식들을 담고 있다. 또 다른 책은 퀘이사 퍼블리싱(www.quasarastronomy.com.au)에서 출간한 『호주 천문학 *Astronomy Australia*』으로, 이 책은 멋지고 재미있는 설명으로 일반 관찰자들에게도 흥미를 주지만 그보다는 아마추어 천문학자를 좀 더 염두에 두고 쓴 책이다. 나는 이 책이 동일 주제를 다룬 책 중에서는 세상에서 가장 잘 만든 책이라고 생각한다. 이 책은 다른 출판사들이 시샘할 정도로 정말 중요한 정보를 분명하고도 쉬운 말로 설명한다.

저명한 과학 협회들도 해마다 연감을 출간한다. 예를 들어 캐나다 국립 천문 학회는 『관측자의 안내서 *The Observer's Handbook*』를 발간한다. 뛰어난 평가를 받고 있는 이 연감은 오랫동안 편집을 맡은 로이 비숍 편집자를 기념하여 '비숍의 성서(The Bible according to Bishop)' 라는 명칭을 얻었다. 2008년은 『관측자의 안내서』 출간 100주년이 되는 해이다. 영국 책으로는 프레드 왓슨의 청소년기를 아주 즐겁게 해 준 패트릭 무어 경의 유서 깊은 『천문학 연감 *Yearbook of Astronomy*』이 있다. 1962년에 첫 판이 간행됐다. 『천문학 연감』에는 지도는 물론이고 각 달의 행성 위치, 유용한 자료 목록 등 발행될 당시 사람들이 가장 흥미를 느낀 내용들이 실려 있다. 이제는 조금 자라 버린 프레드 왓슨이 정확히 언제부터였는지는 기억나지 않지만 『천문학 연감』 제작에 기여하고 있다.

책이나 컴퓨터 프로그램을 구입하고 싶지 않은 사람은 신문 가판대에 진열된 형형색색의 천문학 잡지에서 행성에 관한 정보를 찾아보면 된다. 호주는 『스카이 앤 스페이스 *Sky & Space*』와 『오스트레일리안 스카이 앤 텔레스코프 *Australian Sky & Telescope*』 두 종을 발간한다. 영국은 『어스트라너미 나우 *Astronomy Now*』를, 미국은 『스카이 앤 텔레스코프 *Sky & Telescope*』를, 프랑스는 『시엘 에 에스파스 *Ciel & Espace*』를 발간하고 있고 다른 나라도 저마다 비슷한 잡지를 발간한다. 돈을 내는 사람은 당신이니 어떤 것을 구입할지는 당신이 선택하면 된다.

● 어떤 망원경을 사야 할까?

이 질문은 라디오 청취자들이 가장 많이 하는 질문이다. 불행하게도 망원경은 종류나 크기, 가격이 천차만별이기 때문에 어떤 망원경을 사야 한다고 단정하기는 어렵다. 그러나 망원경을 살 때 반드시 기억해야 할 내용은 있다.

처음 천문학에 관심을 갖게 될 때는 아주 부자가 아닌 이상 망원경을 사야겠다는 생각은 하지 않는다. 옛날 신참 천문학자들은 대부분 직접 거울을 깎고 갈아서 지름이 150밀리미터 정도 되는 망원경을 만들어 써야 했다. 2차 세계 대전이 끝날 무렵에는 마을마다 정부에서 운영하는 군수품 가게가 있어 렌즈나 프리즘 같은 망원경 재료를 쉽게 구할 수 있었다. 스파이크 밀리건(Spike Milligan)의 말처럼 망원경 재료는 군수품 가게나 군수품 보급 부대에서 직접 구입할 수 있었다.

지금도 망원경은 어렵지 않게 구할 수 있다. 전 세계 망원경 제조사들은 자신들이 만든 망원경이 당신에게 가장 어울리며, 최선을 다해 가장 유리한 조건으로 구입할 수 있도록 도와주겠다고 유혹한다. 최근 시장에 쏟아져 나온 중국산 망원경 덕분에 가격이 크게 낮아져서 하늘을 보고 싶은 사람이라면 누구나 직접 제작자가 되거나 큰돈을 들이는 수고 없이 망원경을 갖게 됐다.

슈퍼마켓에서건 전문점에서건 되도록 대물(앞) 렌즈가 쌍안경에 다는 렌즈처럼 아주 작은 소형 굴절 망원경은 구입하지 말자. 소형 굴절 망원경은 아주 싼 가격에 높은 배율을 자랑하며 소비자들의 시선을 끈다. 그러나 중요한 것은 배율이 아니라 빛을 모으는 능력이다. 이 능력은 렌즈의 지름이 결정한다. 더구나 앞 렌즈가 작은 망원경은 광학 효율이 크게 떨어지고 삼각대와 받침대가 부실하기 때문에 한 천체를 오랫동안 관찰하기 어렵다. 지금까지 얼마나 많은 예비 천문학자들이 그런 망원경 때문에 좌절하고 자신의 꿈을 접었을까? 돈이 적어 그런 망원경밖에 살 수 없다면 차라리 쌍안경을 사라고 권하고 싶다(이에 대해서는 다음 질문에서 답하겠다).

천문학자들에게 가장 좋은 망원경은 렌즈가 아닌 거울로 빛을 모으는 반사 망원경이다. 반사 망원경의 성능도 거울의 지름이 결정한다. 미국 제조사들이 대부분 영국 도량형 단위(imperial unit)인 인치를 사용해서 지름을 표기하므로 소형 망원경을 구입하는 사람들은 인치 단위를 알아 둘 필요가 있다. 40년 전이라면 6인치(150밀리미터) 정도가 가장 무난한 선택이었지만 지금은 보통 14인치(350밀리미터)를 선택하며 좀 더 전문적인 아마추어 천문학자들은 36인치(900밀리미터)나 되는 거대한 망원경을 택한다.

대부분 사람들은 부속품으로 따로 구입할 수 있는 접안(뒤)렌즈만 바꾸면 망원경의 배율이 달라진다는 사실을 모른다. 대기의 상태에 따라 접안렌즈를 바꿔가며 관찰할 수도 있고, 관찰하려는 물체가 가장 잘 보이도록 적당한 접안렌즈를 바꿔 낄 수도 있다. 보통 행성을 관찰할 때는 은하보다는 고배율로 관찰해야 한다.

망원경을 조립하는 방법 또한 바뀌고 있다. 반사 망원경의 경우 빛이 거울에서 눈까지 오는 경로를 다양하게 바꿀 수 있다. 그중에서도 가장 많이 택하는 방법은 1668년에 근사한 생각을 해냈을 뿐 아니라 자신의 생각대로 망원경을 만들기까지 한 뉴턴식이다. 뉴턴식 망원경은 주반사경이 반사한 별빛을 작은 직각경이 받아 통 끝에 있는 접안렌즈로 보내 준다. 뉴턴식 망원경은 관찰자의 머리가 별빛이 들어오는 길을 방해하지 않는다.

수십 년 동안 뉴턴식 망원경은 관측 방향을 바꿀 수 있도록 테플론 패드 위에서 빙글빙글 돌아가는 상자처럼 생긴 지지대 위에 놓고 사용해 왔다. 요즘 이런 지지대는 비싸고 정교한 중요한 광학 기구에 집중할 수 있도록 도와주는 새로운 지지대로 교체됐다. 새로운 지지대를 고안한 사람은 열정적인 미국인 아마추어 천문가 존 돕슨(John Dobson)이다. 그는 미국의 포장도로에서 하고 있는 자신의 일 때문에 지나가는 사람들이 하늘을 쳐다본다는 의미로 자신의 고안품을 '사이드워크(포장도로)' 망원경이라고 불렀지만 사람들은 발명자의 이름을 본 따 '돕소니안 망원경' 이라고 부른다.

현재 망원경 제조사들은 대부분 다양한 크기의 돕소니안 망원경을 만든다. 돕소니안 망원경은 천문 관측을 취미로 시작하는 초심자들이 선택할 수 있는 가격 대비 가장 훌륭한 망원경으로 꼽힌다. 대체로 망원경의 크기는 가격에 비례하므로 처음에는 작은 망원경으로 시작해 큰 망원경으로 바꿔가는 것이 좋다. 유명한 회사에서 생산하는 망원경은 모두 품질이 우수하지만 실제로 당신이 구입할 수 있는 망원경은 당신이 가지고 있는 돈에 달렸다. 자신의 예산으로 살 수 있는 망원경을 알아보려면 행성을 찾는 법에서 나온 잡지들을 들춰 보자. 그런 잡지에는 망원경과 기본 장비에 대한 광고가 가득 실려 있고 새로 나온 장비에 대한 평가나 가격 대비 성능을 비교한 기사도 자주 나온다. 또 상품에 대해 자세히 설명하고 있는 제조사 웹사이트 주소도 함께 실려 있다.

● 쌍안경으로 별을 관찰할 수 있을까?

물론이다. 특히 달빛이 없는 밤에 도시의 불빛도 자연 장애물도 없는 장소에서라면 충분히 가능하다. 쌍안경으로 관찰할 수 있는 천체는 주로 성단, 성운(먼지구름에서부터 은하까지 아우르는 안개처럼 생긴 덩어리들)이고 밝게 빛나는 혜성도 관찰할 수 있다. 쌍안경으로 은하수를 관찰하면 우리 은하가 원반 모양임을 분명하게 알 수 있을 것이다(8장 참고). 물론 쌍안경은 낮에도 유용하게 쓰인다.

쌍안경은 다양한 배율과 크기로 나와 있다. 천문학자의 입장에서 가장 중요한 요소는 빛을 모아 눈으로 전달해 줄 앞에 달린 대물렌즈의 지름이다. 밤에 관찰하기에 좋은 기본 렌즈는 7×50렌즈이다(7×는 배율을, 50은 대물렌즈의 지름인 50밀리미터를 나타낸다). 정말 빛 한 점 없는 깜깜한 밤에 쓰기에는 더 없이 좋다. 이 정도 성능을 가진 렌즈는 어둠에 완전히 적응된 후에 쌍안경의 양쪽 렌즈에서 들어오는 빛을 받는 동공의 크기가 7밀리미터까지 커지는 충분히 어린 나이에 사용하기에 아주 적합하다(불행하게도 40살 정도가 되면 동공을 확장시키는 능력이 떨어지기 시작한다).

따라서 일반인들은 자신의 시력과 인공적인 빛 오염(광공해)를 감안해 10×40이나 10×50 같은 좀 더 배율이 높은 쌍안경을 선택하는 게 좋다. 그런데 고배율일수록 지지대가 없으면 붙잡고 있기 어렵다. 캐논 사 등이 만드는 현대식 쌍안경은 맺힌 상이 흔들리지 않도록 도와주는 영상 안정화 처리 장비를 갖추고 있다. 망원경을 선택할 때도 그렇듯이 쌍안경을 선택할 때도 예산 안에서 성능이 뛰어난 제품을 골라야 한다. 누구나 펜탁스(Pentax), 니콘(Nikon), 스와로브스키(Swarovski), 짜이즈(Zeiss), 라이카(Leica) 에서 만든 최고 성능의 쌍안경을 살 수는 없겠지만 가격 대비 좋은 쌍안경을 고를 수는 있다. 쌍안경을 구입할 때도 천문학 잡지를 참고하자.

● 6살부터 12살까지의 아이들에게는 어떤 선물이 좋을까?

앞에서 답한 내용 중에 이 질문에 대한 답이 있지 않을까 생각한다. 평면 천체도는 나이에 상관없이 아이들이 정말 좋아하는 선물이다. 이 범상한 도구만 있으면 어디에 살 건 상관없이 하늘을 마음껏 탐험해 볼 수 있다. 더구나 평면 천체도는 건전지도 필요 없다. 망원경이나 쌍안경은 아주 비싸지만 온 가족 선물로 구입하면 아이들의 호기심을 길러 줄 수 있다.

아이들을 위한 매력적인 천문학 책들도 많이 나와 있다. 나이가 많은 아이들이라면 일반인을 위한 천문학 책도 충분히 읽을 수 있다. 패트릭 무어 경, 다바 소벨, 켄 크로스웰, 데이비드 말린 등의 책이 적당하다.

생일이나 특별한 날을 천문학 관측의 밤으로 정하고 하늘을 관찰해 볼 수도 있을 것이다. 나라별, 도시별로 활동하고 있는 천문학 모임이 있는데 그런 모임에서 일반인들이 천체를 관측할 수 있는 '천체 관측의 밤' 행사를 열기도 한다. 그런 기회를 활용하면 장비를 사지 않아도 아주 큰 망원경으로 하늘을 관찰할 수 있으며 밤하늘을 아주 잘 알고 사랑하는 사람들 속에서 초심자들이 좀 더 쉽게 자신의 길을 찾을 수도 있다.

사람들은 아주 어렸을 때부터 천문학에 관심을 갖게 해야 한다고 생각하지만 최근 너무 빠르면 곤란한 문제가 생긴다는 사실을 알았다. '천체 관측의 밤' 행사 때 내 친구가 아장아장 걷기 시작한 아이에게 화성을 보여준다며 접안렌즈를 아이의 눈에 댔을 때 그런 사실을 깨달았다. 접안렌즈가 가까이 다가오자 아이는 하늘을 쳐다보는 대신 본능적으로 입을 크게 벌려 내 친구가 무슨 일이 벌어지는지 미처 깨닫기도 전에 렌즈를 꿀꺽 삼켜버렸다. 그다지 좋은 맛은 아니었을 거라 생각하지만, 누가 알겠는가? 그 순간 천문학에 대한 관심이 생겨났을지.

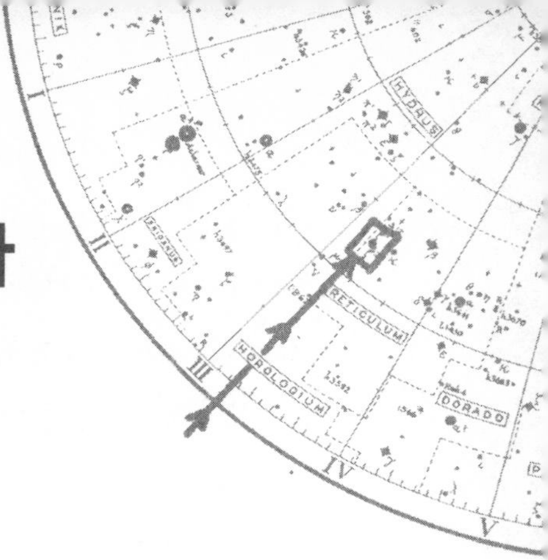

돔과 접시형 안테나
: 천문학이 필요로 하는 도구들

● 탁 트인 사막이 아니라 높은 산 위에 천체 망원경을 설치하는 이유는?

사실 망원경 중에는 탁 트인 사막에 설치하는 것들도 있다. 그러나 먼저 우리는 천문학자들에게 '망원경' 이란 어떤 의미인지부터 분명히 살펴봐야 한다. 1932년, 벨 전신 연구소의 칼 잰스키(Karl Jansky)가 우주에서 오는 전파를 발견하기 전까지 망원경의 종류는 오직 하나였다. 그 망원경은 렌즈가 가시광선을 모으면 처음에는 인간의 눈이, 1880년대부터는 사진의 감광판과 필름이 정보를 해석했다.

그런 망원경은 지금도 여전히 설치되고 사용되고 있다. 한 가지 다른 점이라면 감광판보다 20~30배 정도 빛을 잘 감지하는 텔레비전 타입 검파기(TV-Type detector)가 빛을 감지하고 거울의 지름이 10미터까지 커졌다는 점이다. 여러분은 그 정도면 아주 큰 망원경이라고 생각하겠지만 요즘에는 그보다 두 배나 큰 망원경들이 만들어지고 있다. 이런 전통적인 망원경 외에도 우주를 떠돌아다니는 다양한 복사선을 탐지할 수 있는 여러 가지 망원경들이 생산되고 있다.

우주를 떠돌아다니는 복사선에는 감마선, X선, 자외선, 가시광선, 적외선, 밀리미터파, 전파 등이 있다. 이런 복사선들은 저마다 다른 파장(주파수)을 가지고 있다. 이 복사선들을 파장이 증가하는 순서대로 배열하면 전자기파 스펙트럼의 형태를 띠는데 무지개색으로 나누어지는 가시광선은 중간 정도에 나타난다.

현재 우리는 전자기파 스펙트럼을 구성하는 모든 복사선이 우주 전역에서 지구로 쏟아지고 있다는 사실을 알고 있다. 그중 대부분은 지구 대기에 흡수되기 때문에 지구 표면까지 도달하는 복사선은 거의 없다. X선이나 감마선을 직접 관찰하고 싶다면 특별한 망원경이 장착된 우주선을 타고 날아가야 한다. 그러나 가시광선은 물론이고 적외선이나 전파처럼 지상에서 탐지할 수 있는 복사선 역시 있다.

무척이나 독특한 다른 망원경들과 구분하기 위해 가시광선을 감지하는 망원경을 광학 망원경이라고 한다. 광학 망원경은 맑게 갠 하늘과 어둠 속에서만 그 기능을 발휘하므로 항상 밤에 관측해야 한다. 새로 등장한 다른 형태의 망원경들이 천문학 연구에는 더 효과적이지만 가시광선은 전자기파 스펙트럼의 중간에 위치해 있으며 일반적으로 별들이 방출하는 에너지가 가시광선이기 때문에 우주 연구에 있어 광학 망원경은 지금도 중요한 위치를 차지하고 있다.

커다란 광학 망원경은 항상 산 위에 설치한다. 그래야만 대기의 교란 현상을 최소화해 선명한 모습을 관찰할 수 있기 때문이다. 더 높이 올라갈수록 대기의 교란 현상은 줄어든다(4장 '별빛이 깜빡거리는 이유' 참고). 물론 광학 망원경을 가장 잘 관찰할 수 있는 곳은 대기의 교란 현상이 전혀 없는 우주이다. 지름이 2.4미터에 불과한 허블 망원경이 선명한 사진을 찍을 수 있는 이유가 바로 그 때문이다. 그런 망원경을 우주에 띄우려면 막대한 돈이 들기 때문에 한 번에 성공해야 한다.

지상의 경우 대기 교란 현상이 다른 곳보다 특히 심한 곳이 있다. 1960년대, 전 세계 과학자들은 최적의 관측 장소를 찾는 일에 착수했다. 이때 외진 곳에 세워져 있는 관측소를 쉽게 찾아갈 수 있는 동체 폭이 넓은 신세대 제트기 덕분에 계획은 수월하게 진행될 수 있었다. 제트기가 발명되기 전에는 어쩔 수 없이 과학자들이 갈 수 있는 장소에만 관측소를 세워야 했는데, 그런 장소는 대부분 천체 관측에 적합하지 않았다.

천문학자들이 이상적으로 생각하는, 인공 빛의 방해를 받지 않는 맑게 갠 하늘과 대기의 교란 현상이 거의 없는 곳은 많지 않았다. 일반적으로 가장 이상적인 장소는 적도를 기준으로 북쪽과 남쪽으로 20도에서 40도 정도에 위치한 중위도 지방 중에서도 해안의 동쪽 경계 쪽에 있는 3,500미터가 넘는 산꼭대기이다. 그 산이 해안가에서 떨어진 섬 위에 있고 바람이 부드럽게 지나가는 유선형이라면 더욱 좋다.

북반구에서 관측소를 세우기에 좋은 장소는 미국 남서부, 하와이의 큰 섬들, 카나리아 제도의 라 팔마 섬 등이다. 유럽 대륙은 조명이 밝고 변덕스러운 날씨 때문에 적당한 장소가 없다. 남반구에서는 칠레 북부 산맥, 아프리카 남부의 카루 산 등이 좋다. 호주는 서부 해안선에 높은 산이 없기 때문에 뉴사우스웨일스 남서부에 호주 최대 천문대인 사이딩 스프링 천문대가 있다. 사이딩 스프링 천문대는 인공조명에 의한 빛 오염이 가장 적은 곳 중에 하나이긴 하지만 세계적으로 자랑할 만한 이상적인 천문학 관측 장소는 호주에 없다.

광학 망원경에 대한 이야기는 이쯤에서 그만두자. 그렇다면 지상에 설치하는 또 다른 중요한 망원경인 전파 망원경은 어디에 설치하면 좋을까? 전파 망원경 같은 장비는 광학 현미경과는 사뭇 다른 조건을 고려해야 한다. 전파 망원경은 굳이 산 위에 설치할 필요가 없다. 적어도 전파 천문학자들에게 산은 반드시 필요한 조건은 아니다. 전파 망원경을 설치할 장소를 물색할 때 가장 중요하게 고려하는 점은 원격 통신기의 방해를 받지 않는 조용한 곳인가 하는 점이다. 따라서 전파 망원경은 사람들과 동떨어진 고요한 사막에 설치하는 것이 가장 좋다. 64미터짜리 파크스 전파 망원경이 설치된 목초지를 사막이라고 할 순 없지만 그곳의 구릉진 지형은 인간이 만들어낸 전파가 망원경을 방해하지 못하게 막아준다.

현재 호주의 전파 천문학자들은 큰 프로젝트를 위해 훨씬 고적한 곳을 찾고 있다. 2007년 호주 연방 정부는 ASKAP(The Australian Square Kilometer Array Pathfinder)라는 새로운 프로젝트에 5천만 호주달러의 사용을 승인했다. ASKAP는 웨스턴오스트레일리아의 외진 내륙에 설치될 45개의 접시형 전파 망원경 열(列)로, 천문학자들에게 초기 우주의 모습과 신비롭게 돌고 있는 별들의 모습을 알려 줄 독특한 프로젝트이다. ASKAP가 특히 중요한 이유는 이 장비가 가장 어려운 과제를 해결하기 위해 수백 킬로미터가 넘는 17개국 연합 SKA(The Square Kilometer Array : 평방킬로미터 네트워크) 구축의 선구자 역할을 할 수도 있다는 가능성 때문이다. 20년에 걸쳐 진행될 이 프로젝트에는 모두 18억 호주달러가 들 예정이며 웨스턴오스트레일리아는 최종 후보지 두 곳 중 한 곳이다. 다른 한 곳은 사우스아프리카와 그 인근 지역이다. 호주가 최종 선발지가 될 수 있도록 모두 행운을 빌자.

● 남극에 거대한 천문대를 지을 수 있을까?

충분히 있다. 남극 대륙의 밤은 고작 6개월밖에 되지 않지만 남극 고원에는 광학천문학이 이상적으로 생각하는 장소들이 있다. 남극 해안에 있는 호주 케이시 연구소(Casey Station)에서 내륙 쪽으로 1,100킬로미터 들어간 곳에는 돔 C(Dome C) 기지가 있다. 모두들 얼어붙을 정도로 추운 날씨를 좋아하는 게 분명한 뉴사우스웨일스 대학 팀이 최근 몇 년 동안 이곳에서 연구 활동을 펼치고 있다.

돔 C에 있는 빙하 위로 몇십 미터만 올라가면 지구에서 대기 교란이 가장 적은 곳이 나온다. 설치비는 비교할 수 없을 만큼 적은데도 그곳에서 하늘을 관찰하면 허블 우주 망원경과 필적할 만한 영상이 나온다. 현재 거대한 천문대를 세울 수 있는지 알아보는 예비 조사가 진행 중이다.

● 사이딩 스프링 산에 천문대를 세운 이유는?

바로 앞 질문뿐 아니라 여러 질문에서도 살펴보았듯이 거대한 광학 망원경은 하늘이 맑고 대기 교란 현상이 적으며 광공해가 없는 특별한 장소에 지어야 한다. 뉴사우스웨일스 북서부 쿠나바라브란 근처에 있는 멋진 와룸벙글 레인지(Warrumbungle Range)에 사이딩 스프링 천문대를 세운 이유는 광공해가 없기 때문이다. '와룸벙글'이란 호주 토착어인 카밀라로이 말로 '뒤틀린 산'이라는 뜻이다. 멋진 봉우리와 사화산의 뾰족한 분화구가 근사하게 어울리는 이름이다.

1960년대 초반, 호주 국립대학이 운영하는 캔버라의 마운트 스트롬로 천문대(Mount Stromlo Observatory)가 확장되어 가는 도심지 때문에 광공해에 시달리기 시작했다. 과학자들은 병들어가고 있는 캔버라 기지를 대신할 야외 연구소를 찾기 시작했고 그 결과 몇 군데 지역이 후보지로 선정됐다. 사이딩 스프링 산이 최종 결정지가 된 이유는 이곳이 천체 관측에 이상적인 장소였을 뿐 아니라 반경 30킬로미터 안에 작은 시골 마을이 있었기 때문이다. 쿠나바라브란은 천문대 직원이 살기 편한 다양한 부대시설과 사회기반 시설을 갖춘 이상적인 장소였다. 1960년대 초반에 형성된 도시와 천문대의 공생 관계는 지금도 여전히 활기를 띠어 쿠나바라브란은 작은 시골마을이라기보다는 작은 대학 마을 같은 분위기를 띤다.

사이딩 스프링 산에 제일 처음 설치된 망원경은 1965년에 설치가 완료된 호주 국립대학의 40인치(1미터) 망원경이다. 그 후 작은 망원경들이 몇 개 더 설치된 후 1974년에 3.9미터짜리 앵글로 오스트레일리안 망원경이 설치됐는데, 이것은 지금까지도 호주에 설치된 망원경 중 가장 큰 규모이다(다음 질문 참고). 앵글로 오스트레일리안 망원경은 호주 국립대학(The Australian National University : ANU) 산하 독립 기관인 앵글로 오스트레일리안 천문대가 관리하고 있다. 앵글로 오스트레일리안 망원경을 설치하고 10년이 지났을 때 호주 국립대학은 2.3미터짜리 망원경을 새로 설치했으며 그 후 지금까지 몇 가지 시설을 더 세우고 있다.

사이딩 스프링 천문대는 실질적인 호주의 국립 광학 관측소이자 과학 노력의 상징이다. 낮에는 누구나 방문할 수 있는 천문대 자료관에는 천문대에 관한 정보 뿐 아니라 그 지역에서 가장 맛있는 커피까지 준비되어 있다. 그러나 밤에는 일반인들에게 공개되지 않는다. 직접 별을 보고 싶은 사람이라면, 쿠나바라브란에 있는 사립 스카이워치 천문대에 있는 그리 작지 않은 망원경을 이용하는 것이 좋다.

● 앵글로 오스트레일리안 천문대라는 명칭에서 앵글로라는 단어를 선택한 이유는?

앵글로 오스트레일리안 천문대(AAO)는 앞의 질문에서 나온 사이딩 스프링 천문대의 망원경 두 대와 시드니에 있는 연구소로 구성되어 있다. 앵글로 오스트레일리안 천문대는 1970년대 초반에 출범해 2006년까지 영국 정부와 호주 정부가 똑같은 금액을 투자해 유지해왔으며 두 국가의 천문학자들이 똑같은 권리를 가지고 활용할 수 있도록 했다. 그 때문에 천문대 이름을 앵글로 오스트레일리안 천문대(영국-호주 합작 천문대)라고 정한 것이다. 물론 정확하게 말하면 브리티시 오스트레일리안 천문대라고 해야 한다. 앵글로라는 말은 영연방 전체가 아닌 잉글랜드만을 뜻하기 때문이다. 이 때문에 앵글로 오스트레일리안 천문대가 1974년 처음 문을 열었을 때 스코틀랜드 출신 천문학자들과 웨일스 출신 천문학자들의 빈축을 사기도 했다.

유럽 천문학계와 관련된 문제들이 계속해서 생기자 영국 정부는 점차적으로 앵글로 오스트레일리안 천문대의 운영에서 손을 뗄 뜻을 비쳤고 2010년이면 완전히 철수할 예정이다. 그렇다면 앵글로 오스트레일리안 천문대의 이름은 어떻게 바뀔까? 아마도 호주 천문학 관측소(Australian Astronomical Observatory)가 제일 유력한 것 같다.

앵글로 오스트레일리안 천문대가 보유한 망원경은 지름이 3.9미터인 앵글로 오스트레일리안 망원경과 1.2미터인 슈미트 망원경이다. 앵글로 오스트레일리안 망원경은 별과 은하에 관해 가장 많은 정보를 모았고 다른 별 주위를 도는 행성을 발견한 망원경계의 세계적인 리더로서 자리를 지키고 있다(9장 '암흑 물질이 있다는 건 어떻게 알까?'와 8장 '우리 태양계와 똑같은 항성계가 있을까?' 참고). 슈미트 망원경은 한 번에 수백 개나 되는 별의 속도를 측정한다(9장 '뉴턴의 만유인력의 법칙을 수정하면 암흑 물질이라는 존재는 없어도 되지 않을까?' 참고).

앵글로 오스트레일리안 천문대의 망원경을 사용하고자 하는 천문학자들은 신청서를 제출하고 얼마나 중요한 일로 사용하는지를 동료 과학자들에게 평가받아야 한다. 신청서가 통과되려면 3대 1이나 되는 치열한 경쟁을 뚫어야 한다.

앵글로 오스트레일리안 망원경이 호주가 보유한 최대 광학 망원경이라는 기록을 언제까지나 보유할 수는 없을 것이다. 유럽과 비교하면 사이딩 스프링 산의 상태는 월등히 뛰어나지만 세상에서 가장 좋은 장소라고는 할 수 없기 때문이다. 거대한 광학 망원경을 세우려면 큰 비용이 들기 때문에 호주가 거대한 망원경을 설치하려면 다국가 협력체의 일원이 되어 가장 이상적인 장소에 망원경을 설치해야 한다. 호주는 이미 하와이와 칠레에 각각 하나씩 있는 8미터짜리 망원경을 관리하는 국제 제미니 프로젝트(The International Gemini Project)에 가입해 있다. 또 향후 10년 안에 지름이 22미터인 망원경을 칠레에 설치한다는 흥미로운 계획인 자이언트 마젤란 망원경 프로젝트(the Giant Magellan Telescope Project)의 충실한 회원국이다.

● 파크스 천문대에서 하는 일

파크스 천문대에는 지름이 64미터나 되는 유명한 파크스 전파 망원경이 있다. 파크스 전파 망원경을 관리하는 곳은 파크스 전파 망원경 말고도 여러 개의 전파 망원경을 관리하고 있으며 새로 발족한 ASKAP(the Australian Square Kilometer Array Pathfinder) 프로젝트를 관리하게 될 호주 국립 망원경 관리국(the Australia Telescope National Facility)이다(2장 '탁 트인 사막이 아니라 높은 산 위에 천체 망원경을 설치하는 이유는?' 참고).

1961년, 달에 착륙한 아폴로 11호의 영상을 텔레비전에 전송한 것을 시작으로 파크스 전파 망원경은 과학 발전에 여러 가지로 기여했다. 파크스 전파 망원경은 수많은 전파 은하들을 찾아냈고 우리 은하의 자기장을 알아냈으며 빠른 속도로 돌아가는 별들을 여러 개 발견했으며 준항성체의 정확한 위치를 알아내는 등 수많은 업적을 쌓았다(낯선 과학 용어들은 이 책 끝부분에서 설명했으니 이해해주시길!). 파크스 전파 망원경은 지금도 여전히 호주 천문학자들에게 중요한 위치를 차지하고 있다. 파크스 천문대를 방문하는 사람은 전원의 느낌을 물씬 풍기며 설치된 세상에서 가장 아름다운 전파 망원경을 볼 수 있을 뿐 아니라 호주의 최신 과학 정보를 모두 둘러볼 수 있는 자료관을 구경할 수 있다. 물론 맛있는 커피도 마실 수 있다.

● 액체 거울로 망원경을 만들 수 있을까?

물론 만들 수 있다. 그런데 그런 망원경을 만들려는 이유는 무엇인가? 액체 거울로 만든 망원경을 어떻게 사용할 생각인가? 거대한 광학 망원경의 핵심은 거울이다. 거울이 없으면 다른 장비는 아무 소용이 없다. 정확하게 말하면 가장 중요한 부분은 거울의 앞면이다. 거울의 나머지 부분은 그저 빛을 반사해 상을 맺히게 하는 아주 얇은 알루미늄 판이나 은판을 지지하는 역할을 할 뿐이다. 광학 망원경에 들어가는 거울은 욕실이나 차에 매다는 거울과 달리 뒤가 아닌 앞쪽에서 빛을 반사한다.

얕은 접시처럼 파여 있는 망원경 거울의 앞면은 제조 과정이 아주 까다롭다. 예를 들어 지름이 3.9미터인 앵글로 오스트레일리안 망원경의 표면 정밀도는 0.000025밀리미터 정도이다. 그 말은 뉴사우스웨일스 크기의 거울을 만든다면 거울 표면에서 가장 울퉁불퉁한 곳이 연필 지름 정도가 된다는 뜻이다. 그만큼 망원경 거울은 정교하게 만들어야 한다. 굳이 말하지 않아도 알겠지만 정말 아주 어려운 작업이다.

망원경의 크기가 커지면서 거울을 만드는 기술도 다양하게 발전했다. 현재 만들어지는 거대한 망원경 중에는 한 개의 유리 조각이 아니라 아주 작은 육각형 조각을 이어 붙여 고른 표면을 만든 거울을 장착한 것도 있다. 육각형을 이용한 거울 제조 기술은 현재 10미터에 달하는 거울을 만들어냈으며 앞으로 20미터, 30미터에 이르는 초거대망원경(달리 뭐라고 말하겠는가!)을 만들 때도 중요한 기술로 활용될 것이다.

수많은 과학자들이 150년이 넘는 시간 동안 액체 수은을 회전시켜 망원경 거울을 만들어보겠다는 엉뚱한 과제에 매달려 왔다. 액체 수은을 저으면 망원경 거울처럼 움푹 파인 접시 형태가 되기 때문이다. 1982년, 퀘벡의 라발 대학의 에르만노 보라(Ermanno Borra)가 액체 거울을 사용한 거대 망원경의 효율성을 실험해 보이기 전까지 과학자들이 알아낸 정보는 저으면 접시 형태가 된다는 정도에 불과했다. 액체 거울의 분명한 단점 한 가지는 똑바로 놓고 써야 한다는 점이다. 그렇지 않으면 모두 쏟아지고 말 것이다. 이 단점을 해결할 방법이 한 가지 있다. 망원경이 머리 위쪽에서 좁은 간격으로 빙글빙글 돌게 하는 것이다. 물론 지구가 도는 동안 계속해서 다른 별들이 보이겠지만 하늘을 관찰할 수는 있다.

보라의 뛰어난 실험이 발표된 후 캐나다에 있는 브리티시 콜롬비아 대학에 새로운 천문대가 세워졌다. 그곳에 있는 가장 중요한 장비는 지름이 6미터인 액체 거울을 장착한 커다란 제니스(천정) 망원경(The Large Zenith Telescope)이다. 이 망원경은 수십 분의 1 정도밖에 안 되는 얇은 수은 층을 형태가 흐트러지지 않게 유지해 주는 회전판이 지탱하고 있다. 수은의 무게와 해로운 증기를 줄이기 위해서 수은을 가능한 한 아주 조금만 써야 한다. 수은의 질량과 독성 때문에 지금은 수은 대신 16℃ 이상에서 액체 상태로 존재하는 갈륨이나 인듐 같은 물질로 거울을 만들려고 노력 중이다.

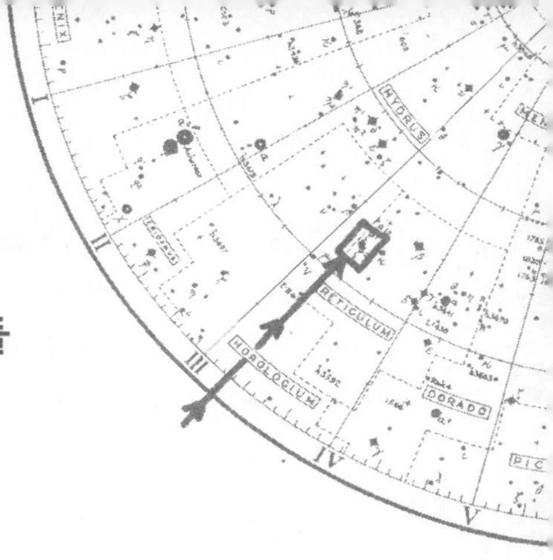

높은 곳을 향하여
: 활발하게 활동하는 천문학자들

● 빌리언(Billion)은 1조인가, 10억인가?

본격적으로 이야기에 들어가기 전에 명백히 해 놓는 것이 좋다고 생각한다. 내가 젊었을 때는 빌리언이 두 가지 있었다. 하나는 영국에서 사용하는 빌리언으로 100만이 100만 개 있다는 뜻의 1조였고, 또 하나는 미국에서 사용하는 빌리언으로 10의 9승, 즉 10억을 뜻하는 빌리언이었다. 그래서 사람들은 영국이 미국보다 큰 건 빌리언밖에 없다는 우스갯소리를 하기도 했었다. 불행하게도 영국의 빌리언은 현재 멸종 직전으로 1조의 영어 표기는 미국식 표현법인 트릴리언(trillion)이 대신하고 있다. 1조가 됐건 10억이 됐건 아주 큰 수임에는 변함이 없겠지만, 이제 영어로 빌리언이라고 하면 10의 9승을 뜻하며 과학자들이 사랑하는 수학식 표기법으로는 10^9이라고 쓴다고 생각하면 되겠다.

● 천체 이름은 어떻게 지을까?

7장을 보면 2006년 작고 불운한 명왕성을 왜소 행성으로 강등시킨 악명 높은 국제 천문 연맹(the International Astronomical Union) 이야기가 나온다. 물론 국제 천문 연맹이 하는 일이 명왕성의 실체를 파악하는 것이 전부는 아니다. 국제 천문 연맹 산하 수많은 위원회는 새로운 천체의 이름을 심사하고 결정하는 권한을 갖고 있다. 그 덕분에 19세기 초부터 지금까지 비교적 최근에 발견한 일곱 번째 행성을 발견자의 이름을 딴 허셜이나 영국의 기괴한 군주의 이름을 딴 조지로 부르지 않고 천왕성이라고 부를 수 있는 것이다. 아마 천문학자들이 허셜과 조지 중에 선택해야 했다면 안전하게 조지라는 이름을 택했을 것이다.

8장 '남십자성을 이루는 별의 개수는?' 에서 이야기하겠지만 전통적으로 별의 이름은 그리스 문자와 그 별이 발견된 별자리 이름을 따서 지었다. 희미하게 빛나는 별을 찾았을 때 더 이상 별에 붙일 그리스 문자가 남아 있지 않다면 18세기 초반에 처음으로 별자리에 숫자를 붙인 1대 왕립 천문학자 플램스티드가 정한 숫자를 붙인다. 1924년 완성된, 225,000개의 별이 있는 '헨리 드레이퍼 목록(Henry Draper Catalogue)' 같은 소책자에 실려 있는 희미한 별도 숫자로 구분한다. 이 소책자에 실린 별의 숫자 앞에는 'HD' 라는 문구가 적힌다. 자신들이 별에게 이름을 붙일 권리가 있다고 주장하고 사람들에게 별을 팔기까지 하는 상업 단체는 조심해야 한다. 그런 단체의 말은 사실이 아니다. 별의 이름을 지을 수 있는 공식 단체는 국제 천문 연맹(IAU)뿐이다.

별과 마찬가지로 성운이라고 하는 구름처럼 생긴 천체 덩어리도 다양한 방식으로 숫자를 붙인다. 1774년에 출간된 메시에 목록에는 숫자 앞에 'M' 을 붙였고 좀 더 많은 사람들이 사용하는 1888년에 출간된 드레이어의 '신 일반 목록(New General Catalogue)' 에는 'NGC' 가 숫자 앞에 붙는다. 변광성 같은 독특한 천체에는 별이 있는 별자리의 이름을 딴 특별한 이름을 붙이고, 폭발하는 초신성처럼 잠시 나타났다가 사라지는 천체에는 발견한 연도를 이름에 넣는다. 별들 중에도 천문학자들이 개별적으로 작성한 희한한 천체 목록에는 숫자로 이름 붙여진 것들이 있다. 예를 들어 적색 왜성 글리제 581(Gliese 581)이 그런 경우인데, 이 항성은 현재 적어도 두 개가 넘는 행성이 그 주위를 돌고 있음이 밝혀졌다.

태양계에 속한 천체 중에서는 혜성만이 발견자의 이름을 따서 이름 붙일 수 있다. 물론 국제 천문 연맹이 허락한다면 소행성도 발견자의 이름을 따서 이름 붙일 수 있다. 소행성이나 저 멀리 카이퍼대에서 발견된 천체는 발견된 연도와 열두 달 15일을 기준으로 언제 발견됐는지를 나타내는 알파벳 기호와 그 달에 몇 번째로 발견됐는지를 나타내는 알파벳을 사용해서 임시 이름을 짓는다. 따라서 2004년 12월에 발견된 카이퍼대 천체는 텔레비전에 나오는 흡혈귀 사냥꾼의 이름을 따 버피라는 별명으로 불리지만 실제 식별명은 '2004 XR 190'이다. 국제 천문 연맹이 발견자가 거주하는 지방 신화에 나오는 신들의 이름을 따서 새로운 이름을 지을 테니 카이퍼대에서 발견된 천체는 버피라는 별명을 그대로 간직하지는 못할 것이다.

검토 중인 천체의 궤도가 확실하게 밝혀지기 전까지는 영원히 사용할 이름을 붙이지 않는 것이 관례이니 명명 작업은 오랜 시일이 걸릴 수도 있다. 움직이지 않는 항성들을 배경으로 움직이는 카이퍼대 천체들의 이동 속도는 아주 느리기 때문에 정확한 궤도가 밝혀지기까지 수년이 넘게 걸리기도 한다.

● 천문학자들이 천체의 모습을 설명할 때 동서남북이라는 용어를 사용하는 이유는?

정말 탁월한 질문이다. 지구와 비슷하게 생긴 화성 사진을 볼 때는 지구에서 사용하는 4방위를 그대로 적용하면 된다. 그러나 저 먼 우주에 있는 천체의 모습은 정확한 모습은 모른 채 2차원 상으로밖에는 볼 수 없다. 그 같은 상황에서 천문학자들이 할 수 있는 일은 하늘의 방위를 천체 영상에 적용하는 수밖에 없다. 다시 말해서 하늘의 북극을 북쪽으로 동쪽 지평선을 동쪽으로 정하는 것이다(물론 하늘의 북극은 남반구에서는 지평선 밑에 있다).

사정이 이렇다 보니 심사 중인 천체 사진 위에 방위를 적어 넣을 때는 현재 지구에서 사용하는 방위와 반대로 적어야 한다는 문제가 생긴다. 지상에서 적용하는 방위와 하늘에서 적용하는 방위가 다른 이유는 하늘에 정해 놓은 방위는 구(천구) 위에 정한 것인데 그것을 보는 우리들은 구 안에 있기 때문이다.

● 우주에서 거리를 측정하는 방법

이것은 천문학에 관심이 있는 사람들이 제일 궁금해하는 것이다. 밤하늘을 바라보면 구 안쪽에서 빛나는 수많은 별들이 보인다. 정확한 단서도 하나 없이 그 별까지의 거리를 마음대로 결정해 버리는 것은 정말 위험한 일이다. 나도 한때 성급하게 내 마음대로 결정해 버린 적이 있다. 호주의 작은 시골 마을에 있을 때였는데 어두운 하늘에 조용하게 움직이고 있는 물체가 있었다. 나는 그 물체가 지구로 다시 돌아오는 우주선이라고 확신했다. 그 물체 뒤로 꼬리처럼 보이는 밝은 빛이 보였으니 우주선이 분명해 보였다.

근처에 있던 신사에게 저 물체는 우주선이 틀림없다고 말하자

그는 곧바로 내 생각을 고쳐 주었다.

"그건 아닌데요. 저건 구부린 옷걸이 위에 불쏘시개를 달고 매달아 놓은 쓰레기봉투입니다. 열기구처럼 만든 건데, 보이시죠?"

세상에 50미터 상공에 매달린 작고 느린 물체를 100킬로미터 상공에 있는 크고 빠른 물체로 착각했던 것이다. 사실 이 이야기는 이쯤에서 그만두고 싶다. 왜 그런지는 이해해 주겠지!

인류가 우주의 거리에 대해 고민하기 시작한 것은 17세기 초에 요하네스 케플러가 행성의 운동에 관한 법칙을 발견하면서부터이다. 그전까지는 막연히 천체들이 아주 멀리 있다고만 생각했었다. 야드 자를 가지고 태양 원반을 가로지르는 금성을 관찰한 케플러 덕분에 과학자들은 태양계의 규모를 알아낼 수 있었다.

별까지의 거리를 처음 측정한 것은 1838년으로 측정 방법은 8장에서 설명할 예정이다(8장 '광년을 측정하는 방법' 참고). 현재 그 방법을 포함한 여러 가지 방법으로 천체까지의 거리를 측정하고 있다. 은하의 빛의 파장이 스펙트럼의 붉은색 쪽으로 이동하는 정도(적색 편이)를 측정하는 것도 별까지의 거리를 재는 방법 중 하나이다(9장 '과거의 시간을 측정하는 방법' 참고).

● 관측을 방해하는 과잉 광공해를 없애는 방법

'탁 트인 사막이 아니라 높은 산 위에 천체 망원경을 설치하는 이유는?' 에서 살펴보았듯이 광학 현미경을 설치할 때 가장 중요하게 고려해야 할 점 가운데 하나가 바로 광공해가 없는 장소를 물색하는 일이다. 고려해야 할 여러 가지 문제 중에서도 광공해가 없는 지역을 고르는 것은 1960년대부터 1970년대까지 거대한 망원경을 설치하려 했던 천문학자들이 가장 애를 먹었던 문제였다.

광공해가 없는 곳을 찾기 위해 천문학계가 투자한 돈은 거의 35억 달러에 이른다. 도처에 도시가 형성되어 있는 지구에서 어두운 지역을 찾기란 쉬운 일이 아니다.

1980년대 미국의 로이 가스탕(Roy Garstang)과 데이비드 크로포드(David Crawford)는 확산되어 가는 도시 불빛에 대한 기초적인 연구를 진행했고, 이탈리아 파두아 대학의 피에란토니오 친차노(Pierantonio Cinzano)가 좀 더 자세한 연구를 진행했다. 친차노는 한밤이 되어도 땅 위에서 뿜어져 나오는 빛으로 환히 빛나는 전 세계 광공해 지역을 표시한 지도를 만들어 밤하늘에 보이던 유명한 천체들이 어떤 영향을 받고 있는지 보여주었다. 아주 정교한 그 지도는 지구가 둥글다는 사실을 고려한다 해도 광공해 지역에 사는 사람이 전 세계 인구의 3분의 2라고 말하고 있었다. 더욱 놀라운 사실은 전 세계 인구의 5분의 1이 더 이상 하늘에서 은하수를 보지 못한다는 것이다.

친차노의 연구 결과는 전 세계 주요 천문학 관측 지점이 광공해의 위협을 받고 있음을 보여준다. 이는 도시에서 멀리 떨어지는 것만이 해결책이 아니니 광공해가 확산되는 것을 막을 적극적인 조치를 취해야 한다는 사실을 뜻했다. 따라서 주요 천문대의 주변 환경을 관리하는 법이 제정되거나 광공해는 하늘을 관찰하는 사람들을 방해할 뿐 아니라 막대한 자원을 낭비하는 일임을 많은 사람들이 알도록 교육시켜야 한다. 광공해는 야행성 동물의 활동을 방해하고 이주하는 동물들의 길 찾기를 방해하는 등 동물의 세계에도 영향을 미친다.

2002년 체코 공화국이 세계 최초로 밤하늘을 지키자는 법안을 제출한 것도 그 같은 여러 가지 이유가 작용했기 때문일 것이다.

그 법안을 제출한 사람들은 광공해란 '인공 광원의 빛이 설치된 곳을 벗어나 밖으로 퍼져나가는 모든 형태, 그중에서도 특히 지평선 위로 퍼져 나가는 형태'라고 정의했다. 그 같은 법안이 발의된 이유는 조악하게 설계된 외부 조명이 발산하는 빛이 걱정됐기 때문이다. 앞으로 체코 공화국은 빛이 지평면 위로 발산되는 것을 막기 위해 완벽하게 차단된 조명 시설을 설치할 예정이다. 또한 다른 국가들도 에너지 효율을 높이고 광공해를 줄이는 시설을 점차적으로 늘려나가고 있다.

쿠나바라브란과 가까운 사이딩 스프링 천문대에 있는 망원경들도 광공해의 위협을 받고 있다. 달이 없다면 지구에서 달까지의 거리인 384,000킬로미터 떨어진 곳에 있는 100와트짜리 전구도 감지해 낼 수 있을 정도로 앵글로 오스트레일리안 망원경은 아주 민감하다. 그러나 그런 성능을 발휘하려면 주변에 인공 불빛이 없어야 한다. 20킬로미터 떨어진 거리에서 3,000명이 살아가는 쿠나바라브란과 100킬로미터 떨어진 거리에서 4만 명이 사는 더보(Dubbo) 시, 330킬로미터 떨어진 곳에서 4백만 명이 살아가는 시드니 모두가 앵글로 오스트레일리안 망원경을 위협하는 무시무시한 존재들이다.

사이딩 스프링 천문대는 앵글로 오스트레일리안 망원경을 중심으로 반경 100킬로미터 내에 있는 지역을 아우르는 오라나 지역환경 계획안 1(the Orana Regional Environmental Plan No. 1 : REP)이라는 법률 장치의 보호를 받고 있다. 뉴사우스웨일스 주가 1990년에 제정한 이 계획안은 현재 수정 작업을 거치고 있다. 계획안을 수정하는 이유는 빛이 외부로 흘러나오지 못하도록 완벽하게 차단하는 조명 시설에 관한 새로운 규칙을 만들기 위해서이며, 이해하기 쉽고 적용하기 쉬운 법안을 만들기 위해서이다. 또한 반경 100킬로미터로 규정된 지역을 탬워스(Tamworth) 같은 인구 밀집 지역을 포함하는 반경 200킬로미터 내외로 확장하기 위해서이다. 오라나 지역 환경 계획안 1의 발효를 미리 예측하고 있던 빛의 도시 탬워스는 2002년 오스트레일리아 지역 도시로는 처음으로 효과적인 지역 조명 전략을 채택했다.

사이딩 스프링 천문대의 천문학자들은 보다 더 현실적인 해결 방법을 찾아냈다. 사이딩 스프링 천문대 학자들은 조명을 끄는 것이 아니라 잘 만들어진 조명을 원했다. 그것도 오라나 지역 환경 계획안 1이 지정한 지역의 바깥쪽에 제대로 된 조명이 설치되기를 원했던 천문학자들은 야외 조명을 개발하고, 제조·판매하는 사람들을 설득해 나갔다. 조명 사업에 종사하는 사람들이야말로 광학 천문학의 운명을 움켜쥐고 있으며 밤하늘을 되살리는 데 결정적인 역할을 할 핵심 인물들이기 때문이다.

● 어떻게 하면 천문대에서 일할 수 있나?

학생이라면 열심히 공부해야 한다고 대답해 줄 것이다. 과학과 수학은 물론이고 국어, 역사, 지리, 외국어 등도 열심히 공부해야 한다. 천문학자는 사람들과 원활하게 의사소통할 수 있어야 하며 우주만큼이나 자신이 살고 있는 세상에 대해서도 잘 알고 있어야 한다. 시험공부를 열심히 해야 하며 점수와 원하는 바에 따라 수학과, 물리학과, 천문학과, 우주 생물학과 등에 진학해야 한다. 대학에 진학해서도 학위를 딸 때까지 열심히 공부해야 한다. 대학을 졸업한 후에도 계속 천문학을 공부하고 싶고 학점이 충분하다면 대학원에 가서 박사학위나 그에 상응하는 학위를 따야 한다.

박사 학위를 따는 순간 당신은 천문학자가 된 것이다. 그러나 이번에는 직장을 구해야 한다는 문제가 남는다. 박사 학위를 땄으니 강의를 하거나 국립 천문대 등에 취직할 수 있다. 천문학자의 월급이 많을 거라는 기대는 말자. 당연히 잘 알고 있겠지만 천문학자로 사는 보람은 '많은 돈을 벌 수 있다'가 아니라 '우주에 관한 지식을 가장 처음 알 수 있다'는 만족감에 있다. 천문학을 직업으로 택한 사람이라면 피할 수 없는 운명처럼 여기는 해외 거주나 잦은 여행도 천문학자의 특권이라면 특권일 것이다.

이미 다른 직업에 종사하고 있지만 천문학에 대한 열정이 사라지지 않는다면 어떻게 해야 할까? 중요한 것은 희망을 잃지 않는 것이다. 천문대나 대학은 다양한 기술을 가진 많은 사람들을 원한다. 기계 기술자, 전기 기술자, 컴퓨터 전문가, 홍보 담당, 보도 자료 작성 등 취직 기회가 많지는 않아도 전혀 없지는 않다. 특별 학위를 받거나 편입을 하는 방법도 있으니 기본 지식을 쌓는 데 나이는 문제가 되지 않는다.

내가 바로 산 증인이다. 대학 시절 내 학점은 낮은 수학 점수로 얼룩져 있었다. 좀 더 정확히 말하자면 나는 낙제한 학생이었다. 그러나 천문학과 관련된 다양한 직업을 거치면서 열심히 노력해서 석사 학위를 땄고 결국 에든버러 대학에서 박사 학위를 땄다. 박사 학위를 땄을 때 나는 벌써 40대에 접어들고 있었다. 하지만 결코 늦었다고는 생각하지 않았다.

● 여성 천문학자는 전체 천문학자의 몇 퍼센트나 되나?

전반적으로 호주 천문학계는 아주 체계적으로 조직되어 있다. 호주 과학계는 십 년마다 한 번씩 지난 십 년을 돌아보고 앞으로의 십 년을 계획한다. 이런 작업을 수행하는 기관은 호주 과학 학회의 국립 천문학 위원회(the National Committee for Astronomy)로, 이 조직의 향후 계획은 『새로운 지평선-2006년에서 2015년까지, 호주 천문학회 십 년 계획안 *New Horizons-A Decadal Plan for Australian Astronomy 2006-2015*』을 보면 알 수 있다. 이 책에 대해 이야기하는 이유는 2005년 11월에 출간한 이 책에 질문에 대한 답이 나와 있기 때문이다. 호주 천문학계를 이끌어 가고 있는 사람들을 살펴보면 전 세계 천문학계의 상황도 미루어 짐작할 수 있다.

당시 여성 천문학자의 비율은 전체 천문학자의 20퍼센트였으니 다섯 명 중 한 명이 여성인 셈이다. 1995년에 조사한 바로는 여성의 비율이 11퍼센트였으니 현재 여성 천문학자의 수가 꾸준히 늘고 있다고 봐도 좋을 것이다. 더 좋은 소식은 상승세가 계속되고 있다는 점이다. 또한 『새로운 지평선-2006년에서 2015년까지, 호주 천문학회 십 년 계획안』에 따르면 2005년도에 대학원 천문학과에 다니는 여성 학생들의 비율은 37퍼센트라고 한다. 1995년에는 15퍼센트였다. 대학원생이 미래의 천문학계를 짊어질 인재들임을 생각해 보면 분명 반가운 소식이다.

이런 추세로 간다면 여성 천문학자들의 수는 남성 천문학자들의 수와 비슷해질 것이다. 이는 여성들을 수학 계산이나 사진 감광판에 찍힌 별을 세는 일 같은 반복 작업을 담당할 컴퓨터로 활용하던 19세기—물론 20세기도 마찬가지지만—후반과는 크게 달라진 상황이다. 여성들은 남성들보다 치밀하고 꼼꼼했기 때문에 그런 작업에 더 적합했다. 그런 작업에 여성들을 활용한 가장 유명한 예는 '헨리 드레이퍼 목록(Henry Draper Catalogue)'을 작성

했던 미국 하버드 대학 천문대의 에드워드 찰스 피커링(Edward Charles Pickering, 1846~1919년)이 모집한 여성들이다(2장 '천체 이름은 어떻게 지을까?' 편 참고). '피커링 할렘(Pickering Harem)' 이라고 불린 이 여성들 중에는 헨리에타 리비트(Henrietta Leavitt)와 애니 캐논(Annie Cannon)이 있었다. 두 사람 모두 천문학의 역사에 길이 남을 중요한 업적을 남겼다.

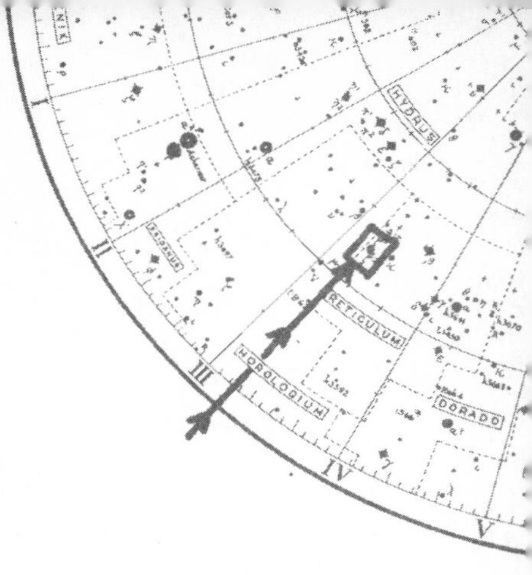

마지막으로……

● **구름 낀 날에 천문학자들은 무엇을 하나?**

글쎄, 특별히 파장이 짧지만 않다면 전파는 구름이 있어도 도달하니 전파 천문학자들은 그냥 연구를 계속하지 않을까 싶다. 하지만 광학 천문학자들은 연구를 할 수 없으니 망원경을 내리고 돔을 닫을 것이다. 그래도 광학 천문학자들에게는 해야 할 일이 1,001가지나 남아 있다. 밤하늘을 관찰하는 일은 천문학자들이 해야 할 일의 10퍼센트 정도밖에 차지하지 않는다. 예전에 관찰한 결과를 분석하고 세상에 발표할 논문을 쓰고 망원경을 쓸 수 있는 시간을 예약하고 연구비를 신청하고 강의를 준비하고 장비를 설치하고 다른 천문학자들의 작업을 도와주고 여기저기서 오는 문의에 답하고. 천문학자들이 해야 하는 일은 아주 많다. 모든 직업인들이 다 그렇듯이 천문학자들도 처리해야 할 행정 업무가 많다. 구름 낀 날 처리해야 할 일은 정말 많다.

다른 사람도 비슷한 질문을 해 왔다. '보름달이 뜨는 날이면 천문학자들은 무엇을 하는가?' 그에 대한 답도 이 질문과 비슷하다. 보름달이 뜨면 하늘이 너무 밝아 희미한 천체를 제대로 관찰하기 어렵다. 밝은 천체를 상세하게 관찰할 수 있는 특수 장비로 밝은 천체를 관찰하거나 붉은색보다 더 붉은 적외선으로 관찰하는 건 어떨까? 두 방법 모두 월광의 위력을 줄여 밝은 달빛이 관측을 방해하는 것을 막아 준다.

Space 03

시계처럼 움직이기

행성 지구의 작동 원리

또한 우리가 살고 있는 세상은 완벽하게 정지해 있는 것처럼 보인다. 무더운 여름날 밤의 고요 속에서 혹은 매섭게 추운 겨울날 밤의 깊은 고요 속에서 지구가 돌고 있다는 사실이 느껴지는가? 히파르코스나 프톨레마이오스 같은 고대 사상가들의 말처럼 지구가 돌고 있다면 왜 바람에 머리카락이 흩날리지 않는 걸까? 사실 지구의 대기도 지구가 돌지 않는다는 환상을 심어 주는 공범이다. 행성 지구에 묶여 있는 대기는 행성 지구와 똑같은 속도로 돈다. 머리카락을 흩날리는 바람은 대기의 기후 변화 때문에 생기거나 차량 지붕을 내리고 빠른 속도로 달리는 차 때문에 생기는 현상이지만 고대 사상가들은 그런 사실을 몰랐다.

RUNNING LIKE CLOCKWORK

행성 지구에 살고 있는 우리들은 모두 아주 놀라운 환상의 희생자들이다. 우리가 살고 있는 이곳이 아주 평범하고 특별할 것이 없는 세상이라는 환상은 사실 정말 잘못된 생각이다. 우주는 대부분 텅 빈 진공 상태이며 무언가가 있다 해도 그곳은 인류가 살아갈 수 없는 아주 생소한 곳이다.

지구의 생명체로 진화해 온 우리는 지구를 안식처로 느끼며 살아왔다. 우리들은 지구의 중력에 의지해 우리를 둘러싸고 있는 식물들이 만들어 낸 공기를 들이마시며 산다. 우리들은 길고도 복잡한 지구의 먹이 사슬에 의지해 살아간다. 지구 환경에 완벽하게 적응한 덕분에 수천 년 동안 인류는 생존과 생식이라는 기본적인 욕구를 뛰어넘는 활동을 할 수 있었다. 지금처럼 우리를 둘러싼 널찍한 주변 환경에 대해 진지하게 고민하고 그에 대한 몇 가지 해답을 알게 된 것도 모두 그 같은 활동의 결과이다.

우리가 평범함에 대한 환상을 품고 사는 이유는 무엇일까? 단적인 예로 우리가 수천 년이 넘는 세월 동안 행성 지구의 본래 모습을 모르고 살았던 이유는 무엇일까? 인류가 품고 있던 환상 가운데 가장 오래되고도 심각한 환상은 지구가 평평하다는 것이었다. 그렇게 생각한 이유는 우리 자신의 몸에 비해 지구의 크기가 엄청나게 크기 때문이다. 지름이 12,756킬로미터나 되는 지구이니 정밀한 측량 장비나 관측 장비 없이는 지구가 구면이라는 사실을 알아내기가 쉽지 않았다. 물론 칼 세이건이 『코스모스』에서 지구를 작은 푸른 점에 비유한 이유를 충분히 공감할 정도로 인류는 지구가 우주 전체에 비하면 턱없이 작은 공간임을 알고 있다. 지구의 지름은 태양처럼 비교적 작은 항성과 비교해도 그 지름의 1퍼센트밖에 되지 않을 정도로 작다.

중력도 지구에 대한 환상을 만드는 공범이다. 지구의 중심 방향으로 작용하는 중력은 그 방향을 제외한 다른 모든 방향 —우리가 움직이고 있는 방향을 포함해—으로 작용하는 중력보다 훨씬 강하기 때문에 우리는 지구 표면 위의 한 지점을 기준으로 위, 아래, 좌우만을 인식하게 된다.

또한 우리가 살고 있는 세상은 완벽하게 정지해 있는 것처럼 보인다. 무더운 여름날 밤의 고요 속에서 혹은 매섭게 추운 겨울날 밤의 깊은 고요 속에서 지구가 돌고 있다는 사실이 느껴지는가? 히파르코스나 프톨레마이오스 같은 고대 사상가들의 말처럼 지구가 돌고 있다면 왜 바람에 머리카락이 흩날리지 않는 걸까? 사실 지구의 대기도 지구가 돌지 않는다는 환상을 심어 주는 공범이다. 행성 지구에 묶여 있는 대기는 행성 지구와 똑같은 속도로 돈다. 머리카락을 흩날리는 바람은 대기의 기후 변화 때문에 생기거나 차량 지붕을 내리고 빠른 속도로 달리는 차 때문에 생기는 현상이지만 고대 사상가들은 그런 사실을 몰랐다.

지구가 자전한다는 사실은 하늘에 떠 있는 천체의 움직임을 보면 알 수 있다. 하늘에 떠 있는 천체가 천천히 움직이고 있다는 사실은 실제로 적도에 서 있는 사람이 동쪽으로 시속 1,700킬로미터에 달하는 굉장한 속도로 움직이고 있다는 뜻이다. 그러나 지식인 중에는 앞으로 나올 청취자들의 질문처럼 매일같이 떠오르는 하늘의 계시를 받아들이지 못하고 의심을 품는 사람들이 있었다.

지구가 우주 공간을 움직이고 있다고 한 니콜라스 코페르니쿠스(1473~1543년)의 주장이 널리 인정받기 위해서는 어느 정도 시간이 필요했다. 지금은 지구가 시속 100,000킬로미터, 다시 말해 초속 30킬로미터 정도로 정해진 궤도를 따라 움직이고 있다는 사실을 알고 있다. 1년 동안 십억 킬로미터에 달하는 길을 여행해야 한다는 사실을 생각해 보면 지구의 공전 속도가 자전 속도보다 훨씬 빠름은 당연한 일이다.

지구의 공전 속도는 엄청나게 빠르지만 그렇다고 해서 지구가 우주 공간을 제트기처럼 날아갈 거라고 생각하면 안 된다. 보잉 747 여객기를 생각해 보자. 이 비행기는 매 초 자신의 몸체 길이보다 4배 정도 긴 거리를 움직인다. 그에 비해 지구는 자신의 지름만큼 움직이는 데 걸리는 시간이 비행기보다 훨씬 길다. 지구는 7분이 지나야 자신의 지름만큼 이동한다.

지구의 움직임은 다른 천체의 영향을 받는다. 조수와 자기 폭풍은 외부 천체 때문에 일어나는 대표적인 현상이다. 두 현상이 일어나는 원인에 대해서는 과학적으로 자세히 밝혀냈지만 일상생활에 미치는 영향력은 일반인들의 마음에 풀리지 않는 의문을 불러일으켰다. 우리 모두에게 다행스럽게도 주변 환경을 당연하게 보지 않는 사람들이 그 같은 의문들을 방송 중에 물어 왔다. 이제부터 나올 내용은 그에 대한 답변들이다.

실제로 지구의 생물권을 벗어난 사람은 극소수의 우주 비행사들뿐이다. 섬세한 생물권 안에서 일어나는 모든 일에 균형을 창조하는 자연의 힘은 정말 놀랍다. 유감스럽게도 지금과 같은 계몽시대에도 인류는 환상에 사로잡혀 있다. 지구는 평범한 장소라는 환상. 그런 환상을 품는 이유는 그런 환상이 인류를 안심시키기 때문이다.

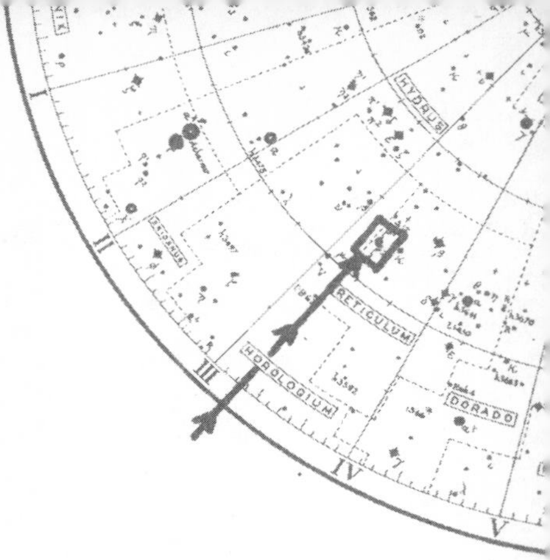

시간의 형성
: 지구의 자전

● 동심원을 그리는 별 사진은 어떻게 찍을까?

별의 움직임을 찍은 사진은 어느 것이나 정말 신기하지만 내 동료 데이비드 말린이 앵글로 오스트레일리안 천문대를 찍은 유명한 사진만큼 멋진 사진은 없을 것이다. 장엄한 천문대 건물 뒤로 밤새 움직인 별들이 그린 동심원은 하늘에 걸려 있는 거대한 사격판처럼 보인다.

데이비드는 현대 디지털 카메라가 아니라 옛날 방식대로 삼각대에 카메라를 남쪽 방향으로 향하도록 세워 놓고 카메라가 타임 노출 상태로 상을 찍을 수 있도록 셔터를 열어 놓았다. 달이 뜨지 않는 이른 겨울밤에 카메라를 설치하고 잠자리에 든 데이비드는 9시간 30분이 지나 새벽이 되기 직전에 카메라 곁으로 가 셔터를 닫고 장비를 거둬 왔다.

현상한 필름 속에는 셔터가 열려 있는 동안 일어난 재미있는 일들이 모두 담겨 있었다. 물론 가장 멋진 장면은 사격 판처럼 생긴 별의 운동이다. 셔터가 열려 있는 동안 지구는 반 정도 자전했기 때문에 별들이 운동한 모습은 반원에 가까운 모습으로 찍혀 있었다. 상을 겹쳐 반원을 완전한 원으로 만들면 하늘이 완전히 한 바퀴 돈 것처럼 하늘의 남극을 중심으로 하는 원들이 만들어진다. 하늘의 남극이란 그저 지구의 자전축을 우주로 연장한 것이고 지평선과 하늘의 남극(북극)이 이루는 각도가 그 관측자가 서 있는 위도이다. 정말 편리하지 않은가!

북반구에서 찍은 사진이라면 동심원 중앙에 거의 움직이지 않는 밝은 별이 보였을 것이다. 바로 북극성이다. 북아메리카 원주민들은 이 별을 '춤추지 않는 별'이라는 멋진 이름으로 불렀다. 사실 천문학자들은 남극성도 있다는 사실을 알아냈다. 시그마 옥탄티스(Sigma Octantis, 팔분의자리 시그마)라고 부르는 이 별은 아주 희미해서 육안으로는 보이지 않기 때문에 호주 원주민들의 주위를 끌지는 못한 것 같다.

별의 일주 운동 사진이 여러 가지 색을 띤다는 사실은 별의 색이 여러 가지라는 뜻이다. 대부분은 흰색이지만 붉은색이나 푸른색인 별도 분명히 있다. 천체 물리학은 별의 색은 온도를 나타내는 단서로 붉은색이 가장 낮고 푸른색이 가장 높다고 한다. 앞에 찍혀 있는 나무나 건물의 짙은 검은색으로 보아 하늘 자체도 희미하게 빛나고 있음을 알 수 있다.

카메라를 노출시켜 놓으면 인간의 활동도 필름에 남는다. 물결처럼 요동치고 있는 밝은 빛은 그날 밤 날씨를 살피러 나온 사람의 손전등 불빛이고, 직선으로 뻗은 선은 천문학자들의 차가 떠나면서 남긴 희미한 주차 등 불빛이다.

그런데 데이비드는 별 일주 운동 사진을 찍는 동안 아주 특이한 인간과 투쟁을 벌여야 했다. 그 당사자는 못된 장난으로 유명한 패트릭 월러스라는 뛰어난 컴퓨터 프로그래머였다. 패트릭이 데이비드가 찍고 있는 사진 촬영에 대해 알았다면 엘리베이터를 타

그림1 밤새 셔터를 열어 둔 카메라에 찍힌 거대한 앵글로 오스트레일리안 망원경 돔 위에 생긴 별의 일주 모습은 지구가 자전한다는 증거이다. 돔 꼭대기에 생긴 비뚤비뚤한 선은 한 관측자가 켠 전등의 불빛이다. 다행히도 이 천문학자는 하늘에 대고 욕설을 쓰고 싶은 욕구를 참아 냈다. **(앵글로 오스트레일리안 천문대. 데이비드 말린 사진)**

고 천문대 옥상에 올라가 아주 크고 밝은 전등을 하늘에 비춰 자기가 알고 있는 것 중에 가장 심한 욕설을 써댔을 것이다. 빛을 이용해 사진에 커다란 낙서를 할 수 있다니 정말 놀랍지 않은가!

● **지구가 한 번 자전하는 데 걸리는 정확한 시간은?**

간단하게 대답한다면 스물네 시간이라고 하겠지만 사실 그렇게 쉽게 말할 문제가 아니다. 지구가 자전축을 중심으로 해서 돌고 있다면 어떤 장소에서건 정오부터 다음 정오까지의 길이를 하루라고 생각하면 된다(정오란 태양이 하늘 꼭대기 위에 있을 때를 말한다. 북반구이건 남반구이건 마찬가지이다). 태양일이라고 하는 이 시간은 24 태양시이다.

이 질문을 한 청취자는 자전 시간을 결정하는 일이 이렇게 간단하지는 않음을 알고 있었다. 지구는 자전축을 중심으로 해서 돌고 있을 뿐만 아니라 태양 주위도 공전하고 있기 때문이다. 지구의 북극 위에서 보면 자전하는 방향도 공전하는 방향도 모두 시계 반대 방향으로 같음을 알 수 있다. 따라서 정오부터 다음 정오가 되는 동안 지구가 공전 궤도를 따라 이동하기 때문에 지구 위 어떤 장소에 있건 간에 하늘 위를 움직이는 태양이 처음 있었던 장소로 돌아오려면 공전 궤도를 따라 지구가 이동한 만큼을 더 이동해야 했다.

하루의 시간을 좀 더 정확하게 측정하려면 태양이 아니라 별이 움직이는 시간을 측정해 보면 된다. 별은 아주 멀리 떨어져 있기 때문에 태양에 비해 지구가 이동한 거리는 그리 크게 문제되지 않는다. 따라서 북쪽으로 가건 남쪽으로 가건 한 장소에 있던 별이 하늘을 한 바퀴 돌아 제자리로 돌아오는 데 걸리는 시간을 구하면 지구가 한 바퀴 도는 데 걸리는 시간을 구할 수 있다. 이 시간을 항성일이라고 한다. 태양시로 바꾼 항성일은 정확히 23시간 56분 4초이다. 이미 예상했겠지만 태양일보다 조금 짧다.

태양시와 비교해 보기 위해 천문학자들은 항성일을 24 항성시로 나누어 보았다. 이 시간은 별이 떠 있는 자리를 가르쳐 주기 때문에 망원경을 볼 때 유용하게 쓰인다. 물론 전파 천문학자가 아니라면—특별히 누구라고 할 것은 없지만— 태양시도 신경 쓰고 있어야 한다. 그래야 태양이 떠오르는 시간을 알 수 있을 테니까.

● 해시계 보는 방법

해시계의 모양과 형태는 아주 다양하지만 그림자를 이용해 시간을 알아낸다는 점은 모두 같다. 해시계는 그노몬(gnomon)이라는 신기한 이름의 바늘을 이용해 시간을 알아낸다(사실 'gnomon'의 'g'는 묵음이므로 '노먼'이라고 해야 한다). 이 바늘은 보통 철 못을 수직이나 약간 기울어진 상태로 세우거나 금속 조각, 철사로 만들고 경우에 따라서는 임시방편으로 인간 자신이 바늘이 되기도 한다. 태양 빛이 물체에 뚫린 구멍을 통과하면서 만드는 광점이 그림자를 대신할 때도 있지만 그때도 원리는 똑같다.

시간은 그림자 받침(혹은 광점 받침) 위에 적힌 숫자로 알아낸다. 고위도 지방에서는 여름이 되면 거의 자정이 될 때까지 해시계로 시간을 볼 수 있지만 일반적으로 해시계는 낮 동안에만 소용이 있다. 덧붙여 말하자면 북반구에서는 바늘을 수직으로 세운 해시계의 그림자가 시계 바늘과 같은 방향으로 돈다. 다시 말해 시계 방향으로 도는 셈이다.

여기까지는 전혀 문제될 게 없다. 문제는 일반 시계와는 다른 해시계 눈금으로 어떻게 하면 정확한 시간을 알아내는가이다. 시계판 눈금의 크기에 따라 일반 시계의 시침과 같은 역할을 하는 그노몬이 가리키는 시간을 1분 내지 2분 정도의 오차로 알아낼 수 있다. 해시계는 지역마다 가리키는 시간이 다르다. 따라서 해시계를 보고 일정을 잡다가는 약속 장소에 끔찍하게 늦게 가거나 황당하게 빨리 갈 수도 있다.

각 지역마다 다른 해시계를 보고 정확한 시간을 알아내는 데는 몇 가지 어려움이 있다. 가장 큰 어려움은 태양이 지나는 속도가 빨라질 때도 있고 느려질 때도 있다는 점이다. 조금 이상하게 들리겠지만 두 가지 이유 때문에 하늘을 지나는 태양의 이동 속도가 달라진다. 그중 한 가지 이유는 지구가 공전하는 궤도가 완벽한 원이 아니라는 점이다. 그 때문에 지구는 남반구가 태양에 가까워지는 연초와 연말에는 빠르게 움직이고 태양에서 멀어지는 6월과 7월에는 느리게 움직인다. 두 번째 이유는 지구의 자전축이 23.5도 기울어져 있다는 점이다. 기울어진 자전축은 계절을 바꾸고 지구의 공전 속도에 영향을 미쳐 지역마다 해시계가 가리키는 눈금이 달라지게 한다.

기계 시계가 만들어진 후에야 해시계가 지역마다 다르다는 사실을 깨달은 사람들은 상용 시간의 필요성을 느꼈다. 각 시기별로 상용시를 알아내는 시간 방정식이 다르다. 진짜 태양이 만드는 오차는 가짜 태양의 정확한 시간과 최대 16분까지 차이가 난다. 진짜 태양과 가짜 태양의 일주 시간이 같아지는 시기는 1년에 네 차례, 4월 15일, 6월 14일, 9월 2일, 12월 25일뿐이다.

따라서 해시계가 가리키는 시간을 상용시로 바꾸기 위해서는 먼저 그 날짜에 해당하는 시간 방정식을 풀어야 한다. 그렇게 하면 자신이 살고 있는 지역의 표준 태양시를 알 수 있다. 표준 태양시를 자동으로 계산해 주는 해시계도 있지만 정원에 있는 일반 해시계는 대부분 직접 계산해야 한다. 오늘 날짜에 적용해야 하는 시간 방정식은 인터넷에서 쉽게 찾을 수 있다(www.dundials.co.uk

/euation.htm도 그중 한 곳이다).

두 번째 단계는 좀 더 간단하다. 어느 지역에서나 똑같이 하면 되기 때문이다. 표준 시간대가 정한 기준 경도 위에 살고 있다면 두 번째 단계 때문에 애를 먹지 않아도 된다. 예를 들어 그리니치를 기준으로 동경 150도 지점에 위치한 이스턴 오스트레일리아 시간은 지구가 1시간에 15도 자전하므로 그리니치 표준시보다 10시간 빠르다(그리니치 표준시란 그리니치가 위치한 경도에서의 표준 태양시를 뜻하며 세계시라고도 한다).

동경 151도에 위치한 시드니 서부 지역에 사는 사람이라면 지구는 4분마다 1도씩 회전하므로 살고 있는 지역의 표준 시간대보다 4분 빠르다고 생각하면 된다. 자신이 살고 있는 지역 시간에서 지역 표준시와의 차이를 빼면 그 지역 표준시를 구할 수 있다. 서머타임이라면 한 시간을 더해야 한다.

● 윤초가 필요한 이유

오늘날 가장 정교한 시계를 존재하게 하는 것은 추의 움직임도, 평형 바퀴의 진동도, 수정 결정판의 떨림도 아닌 원자의 미세한 움직임이다. 수백만 년 당 1초의 오차가 나는 가장 정교한 원자시계는 현재 'TAI'로 지정됐다('TAI'란 'Temps atomique international'의 약자이다. 그러니까 영어로 하면 'International Atomic Time', 즉 국제 원자시(IAT)이다).

정확한 시계가 발명되기 훨씬 전부터 사람들은 지구가 좋은 시계가 아니라는 사실을 알고 있었다. 앞 질문에서도 살펴봤듯이 해

●●● 윤초 : 표준시와 실제 시각과의 오차를 조정하기 위해 더하거나 빼는 1초 – 옮긴이

시계는 지구의 공전 속도에 따라 늦어지거나 빨라지며 자전축을 중심으로 돌고 있는 지구의 자전 속도도 불안정하다. 자전 속도는 아주 천천히 느려지고 있다. 자전 속도가 감소하는 가장 큰 이유는 달이 조금씩 지구에서 멀어져 나가면서 자전 에너지가 바뀌고 있기 때문이다(자세한 내용은 6장에서 설명할 예정이다).

그러나 자전 속도가 느려지고 있다는 사실을 눈치 채는 사람은 거의 없을 것이다. 사실 낮의 길이는 계속해서 늘어나고 있지만 그 비율은 100년에 0.002초 정도에 불과하다. 그러나 이런 조그만 변화도 지구라는 환경에 묶여 사는 우리에게는 커다란 문제가 될 수 있다. 지구의 자전 속도가 느려지면 태양이 떠오르고 정오가 지나고 다시 태양이 지는 등의 일상에서의 시간이 국제 원자시가 가리키는 시간과 조금씩 달라질 것이다.

시간의 오차를 그대로 방치한다면 수십 년 후의 1년과 지금의 1년은 몇 초 정도 차이가 날 것이다. 그 정도 차이는 망원경을 가지고 제대로 된 방향을 찾기 위해 애쓰는 천문학자나 위성 관측국 사람들 같은 소수만이 눈치 챌 것이다. 그러나 시간의 오차가 계속해서 쌓이면 수백, 수천 년 후에는 그 차이가 몇 분, 아니 몇 시간으로 늘어나 모르려야 모를 수가 없는 정도가 될 것이다.

이런 난감한 사태를 피하기 위해 파리 천문대의 국제지구자전국(the International Earth Rotation and Reference Systems Service : IERS)은 1년에 두 번 6월 30일이나 12월 31일에 국제 원자시에 1초를 더할 것인지 말 것인지를 결정한다. 지구의 자전 속도가 계속해서 느려지고 있다는 사실을 생각해 보면 반드시 그렇다고는 할 수 없지만 시간을 빼는 경우는 있을 것 같지 않다. 1972년 6월 30일에 처음 윤초를 더한 이후 2007년까지 모두 스물세 번에 걸쳐 윤초를 더했다. 그렇다고 해서 현재의 하루 길이가 1972년보다 23초 길어졌다는 뜻은 아니다. 그저 시계를 멈췄다가 가게 한 차례가 스물세 번이라는 뜻이다. 따라서 윤초를 계속 더해 가면 결국 태양이 하늘 정중앙에 도달하는 시간이 오후 3시가 될지도 모른다는 걱정은 하지 않아도 된다.

그런데 윤초를 둘러싸고 논쟁이 벌어지고 있다. 가끔씩 적용되는 윤초는 미세한 시간 차이에도 영향을 받는 컴퓨터 프로그램에 문제를 일으킨다. GPS(Global Positioning System : 전 지구 위치 파악 시스템) 같은 시보 위성(time-signal satellites)을 관리하는 기술자들은 윤초를 적용할 때마다 다시 시간을 조정해야 하는 지루한 과정을 반복해야 한다. 그 때문에 미국 대표단이 국제전기통신연합(International Tele communication Union : ITU)을 찾아가 그리니치 표준시에서 파생된 협정 세계시(Universal time coordinated : UTC) 같은 태양시와 국제 원자시 사이에 발생한 차이가 1시간이 됐을 때 시간을 조정하자는 의견을 내놓았다. 이 글을 쓰고 있는 현재 미국 측 안건은 계속해서 논의 중이지만 미국 측 주장이 통과된다면 시간에 대한 개념이 크게 변할 것이다.

끝으로 원자시계 하니까 오래전 왕립 그리니치 천문대(Royal Greenwich Observatory)에서 일했던 시절이 떠오른다. 그때 나는 그리니치 표준시의 시간을 알리는 전통적인 '삐' 소리를 매 시간마다 여섯 번씩 울릴 책임을 맡고 있는 시간 부(the Time Department) 직원들과 이야기를 나눌 기회가 많았다. 한번은 그 부서 직원들이 오차가 10억 분의 1에 불과한, 다시 말해서 3백만 년 동안 1초밖에 틀리지 않는 믿을 수 없을 만큼 정확한 시계를 만들었다며 흥분하는 소리를 들었다. 그래서 내가 질문했다.

"그러니까, 내가 3백만 년 안에 다시 돌아오면 시계가 1초도 어긋나지 않은 모습을 볼 수 있다는 거야?"

그러자 시간 부 직원이 대답했다.

"아니, 그건 아니지. 시계 수명이 5년밖에 안 되거든."

● 비행기를 타고 계속 새벽인 채로 여행할 수 있을까?

적도를 기준으로 남쪽으로든 북쪽으로든 충분히 고위도인 지방에서 비행기를 타고 간다면 가능하다. 정확히 극점이 아니라면 지구상에 있는 모든 지역은 지구의 자전 때문에 끊임없이 동쪽으로 이동한다. 고체인 비행기의 속도는 날고 있는 위도에 따라 달라진다. 런던이나 베를린이라면 시속 1,000킬로미터로 날아야 하고 뉴욕이나 베이징이라면 시속 1,300킬로미터 정도로 날아야 한다. 적도와 가까운 시드니나 케이프타운이라면 시속 1,400킬로미터 정도로 날아야 할 것이다. 적도라면 어떨까? 정확히 시속 1,675킬로미터로 날아야 한다.

이 질문의 답을 알아보기 위해 여기 시속 1,000킬로미터로 날고 있는 여객기가 있다고 생각해 보자(실제로 여객기는 이 정도 속도로 난다). 이 여객기가 자전 속도가 시속 1,000킬로미터인 위도 위에서 서쪽으로 날아간다면 효과적으로 지구의 자전 현상을 사라지게 할 수 있다. 이 여객기가 새벽에 스코틀랜드에서 출발했다면 다섯 시간 내지 여섯 시간 후에 캐나다에 착륙할 때도 여전히 새벽일 것이다. 물론 이륙하고 착륙할 때는 속도가 줄어들겠지만 기본 이론은 변함없다.

여객기들이 항로를 정할 때는 출발지와 도착지의 위도보다는 북극에 가까운 항로를 택한다(바로 지구 위에 있는 두 지점을 연결하는 가장 짧은 항로인 대권항로(great-circle route)를 택하는 것이다). 그렇게 하면 시간을 앞질러 이륙했던 시간보다 더 이른 시간에 착륙할 수 있다. 대서양을 횡단하는 콩코드 여객기의 항로가 바로 그런 경우이다. 기가 막힐 정도로 아름답지만 엄청난 매연을 자랑하는 콩코드 여객기는 시속 2,000킬로미터가 넘는 속도로 날면서 매일같이 '시간 여행'을 하고 있다.

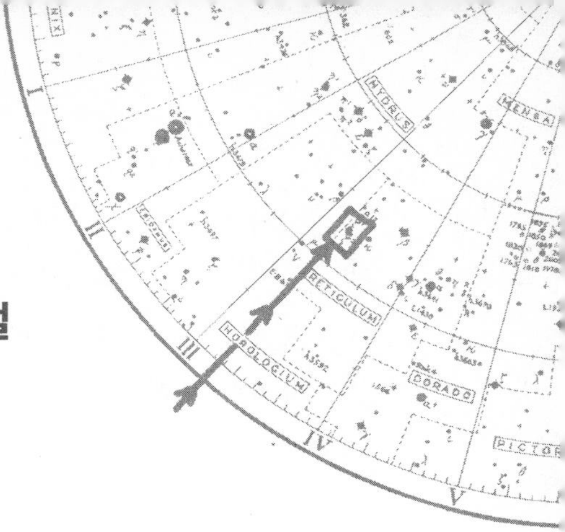

돌고 돌기
: 지구 궤도와 남반구의 사계절

● 추분과 춘분, 동지와 하지가 매년 바뀌는 이유는?

천문학적 계절은 분점과 지점에서 시작한다. 남반구의 경우 추분은 3월 21일경, 춘분은 9월 23일경, 동지는 6월 21일경, 하지는 12월 22일경이다. 북반구의 분점과 지점은 남반구보다 6개월 앞선다.

분점과 지점은 천체들의 움직임 때문에 생긴다. 분점 때는 태양이 지구의 적도를 연장한 가상의 선인 천구 상의 적도를 통과한다. 적도를 통과한 태양은 가을이면 북쪽으로 이동하고 봄이면 남쪽으로 이동한다(물론 이것은 남반구에 해당하는 것으로 북반구에서는 태양이 반대 방향으로 이동한다). 지점은 태양이 거의 움직이지 않는 상태에서 곧 적도가 있는 남쪽을 향해 내려오거나 북쪽을 향해 내려오려는 채비를 하는 순간이다. 1년을 주기로 태양이 북쪽과 남쪽을 왔다 갔다 하는 이유는 지구의 자전축이 공전 궤도와 수직을 이루지 못하고 수직 방향(연직 방향)에서 23.5도 기울어져 있기 때문이다. 그렇기 때문에 지점 때 태양은 천구 상의 적도에서 남쪽이나 북쪽으로 23.5도 되는 지점에 머문다.

분점과 지점이 해마다 바뀌는 이유는 태양년이 정확하게 365일은 아니기 때문이다. 실제로 태양년은 365.242일이다. 달력에 적힌 날짜와 계절이 크게 차이 나는 것을 막으려면 윤년을 만들어 4년에 한 번씩 하루씩을 더해야 한다. 그 때문에 해마다 분점과 지점의 날짜가 바뀌는 것이다. 호주는 특히 시간대가 대부분의 지역보다 앞서 있기 때문에 분점과 지점의 날짜도 다른 곳과는 조금 다르다.

계절에 대한 가장 큰 오해는 태양과 지구의 거리 때문에 계절이 생긴다는 것이다. 사실 계절 변화는 지구의 자전축이 기울어져 있기 때문에 생긴다. 지구의 공전 궤도가 완벽한 원을 이루지는 않지만 태양으로부터 가장 긴 거리와 짧은 거리의 차는 3퍼센트 정도에 불과해서 계절에 미치는 영향력은 그리 크지 않다. 1월 첫째 주에 호주가 태양과 가장 가까워졌다는 발표가 나와도 놀랄 사람은 거의 없을 것이다. 해변에서 빈둥거리고 있건 실내 온도를 낮추려고 애쓰고 있건 간에 여름철이면 실제로는 1억 4천 6백만 킬로미터나 떨어진 태양이 왠지 몇 킬로미터 가까이 접근했다는 느낌을 지울 수 없다. 유럽이나 북 아메리카 대륙이라면 아침마다 얼어버린 창문 유리에서 서리를 긁어내야 한다는 사실도 그리 큰 위로가 되지 않는다.

● 호주에서 한 달의 첫 번째 날을 계절의 시작으로 보는 이유는?

처음 영국을 떠나 호주로 왔을 때는 천문학적 계절인 춘분과 추분, 그리고 동지와 하지를 계절의 시작으로 보지 않고 그 달의 첫 날을 계절의 시작으로 여긴다는 사실에 놀랐었다. 기온의 변화는 하늘에서 일어나는 사건이 결정한다는 사실을 생각해 보면 당연히 분점이나 지점을 계절의 시작으로 보아야 하지 않을까? 그런데도 6월 1일이 되면 사람들은 겨울이 왔다고 말한다. 하지만 동지가 되기 전까지는 날씨가 바뀌지 않으니 여전히 따뜻한 옷을 입고 다녀야 한다.

왜 꼭 1일이 계절의 시작이 될까를 곰곰이 생각해 보니 의복 때문일 거라는 생각이 들었다. 이제 막 건설한 식민지를 지키고 성가신 죄수들을 관리해야 했던 군인들에게 그 달의 첫 번째 날에 입는 군복은 늘 화젯거리가 되었다. 그러니 12월 1일에 여름 군복을 꺼내 입는다는 사실은 그날을 여름의 시작을 축하하는 날로 인정할 만한 충분한 이유가 되는 듯했다.

● 태양이 뜨고 지는 위치가 날마다 바뀌는 까닭은?

지평선을 따라 변해가는 일출과 일몰의 위치는 누구나 쉽게 알 수 있기 때문에 일몰과 일출의 위치는 계절이 바뀌고 있음을 보여주는 단적인 증거가 된다. 태양의 위치가 날마다 바뀌는 이유는 지구의 자전축이 수직이 아니라 23.5도 기울어져 있기 때문이다.

매년 3월 21일과 9월 23일경이 되면 태양이 정확히 동쪽에서 떠서 서쪽으로 지는, 낮과 밤의 길이가 거의 같아지는 분점이 된다. 분점은 지구라면 어느 곳에서나 일어나는 일이지만 그 후에 일어나는 일은 위도에 따라 다르다. 시드니의 경우에는 태양이 하늘 위로 점점 높이 올라가는 봄 동안에는 해가 뜨는 장소가 정동쪽에서 남쪽으로 치우치는 쪽으로 점점 바뀌고, 해가 지는 장소는 정서쪽에서 남쪽으로 치우치는 쪽으로 점점 바뀐다. 12월 22일 무렵이 되면 낮의 길이가 가장 긴 하지가 되는데 그때는 태양이 동남동 방향에서 떠서 서남서 방향으로 진다. 겨울에는 반대이다. 동지가 되면 태양이 동북동 방향에서 떠서 서북서 방향으로 진다. 1년 동안 태양이 뜨고 지는 위치는 지평선을 따라 55도 정도 바뀐다.

시드니보다 높거나 낮은 위도에 위치한 지역에서는 태양이 뜨고 지는 위치의 변화가 좀 더 분명하게 나타난다. 에든버러에서 한여름과 한겨울에 나타나는 태양의 출몰 위치는 90도가량 차이가 난다. 물론 에든버러는 북반구에 있기 때문에 태양이 뜨고 지는 위치는 남반구와는 다르다. 에든버러에서는 6월 21일이 한여름으로, 태양은 북동쪽에 치우친 방향에서 떠서 북서쪽으로 진다. 그 시기에는 태양이 북쪽 지평선 밑을 돌아오는 시간과 거리가 짧기 때문에 밤의 길이가 짧고 그다지 어둡지 않아 6월과 7월이면 스코틀랜드로 관광객이 모인다(물론 비와 벌레들도 함께 오지만). 한겨울이 되면 태양은 남동쪽에서 떠오르고 불과 몇 시간 만에 남서쪽 방향으로 진다. 한겨울부터 한여름까지 계속되는 길고도 깜깜한 밤을 보상하기 위해 축제를 벌이다니, 정말 좋은 생각이다. 6장 '달이 떠오르고 지는 위치가 날마다 바뀌는 이유는?' 을 참고하면 이해하기 쉬울 것이다.

● 춘분과 추분 때 낮의 길이가 12시간보다 긴 이유는?

분점이라는 용어는 낮과 밤의 길이가 같음을 뜻한다. 그러나 해가 뜨고 지는 시간을 기록한 표를 보면 낮 시간이 정확히 12시간이 되는 날과 분점은 다르다는 것을 알 수 있다. 시드니의 경우 2007년에 낮과 밤의 길이가 정확히 12시간씩이었던 날짜는 3월 24일과 9월 20일이었지만 분점은 각각 3월 21일과 9월 23일이었다. 춘분, 추분 모두 낮의 길이가 12시간 8분 정도였다.

그 이유는 먼저 일몰과 일출에 관한 정의에서 찾아야 한다. 해가 뜨고 지는 시각은 태양의 중심이 지평선을 통과할 때가 아니라 태양의 가장 윗부분 경계선이 지평선에 닿는 순간을 의미한다. 지구 대기를 통과하는 동안 굴절되는 태양빛도 또 다른 원인이다. 이 두 가지 이유 때문에 해가 뜨고 지는 시각에 태양의 중심은 지평선이 아니라 지평선에서 1도 정도 아래 있는 곳에 있게 된다. 따라서 태양의 위치가 북쪽으로 이동하는 추분 때는 추분이 지난 후에야 낮과 밤의 길이가 12시간으로 같아지고 남쪽으로 이동하는 춘분 때는 춘분이 되기 전에 낮과 밤의 길이가 정확히 같아진다.

만약 태양의 중심이 지평면을 지나는 순간을 일몰과 일출 시각으로 정하고 대기 속 빛의 굴절 현상이 없어진다면 이론상으로는 정확히 분점 때 낮과 밤의 길이가 같아질 것이다. 그러나 실제 관측 결과는 지평면이 정확한 평면이 아니기 때문에 다르게 나타날 때도 있다.

● 낮의 길이가 가장 짧은 날 태양이 가장 늦게 뜨고 가장 일찍 지지 않는 이유는?

이 질문은 계절 변화에 관한 의문 중에서도 가장 대답하기 어려운 질문이자 놀라울 정도로 많은 사람들이 발견하고 물어오는 질문이다. 이 질문에 대한 답은 이제 곧 북쪽이나 남쪽으로 이동하기 전에 잠시 하늘 위 한 곳에 태양이 머무는 지점과 관계가 있다. 겨울에 찾아오는 동지 때는 정오 때 태양의 남중고도가 가장 낮고 여름에 찾아오는 하지 때는 태양의 남중고도가 가장 높다.

낮의 길이가 1년 중 가장 짧거나 긴 때를 지점이라고 하지만 동지라고 해서 태양이 가장 늦게 뜨고 가장 일찍 지는 것은 아니며 하지라고 해서 태양이 가장 빨리 뜨고 가장 늦게 지는 것은 아니다. 시드니의 경우 2007년도에 태양이 가장 빨리 진 날짜는 6월

12일이고 동지는 6월 22일, 태양이 가장 늦게 뜬 날은 7월 1일이었다. 하지를 전후한 상황도 마찬가지여서 태양이 가장 일찍 떠오른 날은 12월 6일이고 하지는 12월 22일이었다. 그해 여름 태양이 가장 늦게 진 날짜는 2007년도를 넘어간 2008년도 1월 7일이었다.

이처럼 지점인 날짜와 일몰과 일출 시간 사이에 차이가 나는 이유는 무엇일까? 그 이유는 앞에서 해시계를 설명할 때 언급했던 '태양의 이동 속도가 달라진다'는 데 있다. 다시 한 번 앞에서 이야기한 시간 방정식이 나올 차례다. 한 해 동안 며칠 연속으로 낮부터 낮까지의 길이가 시계가 가리키는 24시간보다 조금 길거나 짧을 때가 있지만 1년을 통틀어 보면 더해지는 시간과 빼지는 시간이 거의 비슷하기 때문에 전체 시간은 차이가 나지 않는다.

남반구에서는 하지와 동지가 될 무렵이면 정오부터 정오까지의 시간이 24시간보다 13분 30초 정도 짧아진다. 이 차이는 일출 시간이나 일몰 시간 사이의 시간 간격보다 크다. 따라서 미치는 영향력도 그만큼 커진다. 이 차이 때문에 태양이 가장 먼저 뜨고 지는 날짜와 하지 또는 동지의 날짜가 일치하지 않는다.

시계가 가리키는 하루인 24시간과 태양일 사이의 차이가 6월보다 더 크게 나는 때는 12월이다. 반면 태양이 뜨고 지는 시각이 날마다 크게 변하는 고위도 지역에서는 그 차이가 그렇게 크지 않다. 그렇다면 일반 시계가 아닌 해시계를 보고 태양이 뜨는 시간과 태양이 지는 시간을 측정해 보면 어떨까? 그때는 낮의 길이와 지점의 차이가 없어질 것이다.

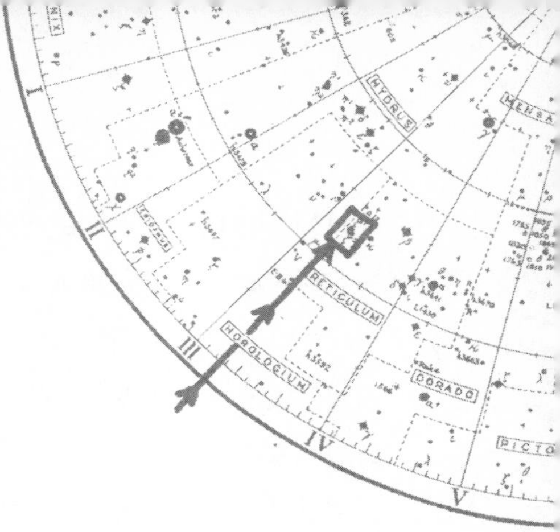

지구의 인력

: 중력과 자기력

● 지구를 관통하는 구멍을 파고 돌을 떨어뜨리면 어떻게 될까?

정말 어떻게 될까? 모두 삽을 들고 땅을 파 보자. 깊이 파 들어갈수록 부드럽게 녹아 있는 암석 맨틀의 압력에 굴이 붕괴되지 않도록 아주 단단한 물질로 굴의 내벽을 감싸야 할 것이다. 내벽을 감쌀 물질은 단단할 뿐 아니라 열에도 강해야 한다. 그래야 외핵에서 출렁이는 액체 철이 내벽을 뚫고 들어오지 못할 것이다. 내핵은 철과 니켈이 단단한 고체 상태로 되어 있으니 공사장에서 쓰는 강력한 삽을 준비해야 할 것이다. 내핵의 온도는 7,500℃나 된다. 게다가 우라늄 같은 방사선 물질이 핵붕괴를 일으키고 있으니 방사선을 막아 줄 장비도 갖추어야 한다.

이 모든 장비를 갖추고 꾸준히 파 내려가면 결국 지구 반대편에 도달할 수 있다. 지표면으로 나오는 순간이 바로 지구 중심을 완전히 가로지른 영광의 순간인 것이다. 실험 준비는 마쳤다. 이제 청취자의 의문을 풀어 줄 차례다. 참! 그런데 내가 당신이 슈퍼 히어로라는 말을 했던가?

이런 쓸데없는 이야기는 이 정도면 됐다. 뭐, 복잡한 지구의 내부 구조를 알 수 있다는 장점은 있지만 지구 자기장에 대해서 이야기할 때 다룰 내용이니 실험 이야기는 이쯤에서 그만두자. 지구를 관통하는 구멍을 파고 그 속에 돌을 집어넣는 실험은 사실상 불가능하지만 물리학의 발전 덕분에 실제로 그런 구멍 속에 돌을 던져 넣었을 때 발생하는 일을 상상해 볼 수는 있다. 이때 한 가지 조건이 붙는다. 바로 지구에 공기가 없다는 점이다.

구멍 속으로 집어 던진 돌의 낙하 속도는 높은 건물에서 돌을 떨어뜨렸을 때처럼 1초당 9.8m/s(시속 35킬로미터)씩 증가할 것이다. 지구 중심 방향으로 돌을 끌어당기고 있는 중력은 중심과 돌 사이의 거리에 비례하므로 돌의 가속도는 계속해서 줄어들 것이다. 돌의 가속도는 중심으로 갈수록 줄어들다가 중심에 도달하는 순간 '0'이 된다. 그러나 가속도가 줄었다 해도 이동 속도가 8km/s에 달하니 중심을 지나 반대편 지표면을 향해 계속해서 나아간다. 반대편 지표면을 향해 올라온 돌은 이제 막 지표면 밖으로 튀어나올 것 같은 위치에 도달한다.

그러나 누군가가 그 돌을 잡지 않는 한 돌은 지표면 밖으로 나오지 못하고 다시 지구 중심을 향해 떨어지게 된다. 공기의 저항 때문에 이동 속도가 줄어들지 않는 한 이 돌은 영원히 지구 반대편을 오가게 될 것이다. 돌이 한 번 왕복하는 데 걸리는 시간은 지표면 바로 위를 도는 인공위성이 한 바퀴 도는 데 걸리는 시간인 84분 29초이다. 등속 운동을 하는 인공위성(혹은 우주선)의 이동 속도가 구멍 속으로 떨어지는 돌의 최대 속도와 같다는 사실은 두 가설이 밀접한 관계가 있음을 의미한다. 두 가설 모두 지구의 중력과 거리와의 관계를 나타낸다.

● **지구의 자전축은 움직이는가?**

이 질문을 한 청취자는 2004년 박싱 데이(Boxing day)에 수마트라 섬을 덮은 거대한 해일 같은 자연 재해가 또다시 발생할지도 모른다고 염려하고 있었다. 사실 지구의 자전축은 여러 가지 형태로 움직이고 있다.

그중에서도 가장 중요한 움직임은 빙글빙글 돌리면 정확히 가운데에 서지 않고 좌우 양옆으로 빙글빙글 돌아가는 팽이 축처럼 움직이는 자전축의 세차(precession) 운동이다. 지구의 자전축은 수직으로 똑바로 서 있지 않고 23.5도 기울어져 있는데(어디서 많이 들어 본 소리 같지 않은가?) 자전축이 한 바퀴 도는 데 걸리는 시간은 25,800년이다. 세차 운동이 원인이 되어 일어나는 여러 현상 가운데 하나는 시간에 따라 극성이 달라진다는 것이다(3장 '동심원을 그리는 별 사진은 어떻게 찍을까?' 참고). 이 같은 사실을 발견한 사람은 기원전 150년 무렵에 살았던 히파르코스이다. 세차 운동은 적도 지역이 볼록한, 그러니까 허리춤이 뚱뚱한 지구를 끌어당기는 달과 태양의 인력 때문에 생긴다.

지구의 세차 운동보다는 미치는 영향력이 적지만 분명히 자전축의 움직임이라 할 수 있는 또 다른 현상이 발견된 것은 1970년대였다. 장동(nutation)이라고 하는 자전축이 앞뒤로 약하게 흔들리는 이 현상도 달과 태양의 인력 때문에 생긴다. 장동이라는 용어는 내 원고를 다듬은 교정자도 낯설어할 만큼 생경한 용어다. 아직까지는 그렇다는 말이다.

●●● 박싱 데이(Boxing day) : 크리스마스 다음날의 국경일. 보통 12월 26일이지만 토 · 일요일이 겹칠 때는 그 다음주 월요일이 되기도 한다. – 옮긴이

세차 운동과 장동 현상은 우주 속에서 일어나는 지구 자전축의 운동이다. 지각도 자전축을 움직인다. 이런 자전축의 움직임을 극운동(polar motion)이라고 하는데 특별한 주기성이 없는 극운동은 지구 자전축이 정확히 지구의 중심을 가로지르지 않기 때문에 생긴다. 지구 내부의 많은 부분이 액체 상태임을 생각해 보면 당연한 일이다. 그 때문에 북극점과 남극점의 정확한 위치는 남북극 얼음 위 반경 20미터를 아우르는 지역에서 무작위로 바뀐다.

박싱 데이에 일어난 지진과 같은 자연 재해는 실제로도 지각 때문에 움직인 자전축과 관계가 있다. 그러나 지진을 일으킨 자전축의 움직임이 어느 정도였는지는 알 수 없다. 2004년에 수마트라를 지옥으로 만든 지진은 리히터 규모 9.0의 강진이었다. 당시 극이 움직인 거리는 27밀리미터 정도, 움직인 시간은 3마이크로초도 되지 않는 극히 짧은 시간으로 추정된다. 수마트라 재앙은 인류의 터전이 지구 전체에 비해 얼마나 보잘것없이 작고 연약한지를 보여주는 단적인 예이다. 6장 '달이 없다면 지구는 어떻게 될까?'를 참고하면 이해하기 쉬울 것이다.

● 조수 간만이 하루에 두 번 생기는 이유는?

조수 간만이 지구와 달의 인력 때문에 생긴다는 사실은 대부분의 사람들이 잘 알고 있다. 하지만 어떤 사람들은 태양의 인력도 조수 간만을 일으키는 한 가지 원인이라는 사실을 알고 있다. 비록 그것이 달이 미치는 영향력의 3분의 1밖에 안 될지라도 말이다. 또한 극히 적은 수이기는 해도 25센티미터 정도로 위아래로 요동치고 있는 단단한 지각도 조수 간만을 일으키는 원인임을 아는 사람들도 있다. 하지만 왜 조수 간만이 하루에 두 번 생기는지를 아는 사람은 아주 드문 것 같다. 그래서인지 이 질문은 정말 많이 받는다.

조수는 한 천체를 다른 천체가 잡아당길 때 생긴다. 달이 지구를 잡아당기는 힘은 관찰자가 있는 장소에 따라 다르다. 달이 잡아당기는 힘은 지표면이 달과 마주보고 있는 곳에서는 크고 반대편에서는 작다. 지구의 중심은 중간 정도의 힘을 받는다. 달은 마주보고 있는 지구의 물만을 끌어당기는 것이 아니라 지구 자체를 끌어당긴다. 달이 끌어당기는 힘은 지구 양 옆을 볼록하게 만드는데, 지구의 자전 현상 때문에 같은 장소가 하루에 두 번 부풀어 오른다. 조수의 시간과 높이는 해저의 깊이, 바닷물의 흐름을 막는 좁은 만 같은 지형에 크게 영향을 받는다. 그러나 하루에 두 차례 일어난다는 것은 어디나 같다. 태양과 달과 지구의 위치가 일직선에 가까울수록 조수가 높다(다시 말해 보름달이나 초승달이 될 무렵이 가장 높다). 음력으로 1일이나 15일 정도에 가장 높아지는 조수를 사리(spring tide)라고 한다. 반대로 태양과 달이 이루는 각도가 90도일 때는 조수의 높이가 가장 낮고 미치는 영향력도 적다(매달 음력 7일이나 22일이 그렇다). 그러나 조수가 하루에 두 번이라는 사실은 변함없다.

● 지구의 자기장은 역전될까?

영국 지질 조사회 과학자들도 정확한 답변을 내놓지 못하는 질문이니 내게서 정확한 답변은 기대하지 말자. 내 대답도 그 사람들과 같다. "어쩌면 그럴지도."

자기장이 역전된다는 말은 남극과 북극이 바뀐다는 것이다. 다시 말해서 아침에 자고 일어났더니 나침반 바늘이 거꾸로 돌아가 있더라는 말이다. 뭐, 자기장이 바뀐다고 버스 정류장을 못 찾아 헤매지는 않겠지만. 실제로 자기장이 바뀌려면 몇천 년은 걸릴 것이다. 어쩌면 자기장이 바뀔 것처럼 자력이 약해졌다가 다시 처음 위치로 돌아가는 거짓 역전 현상도 있을지 모른다.

자기장의 역전 현상이 허구가 아니라는 좀 더 분명한 증거는 없을까? 화산암, 그중에서도 해저 깊은 곳에서 발견되는 화산암의 결정 구조가 그에 대한 해답이다. 해저 지층을 시추해 얻는 이런 화산암 코어는 지층의 형성 과정은 물론 지구 자기장의 방향도 알려준다. 화산암 코어 분석 결과는 이렇다. 비교적 최근이라 할 수 있는 지난 1억 년 동안 자기장 역전 현상은 일정한 주기성은 없지만 보통 백만 년마다 네 번 내지 다섯 번 정도 일어났다. 지구 역사 초기에는 역전 현상이 그리 많지 않았다.

자기장 역전 현상이 일어나는 이유를 밝히는 것은 지질물리학자들의 몫이다. 자기력은 지표면에서 2,900킬로미터 정도 들어간 곳에 있는 액체 외핵 때문에 생긴다. 몇 가지 의문을 연구하던 과학자들은 외핵에서 1,200킬로미터 정도 내려가면 단단한 고체 물질이 있다는 사실을 알아냈다. 핵의 주요 구성 성분은 철이다. 이 철은 지구의 자전과 액체 핵의 대류 현상 때문에 거대한 발전기처럼 행동한다. 학자들은 자기장 역전 현상이 중앙에 있는 고체 핵 때문에 생겼을 거라고 추측하고 있지만 정확한 생성 원인은 찾아내지 못하고 있으며 언제 역전 현상이 일어나게 될지도 모르고 있다.

그런데 지금이 자기장 역전 현상이 일어나고 있는 초기일지도 모른다는 사실을 알려주는 단서가 있다. 지난 2천 년 동안 지구의 자기장은 계속해서 약해지고 있다. 인류가 자기장을 직접 관측한 기간은 지난 170여 년 정도에 지나지 않지만 자기장의 흔적을 간직하고 있는 로마 점토 항아리 같은 의외의 물건에서 이전 시기의 단서를 찾을 수 있다. 어떤 과학자들은 1,500년 정도가 지나면 자기장의 힘이 완전히 사라질 거라고 생각한다. 다시 한 번 생각해 보자. 지구 자기장은 역전될 수 있을까? 아마도 그럴 것이다.

● 태양이 통신과 전력에 영향을 미치는 까닭

태양은 때때로 우주 기후—그렇게 표현할 수 있다면—을 일으켜 지구의 통신과 전력 공급을 방해한다. 우주 기후란 태양이 한꺼번에 뿜어내는 자기장과 소립자 때문에 지구와 태양 사이의 공간이 교란되는 현상이다. 학교에서 우리는 우주는 진공 상태라고 배웠다. 그러나 사실은 완전히 아무것도 없는 상태가 아니라 입자들의 밀도가 아주 낮은 상태라고 봐야 한다(지구와 가까운 곳의 우주는 1세제곱미터당 5백만 개의 입자가 들어 있다. 이는 해수면 바로 위에 있는 공기의 밀도보다 10^{19}배 정도 적은 것이다). 태양이 급격하게 내뿜는 물질들은 진공에 가까운 우주를 활기차게 만든다.

태양은 격렬하게 물질을 내뿜지 않을 때도 끊임없이 물질을 방출하고 있는데 이를 태양풍이라고 한다. 이름이 조금 터무니없는 태양풍은 1초에 백만 톤이나 되는 소립자가 시속 백만 킬로미터의 속도로 불어오는 세찬 바람이다. 이런 태양풍은 우주로 볼록 튀어나온 지구의 자기장인 지자기권이 막는다. 정기적으로 태양에서는 코로나 물질 분출(Coronal Mass Ejection : CME)이 일어난다. 그럴 때면 전하를 띤 소립자들과 자기장이 시속 1,200킬로미터로 치솟으면서 강한 충격파를 만들어낸다. 태양의 대기 속에서 격렬하게 폭발이 일어나는 태양 플레어 때도 비슷한 일이 벌어진다. 코로나 물질 분출과 태양 플레어는 억눌려 있던 자기장 내의 에너지가 갑자기 폭발하기 때문에 생기는 현상이라고 추측하고 있다.

태양계 내부에서 터져 나온 다량의 에너지는 지자기 폭풍이라는 형태로 지구의 자기장을 교란시킨다. 태양의 지자기 폭풍을 맞은 지구에서는 흔히 생기는 위도보다 낮은 위도에서 오로라가 생기고 지표면 부근의 자기력의 세기가 크게 증가한다. 그 같은 현상은 11년 주기로 흑점이 최대가 되는 시기에 일어나며 하루 내지 이틀 정도 지속된다(7장 '태양의 흑점은 무엇이며 지구의 기후에 어떤 영향을 미치나?' 참고).

지구의 지자기권을 강타하는 고에너지 소립자들이 늘어나면 지구 궤도를 돌고 있는 우주선의 전기 장비가 고장 날 수도 있고 우주인들에게도 나쁜 영향을 미칠 수 있다(극지방을 날고 있는 항공기에 타고 있는 사람들에게도 해로울 수 있다). 또한 지자기 폭풍은 공기의 저항을 증가시켜 낮은 고도에서 돌고 있는 인공위성의 수명을 단축시킬 수 있다.

강한 자기장이 전선이나 전화선 위로 휘몰아칠 때면 전력 장애나 통신 장애가 생긴다. 전선이 자기장 속에서 움직일 때도, 고정된 전선 위에서 자기장이 움직일 때도 전류가 생긴다. 지자기 폭풍은 전자 장비가 과부하를 일으켜 고장 나게 하는 아주 큰 교류 전기를 발생시킨다.

가까운 시기에 지자기 폭풍이 커다란 피해를 입힌 예를 들자면 1989년 3월 퀘벡의 경우를 들 수 있다. 당시 퀘벡은 지자기 폭풍 때문에 9백만 가구에 전기가 공급되지 않았다. 지금은 태양과 그 주변 환경을 면밀히 관찰하고 있기 때문에 기후에 영향을 미칠 태양의 활동을 미리 점검하고 그에 대비할 수 있다. 그러니까 우주 기후에 대해서 말이다.

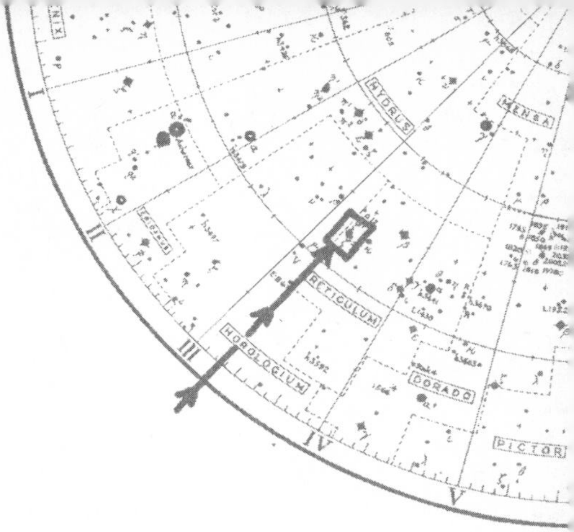

마지막으로……

● 우리 행성을 흙을 뜻하는 'Earth(지구)'라고 부르는 이유

아마도 가장 큰 이유는 기억도 할 수 없는 먼 옛날부터 그 위를 걸어 왔기 때문일 것이다. 우리가 바다에서 진화한 생명체라는 사실을 생각해 보면 우리가 사는 행성을 '물'이라고 불러도 틀리지 않을 것이다. 고대인들이 지구가 끝없이 펼쳐진 평면이 아니라 둥근 구라고 여겼다는 사실을 생각해 보면 '발밑에 있는 땅'을 자신들이 사는 행성 이름으로 붙이는 행위는 자연스러워 보인다.

우리 행성을 가리키는 여러 용어 가운데 분명 'Earth'가 가장 투박할 것이다. 그러나 그다지 매력적일 것 없는 우주의 한 모퉁이에서 살아가는 우리들에게 'Earth'라는 명칭은 이 행성이 우리들이 살아가는 집이라는 따뜻한 감정을 불러일으킨다. 하지만 그래도 우리 행성의 이름이 먼지의 또 다른 이름으로 불린다는 사실에 불만을 품는 사람들이 있다. 우리가 우리 행성의 많은 부분을 그런 식으로 취급한다는 것 또한 사실이지만.

Space 04

얇은 대기 밖으로

빛과 대기

밤이건 낮이건 간에 지표면에서 보는 하늘은 대기의 상태를 반영한다. 그런데 가장 중요한 대기층은 놀라울 정도로 얇다. 일반적으로 가장 중요한 대기층은 지표면에서 위로 10킬로미터 정도까지를 의미한다. 이곳은 제트 여객기의 항로보다 낮은 곳으로 전체 대기의 75퍼센트 정도가 모여 있다. 기상학자들은 가장 얇으면서도 중요한 이 층을 '대류권'이라고 부른다. 맑은 하늘, 흐린 하늘, 비오는 하늘은 대류권 속에 포함된 수증기와 태양의 따뜻함이 함께 작용해 만들어 내는 결과이다. 대기는 기후 변화뿐 아니라 별의 반짝임, 무지개, 황홀한 석양, 멋진 번개 같은 빛의 향연도 만들어 낸다. 대기가 연출하는 장관은 드물지 않다. 지구 전역에 걸쳐 1초당 100번 정도의 번개가 지표면을 강타한다.

OUT OF THIN AIR

밤이건 낮이건 간에 지표면에서 보는 하늘은 대기의 상태를 반영한다. 그런데 가장 중요한 대기층은 놀라울 정도로 얇다. 일반적으로 가장 중요한 대기층은 지표면에서 위로 10킬로미터 정도까지를 의미한다. 이곳은 제트 여객기의 항로보다 낮은 곳으로 전체 대기의 75퍼센트 정도가 모여 있다. 기상학자들은 가장 얇으면서도 중요한 이 층을 '대류권'이라고 부른다. 맑은 하늘, 흐린 하늘, 비 오는 하늘은 대류권 속에 포함된 수증기와 태양의 따뜻함이 함께 작용해 만들어 내는 결과이다. 대기는 기후 변화뿐 아니라 별의 반짝임, 무지개, 황홀한 석양, 멋진 번개 같은 빛의 향연도 만들어 낸다. 대기가 연출하는 장관은 드물지 않다. 지구 전역에 걸쳐 1초당 100번 정도의 번개가 지표면을 강타한다.

대류권 상부, 지표면에서 8킬로미터에서 15킬로미터 정도 올라간 곳에는 성층권이 있다. 성층권에도 희박하기는 하지만 기체가 있어 다양한 기상 현상이 나타난다. 성층권의 온도는 영하 40도가 넘기 때문에 얄팍한 기층 속에 아주 작은 얼음 알갱이가 떠다닌다. 이 얼음 알갱이가 프리즘과 같은 역할을 해 아주 아름다운 여러 색깔의 헤일로(Halo: 빛의 고리)를 만든다.

계속해서 위로 올라가 지표면에서 50킬로미터 정도 되는 곳에 이르면 성층권이 끝나고 중간권이 된다. 중간권에서는 위로 올라갈수록 공기의 양이 점점 적어지기 때문에 중간권에서 가장 높은 곳의 온도는 절대 온도 0도보다 100℃ 정도 높은 −173℃가량 된다. 중간권 최상부는 공기가 아주 희박한 곳으로 유성이 관측된다.

낮이나 밤에 나타나는 다양한 기상 현상은 여러 청취자들, 그중에서도 특히 시골 지방이나 해변에 사는 청취자들의 호기심을 불러일으킨다. 이런 곳에서는 '저녁노을, 양치기의 기쁨(red sky at night, shepherd's delight)'과 같은 구절이 일상생활이 되어 있다. 사람들이 전화기를 들어 "그건 왜 그래요?" 하고 질문하게 만드는 것은 고상한 과학이 아니라 이렇듯 우리 주변에서 흔히 관찰할 수 있는 자연 현상이다.

한낮의 태양처럼 명백한
: 하늘의 빛들

● 하늘이 파랗게 보이는 이유

불쌍한 레오나르도 다 빈치! 빛, 색, 움직임을 다루는 예술가였던 다 빈치는 자연이 만드는 빛의 조화에 대해 알고 싶었다. 그리고 근사한 추론을 생각해 냈다. 그는 그 단서를 초승달의 두 뿔 사이에 달의 둥근 원반이 희미하게 비치는 이유를 알아내기 위해서 바위 위에서 물결치는 개울물을 바라보다 생각해 냈다(6장 참고). 그 덕분에 레오나르도 다 빈치는 최초의 현대 과학자로 인정받게 되었다. 분명 그는 르네상스 시대를 통틀어 가장 뛰어난 인물 중 한 명이다.

그러나 그런 다 빈치도 도무지 풀 수 없는 문제가 있었다. 하늘은 어째서 파란색일까? 1509년 다 빈치는 자신의 생각을 공책에 정리했다(현재 그 공책은 빌 게이츠 부부가 공동으로 소장하고 있다). 다 빈치는 공책에 검은색 우주라는 바탕과 대기 속에서 빛나는 흰색 빛이 섞여 푸른빛을 띤다고 했다. 정말 근사한 생각이지만, 잠깐 뭔가 이상하지 않은가? 검은색에 흰색이 섞였다면 회색이 되어

●●● 둥근 원반이 초승달의 양쪽 뿔 사이로 비치는 모습을 초승달 양 끝에 보이는 오래된 달(the old Moon in the arms of the new)이라고 한다. 관용 어구다 – 옮긴이

야 하지 않을까? 그것도 아주 짙은 회색이?

제대로 된 결론을 내릴 수 없었던 이유는 다 빈치가 빛의 산란 작용(scattering)이라고 하는 기본적이고도 미묘한 광학 현상을 몰랐기 때문이다. 영국의 귀족이자 과학자인 레일리 경이 빛의 분산에 대해서 자세히 알아낸 것은 다 빈치 시대로부터 360년 정도 흐른 뒤였다. 빛의 산란 현상은 광선이 공기 분자 같은 작은 입자에 부딪쳤을 때 생긴다. 대기 속 입자와 부딪친 태양 광선은 사방으로 산란되기 때문에 낮에는 사물을 구분할 수 있을 정도로 환해진다.

레일리 경은 하늘이 파랗게 보이는 이유는 입자와 부딪쳤을 때 산란되는 정도가 파란색이 붉은색보다 3.2배 정도 크기 때문이라고 생각했다. 하늘이 파랗게 보이는 이유는 태양 광선 중 파란색이 훨씬 잘 산란되기 때문이다. 하늘 빛에는 붉은색도 있지만 파란색 빛의 양이 훨씬 많기 때문에 압도되고 만다.

낮은 하늘이 빨간색이나 주황색으로 보이는 것도 같은 이유다. 태양광선이 저 먼 하늘 위가 아니라 우리가 있는 곳까지 닿으려면 훨씬 두툼한 대기를 뚫어야 한다. 대기를 통과하는 동안 파란 빛은 사방으로 흩어져 사라진다. 그 때문에 붉은색 계열의 빛이 주로 남는다. 대기 속에 먼지나 연기 입자가 있으면 파란색은 더 많이 산란된다. 호주 사람 중에는 산불이 났을 때 하늘이 피처럼 붉은색이 되면 불길한 징조로 여기는 사람이 많다. 그것도 빛의 산란 현상이다.

● 낮에도 별을 볼 수 있을까?

낮의 하늘은 아주 밝을 뿐 아니라 투명하기까지 하다. 이는 하늘보다 밝은 물체는 직접 볼 수 있다는 뜻이다. 따라서 태양과 달은 낮에도 볼 수 있고 드물긴 해도 유성과 혜성(이 경우는 훨씬 드물다), 초신성(물론 거의 볼 수 없다)도 볼 수 있다. 하늘 위에서 잠깐 나타났다 사라지는 천체에 대해서는 또다시 설명할 기회가 있을 것이다.

하늘보다 밝은 천체는 또 있다. 1년에 몇 주 동안 하늘에서 태양과 멀리 떨어진 위치에서 떠오르는 금성도 푸른 하늘 위에서 빛나는 밝은 점으로 보인다. 아주 커다란 행성인 목성도 가끔 눈에 보일 정도로 밝게 빛난다. 그렇다면 다른 항성들은 어떨까? 태양이 빛날 때 보였다는 항성은 시리우스(천랑성)뿐이다. 그것도 유례가 없을 정도로 맑은 날 태양이 지기 직전에 잠깐 보일 뿐이다.

불행하게도 낮에 육안으로 항성을 볼 수 있다는 이야기는 사실이 아니다. 우물 바닥에 들어가 보면 된다는 이야기도 마찬가지다. 하늘과 항성의 상대밝기를 바꿀 수는 없기 때문이다. 하늘과 항성의 상대밝기를 변화시킬 수 있는 유일한 방법은, 다시 말해서 낮에 항성을 보는 방법은 망원경을 이용하는 것뿐이다. 망원경은 경통을 통과하는 모든 물체의 크기를 확대한다. 배경인 하늘도 직접 눈으로 보는 것보다 확대되기 때문에 밝기도 그만큼 줄어든다. 그런데 항성은 아무리 망원경의 배율을 높여도 빛나는 점으로 보일 뿐이다. 따라서 망원경 렌즈나 거울의 배율이 증가해도 점의 밝기는 높아지기만 한다. 그 때문에 어디에 있는지만 알고 있다면 몇몇 별들은 망원경만 있으면 낮에도 비교적 쉽게 찾아낼 수 있다.

한 가지 당부하고 싶은 게 있다. 별을 보겠다고 망원경을 들고 직접 태양을 바라보는 일은 피해야 한다. 망원경은 빛뿐만 아니라 열도 함께 모으기 때문에 태양을 직접 바라보다가는 시력이 회복하기 어려울 정도로 손상될 수 있다. 같은 이유로 쌍안경도 쓰지 말라고 하고 싶다. 쌍안경이 단안경과 다른 점이라면 양쪽 눈에 모두 문제가 생길 수 있다는 점이다.

● 밤하늘은 정말 완벽하게 깜깜할까?

태양이 지면 대기는 지구에 가려 빛을 잃고 만다. 물론 해가 지는 즉시 그렇게 되는 것은 아니다. 해가 지평선 아래로 내려가도 맑은 하늘에는 햇살이 여전히 지평선 위로 올라와 황혼을 만든다. 태양이 지평선에서 18도 아래로 내려가면 그 빛이 더 이상 대기에 도달하지 못하기 때문에 그 후에도 대기가 빛난다면 그것은 태양 빛이 아니라 다른 물체 때문이다.

대부분의 사람들에게 밤은 여전히 밝은 시간이다. 그도 그럴 것이 사람들은 대부분 밤에도 여러 형태로 빛을 낭비하는 도시에 살고 있다. 그렇다면 인구 과밀 지역에서 멀리 떨어져 있는 곳은 어떨까? 인공조명이 없는 곳이라도 하늘이 완전히 깜깜한 경우는 없다. 달과 밝게 빛나는 행성이 있고 드물기는 하지만 혜성이나 오로라(극광)가 있기 때문이다.

설사 그런 천체들이 없다 해도 밤하늘은 여전히 빛난다. 행성 간 먼지 입자는 태양 빛을 받으면 반짝인다. 이 반짝이는 빛을 '황도광(zodiacal light)' 이라고 한다. 상부 대기에서는 낮 동안 빛을 받은 원자가 밤이면 다시 빛을 내보내 희미한 '대기광(airglow)' 을 만든다. 육안으로 뚜렷이 보이는 별들도 밤하늘을 빛내며, 그 뒤로 무수히 흩어져 있는 희미한 별들도 별빛을 더한다. 이 모든 것들을 맨눈으로 볼 수 있다. 손을 눈앞에 번쩍 들어 보자. 빛나는 하늘을 가로막아 시커멓게 보일 것이다.

하늘에 떠 있는 둥근 원
: 대기의 광학

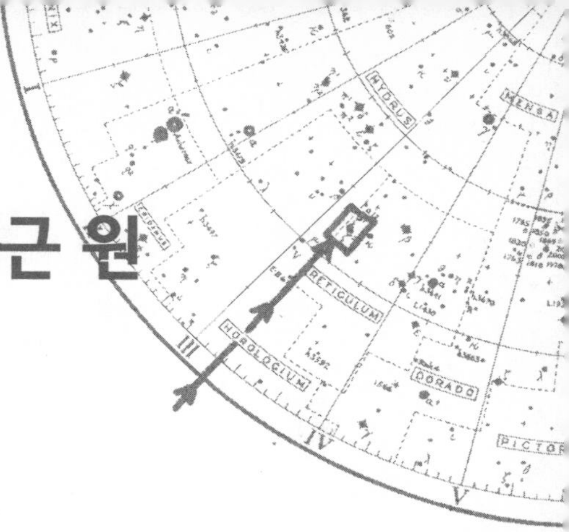

● 비행선에서 보면 무지개가 둥글게 보일까?

무지개는 태양 빛이 물방울 속에 들어갔을 때 생긴다. 이때 물방울은 주로 비의 형태이다. 물방울 속에 들어간 태양 빛은 굴절되어 각각의 빛으로 갈라진다. 또 물방울 속으로 들어간 햇빛은 진행 방향도 크게 바뀐다. 물방울 속으로 들어간 빛은 138도 구부러져 반대 방향으로 42도의 각도로 튀어나온다(180에서 138을 빼면, 42이다). 태양을 등지고 바라봐야 무지개가 보이는 이유가 바로 이 때문이다.

태양 빛이 거대한 구름을 구성하는 입자들 속으로 들어가면 관찰자의 눈과 42도 각도를 이루는 곳에 빛나는 아치가 보인다. 물방울 속에서 분광되어 나온 태양 빛은 아치 바깥쪽에서는 붉은색으로 보이고, 안쪽에서는 보라색으로 보이는 다양한 색깔의 무지개가 된다. 가끔씩은 뚜렷하게 생긴 무지개 바깥쪽에 희미한 무지개가 한 개 더 생길 때도 있다. 이런 2차 무지개는 빛이 물방울 속에서 한 번이 아닌 두 번 반사되기 때문에 각각의 빛의 경로가 바뀌어 생긴다. 2차 무지개의 각도는 52도이며 안쪽에 붉은색이 보인다. 안쪽이 붉은색인 이유는 굳이 설명 안 하겠다!

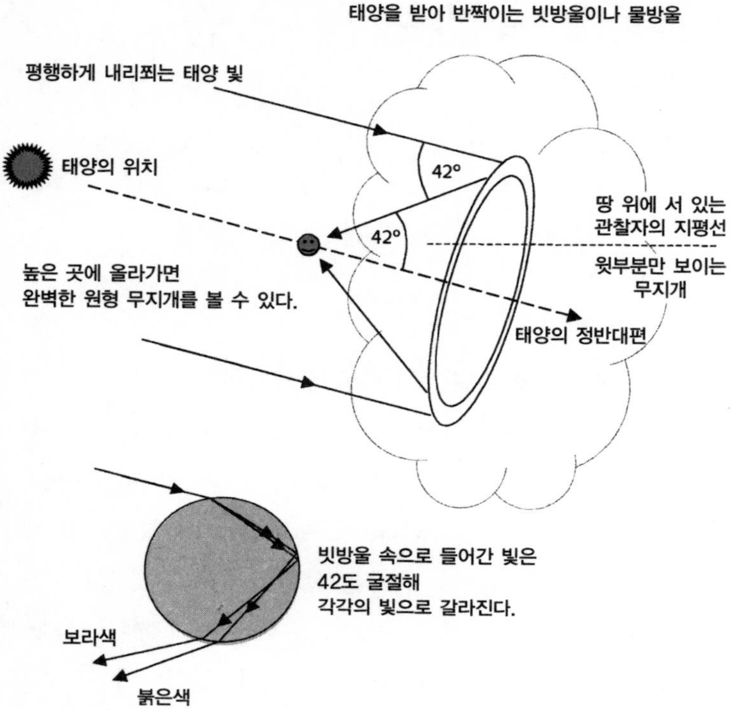

그림2 무지개의 생성 원리. 빗방울 속으로 들어간 빛 중에 가장 굴절률이 적은 빛은 붉은색이다. 따라서 붉은색은 무지개 가장 바깥쪽에 생긴다. 무지개는 가장 아름다운 자연 현상 중 하나이다

무지개의 가상 중심은 정확히 태양과 마주보고 있는 방향에 있다. 그렇기 때문에 언제나 지평선보다 아래쪽에 위치한다. 이 가상의 무지개 중심을 이용하면 완벽한 원형 형태의 무지개를 상상해 볼 수 있다. 일단 당신이 땅 위에 서 있다고 생각해 보자. 당신은 태양을 등지고 서 있고 당신의 앞 쪽에는 구름 알갱이들이 있다. 태양이 지평선 위로 42도 이상 올라왔다면—그러니까 머리

꼭대기까지 오르는 길의 절반 정도에 도달했다면—무지개가 전혀 보이지 않는다. 왜냐하면 지평선 밑에 생기기 때문이다. 무지개가 이른 아침이나 늦은 오후에 보이는 이유가 바로 이 때문이다. 태양이 저물어가는 오후가 되면 태양이 지는 반대편 하늘 위에 무지개가 나타나는 경우도 있다. 또 태양이 정확히 지평선 위에 있을 때는 정확히 반원인 무지개가 생긴다.

이제부터는 무지개가 보이면 자신이 유령처럼 하늘 위에 떠 있다는 상상을 해 보자. 하늘에서 당신은 어떤 모습을 보게 될까? 당신의 시선 밑에 있는 물방울이 반사한 빛이 눈에 닿으면서 무지개 양쪽 끝이 길게 늘어나기 시작할 것이다. 시선 아래 모인 물방울의 수가 충분히 많다면 점점 늘어나던 무지개 양끝은 결국 맞닿아 원을 이룰 것이다. 완벽한 원형 무지개를 보려면 비행선을 타고 있는 게 가장 좋겠지만 맑게 갠 날 정원에 나가 물뿌리개를 이용해 시선과 땅이 만나는 중간쯤에 물을 뿌려도 된다. 물뿌리개로 무지개를 만들어 보는 것은 정말 신나는 일이지만, 무지개를 만들기 전에 총독 관저에서 열리는 정원 연회에 입고 갈 멋진 옷은 꼭 벗어두자.

● 달빛도 무지개를 만들까?

보름달의 빛의 세기는 태양의 빛의 세기의 50만 분의 1배밖에 되지 않는다. 이렇게 말하니 달과 태양의 빛의 세기가 큰 차이가 나는 것 같다(사실 정말로 큰 차이가 나지만). 그러나 사람의 눈은 적응력이 놀라울 정도로 뛰어나서 어떠한 빛의 세기에도 금세 익숙해진다. 이것이 바로 보름달 외에는 다른 광원이 없어도 주변 환경을 볼 수 있는 이유다. 무지개의 경우도 마찬가지다. 바로 앞의 질문에서 언급했던 조건들만 맞는다면 달빛만 비추는 곳에서도 무지개를 볼 수 있다. 이 무지개를 '달 무지개'라고 한다.

그런데 달 무지개는 가시광선을 분산시키기에는 빛의 양이 부족하다는 말을 종종 듣는다. 그 이유는 눈의 수용체가 받아들이는 빛의 양이 낮에 비해 적어 색을 구별할 수 없기 때문이다. 결론을 내리자면 밤에도 낮에 나타난 것과 똑같은 무지개가 뜬다. 한 가지 다른 점이라면 흰색으로 보인다는 것뿐이다. 그런데 여러 사람들을 통해 달 무지개가 언제나 흰색은 아니라는 사실이 알려졌다. 여러 가지 색을 가진 달 무지개도 종종 뜬다. 달 무지개의 색은 보름달일 때가 제일 선명하고 달이 기울수록 희미한 흰색을 띤다. 사실 이 같은 현상은 달 무지개 자체의 문제가 아니라 인간의 시력 문제임을 알아야 한다. 성능이 좋은 카메라로 희미한 달 무지개를 찍어 보자. 분명 낮에 뜨는 무지개와 똑같은 무지개가 찍힐 것이다.

● 안개 속에서 무지개가 생길까?

안개 속에서 무지개가 생긴다면 뭐라고 부를까? 안개무지개라고 부른다. 안개무지개는 흔히 해가 낮게 떠 있는 아침 안개 속에서 생긴다. 안개무지개와 무지개의 가장 커다란 차이점은 안개무지개의 색은 희다는 점이다(앞에 나온 내용을 참고하자). 또한 안개무지개는 보통 무지개보다 넓다.

이런 차이가 생기는 이유는 안개 방울이 빗방울보다 작기 때문이다. 일반적으로 안개 방울은 지름이 0.1밀리미터 이하이며 더 작을 때도 있다. 작은 구멍을 통과한 빛이 넓게 퍼진다는 사실은 잘 알려져 있는 물리 현상이다. 안개 방울은 하나하나가 작은 구멍으로 작용해 그 빛이 넓게 퍼지기 때문에, 안개무지개는 너비가 커지고 빛이 여러 겹으로 겹쳐 결국 흰색을 띠게 된다. 안개무지개 경계면이 붉은색을 띨 때도 있는데 이는 안개무지개 위쪽 끝에 안개 방울이 있기 때문이다.

안개무지개는 조금 섬뜩해 보이긴 하지만 태양이 응결된 수증기를 불태워 버리기 전에 관찰해 볼 가치가 충분히 있다. 올 겨울에는 안개무지개를 관찰해 보자.

● 태양과 달 주위에 둥근 원이 생기는 이유는?

내가 아주 좋아하는 존 렌번(John Renbourn)의 노래 중에 〈알고 있어, 내 사랑 I know my babe〉이라는 곡이 있다. 그 노래에는 "그 사람은 나를 사랑하기로 작정한 게 분명해 She's bound to lerv me some"라는 가사가 나온다('love'가 아니라 'lerv'라고는 했지만). 남자는 여자의 마음을 어떻게 알았을까? 그것은 여자가 "태양 주위를 감싸는 고리처럼 두 팔로 나를 감쌌기 때문"이다. 정말 멋들어진 표현 아닌가! 이처럼 태양과 달 주위에 생기는 원은 노래 가사에 나올 정도로 흔히 보인다.

태양과 달 주위에 생기는 원은 여러 가지가 있지만 그중에서도 가장 자주 보이는 원은 '22도 헤일로(22-degree halo)'라고 알려져 있는 원이다. 정말 끔찍한 명칭 아닌가! 하지만 22도 헤일로라는 명칭은 태양과 관찰자와 헤일로의 가장자리가 이루는 각도가 22도라는 사실을 알려준다. 그러니 원의 규모를 알려준다는 데 의의가 있는 이름이다. 헤일로도 빛의 산란 현상에 의해 나타나지만 무지개처럼 뚜렷하지는 않다(헤일로에서는 붉은색이 안쪽 끝에 나타난다). 헤일로는 일반적으로 권운을 배경으로 나타나며 완전한 원이 아니거나 끊어진 형태로도 나타난다. 또한 헤일로는 보름달이나 거의 보름달이 되어 가는 달 주변에서도 나타난다(이 경우를 달무리라고 한다). 헤일로를 보고 비가 올 것을 예상하기도 한다.

권운이 낄 때 헤일로가 생긴다는 사실로 헤일로의 생성 원인을 알아낼 수 있다. 헤일로는 빗방울 때문에 생기는 무지개와 달리 대기 높은 곳에 떠 있는 얼음 알갱이 때문에 생긴다. 이런 얼음 알갱이는 몽당연필을 작게 축소해 놓은 것 같은 육각형 기둥 모양이다. 이 육각형 모양의 얼음 알갱이가 만드는 헤일로는 무지개가 원형일 수밖에 없는 것과 같은 이유로 원형을 이룬다. 수많은 얼음 알갱이 속으로 들어간 태양 빛이 모두 같은 각도로 굴절되기 때문에 하늘 위에 밝은 원이 생긴다. 자기 마음대로 빛을 꺾어 밖으로 내보낸 얼음 알갱이들 때문에 완벽한 원이 생기는 것이다.

무지개의 경우처럼 빛은 얼음 알갱이를 통과하는 동안 여러 가지 색으로 분산된다. 그러나 얼음 알갱이를 통과한 빛은 반사가 되지 않기 때문에 138도가량 굴절하는 무지개와 달리 22도밖에 굴절하지 않는다.

한 청취자가 22도 헤일로에 대해 보다 자세하게 설명할 수 있는 또 다른 질문을 해 왔다.

"오후 3시에 서쪽에 무지개가 뜬 걸 봤어요. 그런데 그 안에 또 다른 태양이 있었어요. 그게 뭐죠?"

오후 3시 무렵이면 정남쪽에 떠 있던 태양이 서쪽 방향으로 반쯤 이동했을 때다. 따라서 그 청취자가 본 것이 무지개일 가능성은 전혀 없다(그 시간이면 무지개는 동쪽에서 떠야 한다). 아마도 그것은 22도 헤일로의 일부분이었을 것이다. 또 다른 태양이 있었다는 사실이 이를 입증한다. 그 밝은 점은 '환일(무리 해)' 이다.

환일은 주로 태양이 낮게 떠 있을 때 나타난다. 헤일로 속에 마치 빛이 집중되어 있는 것처럼 나타나는 형형색색의 환일은 지평선 위에 떠 있는 태양과 똑같은 높이에서 나타난다. 환일이 두 개 나타나는 경우도 있는데, 이때는 진짜 태양을 가운데 두고 하나씩 생기며 태양과 가까운 쪽은 붉은색을 띤다. 태양 쪽으로 길게 꼬리가 뻗어나가는 환일도 있다. 환일도 헤일로처럼 얼음 알갱이 때문에 생긴다. 다른 점이라면 얼음 알갱이가 몽당연필 같은 기둥 모양이 아니라 납작한 육면체에 가까워 나무에서 떨어진 낙엽처럼 수평으로 떠다닌다는 것이다. 환일을 만드는 얼음 알갱이들은 굴절되어 나오는 빛을 특정한 한곳으로 모을 수 있고 얼음 알갱이의 크기가 비교적 크기 때문에 헤일로보다 밝은 빛을 띤다.

환일의 놀라운 성질 중 하나는 해가 하늘 위로 높이 올라갈수록 태양 바깥쪽으로 이동해 22도 헤일로에서 분리되어 나오는 것처럼 보인다는 것이다. 환일은 또한 희미해지기도 한다. 그 이유는 빛이 판처럼 생긴 얼음 알갱이를 최대 각으로 통과하기 때문이다.

마지막으로 가장 중요한 사실 한 가지를 짚고 넘어가자. 존 렌번이 누군지 아는가? 그는 전설적인 영국 포크 블루스 기타리스트이며 펜탱글(Pentangle)의 초기 멤버이기도 하다. 존은 지금도 왕성하게 활동하고 있다. 인터넷으로 누군지 확인해 보자!

● 태양 위에 뒤집혀 있는 무지개의 정체는?

이 질문을 처음 받았을 때는 무슨 말인지 몰라 당황했었다. 그 질문을 한 명랑한 숙녀 분은 내 이해를 돕기 위해 사진까지 보내주셨다. 그러니 태양 위에 떠 있는 것을 무지개라고 한 것쯤은 용서해 주기로 하자(무지개는 태양 반대편에 생긴다). 숙녀 분이 본 것은 아마도 앞의 질문에서 이야기한 22도 헤일로의 일부분일지도 모른다. 그런데 그 숙녀 분은 '뒤집혀 있는'이라고 표현했다. 그리고 아치의 바깥쪽 끝은 붉은색이, 안쪽 끝은 보라색이라고 했다. 22도 헤일로였다면 색은 반대로 나타난다.

안절부절못한 채 책을 들춰 보던 나는 곧 그 헤일로의 정체를 알아냈다. 외천정 헤일로 또는 천정호(circumzenithal arc)라고 하는 아주 드물게 나타나는 헤일로였다. 천정이란 머리 꼭대기 위에 있는 하늘을 뜻하고 외란 주변을 뜻하는 말이다. 이 특별한 호는 길이가 원의 3분의 1을 넘는 법이 없으며 언제나 천정의 중심부, 태양에서 곧게 올라간 부근에 생긴다. 이 헤일로는 태양이 지평면에서 22도 정도 올라간 곳에 있을 때 가장 다양하면서도 밝은 색을 띤다. 이 같은 사실은 외천정 헤일로가 얼음 결정을 통과하는 빛 때문에 생긴다는 사실을 알려준다.

청취자가 보내 준 아름다운 사진은 내가 본 참고서적에 나온 사진과 놀라울 정도로 같았다. 그 숙녀 분은 시드니 외곽에서 그 사진을 찍었다고 했다. 그 말은 독특한 자연 현상을 찍기 위해 굳이 얼음이 가득 찬 이국적인 곳으로 떠날 필요는 없다는 뜻이다. 그때부터 나 역시 그런 사진을 찍기 위해 노력하고 있다. 아직 한 번도 성공한 적은 없지만.

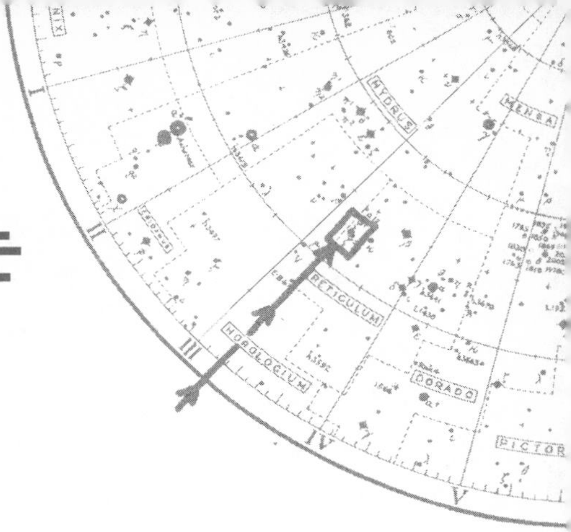

반짝 반짝 빛나는
: 불꽃 튀기는 공전 현상

● 별빛이 깜빡거리는 이유

과학자들은 누구나 잘 알고 있는 자연 현상에 또 다시 웃긴 이름을 갖다 붙였다. 항성의 번쩍임을 뜻하는 신틸레이션(scintillation: 섬광)이 그것인데, 이는 끊임없이 움직이는 대기 때문에 생기는 현상이다.

대기의 온도가 지역에 상관없이 똑같다면 밤하늘은 반짝이는 별의 매력을 잃어버리고 말 것이다(천문학자들이야 엄청 좋아하겠지만). 그러나 대기는 끊임없이 차갑거나 따뜻한 공기 덩어리를 만든다. 온도가 다른 두 덩어리들은 바람에 밀려 움직이다가 서로 부딪쳐 떠밀리고는 한다. 이 요란한 공기 덩어리들의 움직임은 다양한 높이에서 다양한 속도로 진행된다. 제트 기류가 흐르는 높은 곳에서는 공기 덩어리들이 엄청나게 빨리 움직일 때도 있다.

공기 덩어리의 밀도를 결정하는 것은 공기 덩어리의 온도이다. 뭉쳐 있는 공기 덩어리는 빛을 굴절시키는 눈에 보이지 않는 렌즈 역할을 한다. 공기 덩어리는 빛의 굴절률이 적은 아주 약한 렌즈이지만 별빛을 깜빡거리게 하기에는 충분해서 거대한 망원경이 필요하게 만든다.

별빛이 깜빡거리는 이유는 움직이는 공기 덩어리 때문에 우리 눈에 도달하는 별빛의 초점이 바뀌기 때문이다. 빠른 속도로 초점이 맞았다가 흐트러지기를 반복하기 때문에 우리 눈에 도달하는 별빛도 밝아졌다가 흐려지기를 반복해 깜빡거리고 있는 것처럼 보인다. 망원경으로 보면 별의 상이 작아졌다 커지기를 반복한다. 초점이 변하기 때문이다. 망원경으로 들여다본 별의 상은 전등 주위를 날아다니는 나방처럼 정신없이 움직이는데 이는 움직이는 공기 덩어리 때문에 별빛의 굴절률이 달라지기 때문이다.

300년 동안 천문학자들은 공기의 교란 정도를 '시상(Seeing)'이라고 불렀다. 시상이 좋을 때 망원경으로 별을 보면 움직이지 않는 점으로 보인다. 시상이 나쁘면 별의 상은 요란하게 움직이는 점으로 보인다. 관찰 대상을 파악하는 망원경의 능력은 공기의 움직임이 클수록 줄어든다.

일반적으로 하늘 높이 떠 있는 별을 보면 시상이 좋아지고 깜빡이는 정도도 줄어든다. 대기를 뚫고 들어오는 별빛의 이동 경로가 짧아지기 때문이다. 마찬가지 이유로 해수면과 가까운 곳에서 별을 보는 것보다는 별빛이 눈까지 들어오는 거리가 짧은 산 위에서(고도가 높은 곳에서) 보는 것이 더 선명하다. 관찰을 방해하는 공기의 흐름이 적기 때문이다. 시상은 기후와도 밀접한 관계가 있다. 한랭 전선이 지나간 다음에는 시상이 아주 좋아진다. 하지만 그때 보는 별의 반짝임은……정말 멋있다.

● 별이 현란한 붉은색, 녹색, 푸른색 섬광을 내는 이유는?

바로 앞의 질문에서도 이야기한 것처럼 지평선 가까이에서 보이는 별들의 빛은 머리 꼭대기에서 보이는 별들보다 더 두꺼운 공기층을 뚫고 와야 한다. 더구나 별빛은 여러 층의 대기를 비스듬한 각도로 통과해야 하기 때문에 대기의 교란에 따른 항성의 번쩍임 외에도 별빛이 여러 색으로 갈라지는 분광 현상이 생긴다. 별빛의 분광 현상은 별빛이 유리 분광기처럼 작용하는 대기를 가파른 각도로 통과하기 때문에 생긴다. 앞에서 물방울과 얼음 알갱이가 분광기가 될 수 있다는 사실을 살펴보았으니 대기가 분광기가 된다는 사실에 크게 놀라지는 않을 것이라 믿는다. 물론 대기가 빛을 각기 다른 색으로 나누는 능력은 물이나 얼음에 비해 크게 떨어지긴 하지만.

낮은 하늘에서 빛나는 밝은 별의 별빛이 전혀 움직이지 않는 대기를 통과할 때, 성능이 뛰어난 망원경으로 그 별을 관찰해보면, 수직으로 세운 작은 분광기를 통과한 것처럼 위쪽은 푸른색과 녹색을, 바닥은 붉은색을 띤 스펙트럼처럼 보일 것이다. 그렇다면 똑같은 별이 어지럽게 움직이고 있는 대기를 통과할 때는 어떻게 보일까? 움직이는 공기 덩어리가 별빛을 제멋대로 굴절시키기 때문에 육안으로 보면 푸른색, 녹색, 붉은색 섬광이 번쩍일 것이다. 가장 밝은 별인 시리우스는 물론이고 리겔, 베가, 카노푸스 같은 밝은 흰색 별은 대부분 이런 멋진 섬광을 자랑한다. 말 안 해도 알겠지만 해수면에 가까운 지역보다는 높은 산악지대에서 더 잘 보인다.

● 행성은 정말 깜빡거리지 않을까?

맨눈으로 보면 행성은 항성과 구별되지 않는다. 망원경에 의존하지 않고 볼 수 있는 행성은 수성, 금성, 화성, 목성, 토성 다섯 개이다. 천왕성도 어쩌다가 보일 때가 있지만 이 다섯 행성을 제외한 나머지는 너무 희미해서 거의 보이지 않는다. 망원경이 발명되기 전까지 행성을 구분하는 방법은 붙박이별을 배경으로 움직이는 천체를 찾는 것이었다.

그런데 행성의 반짝임과 항성의 반짝임은 약간 차이가 있다. 항성은 아주 멀리 떨어져 있기 때문에 행성과 달리 한 개의 점처럼 빛난다. 그러나 행성의 겉보기 모습은 약간의 지름을 가지고 있다. 육안으로 구분할 수 있을 정도의 지름은 아니지만 반짝임에

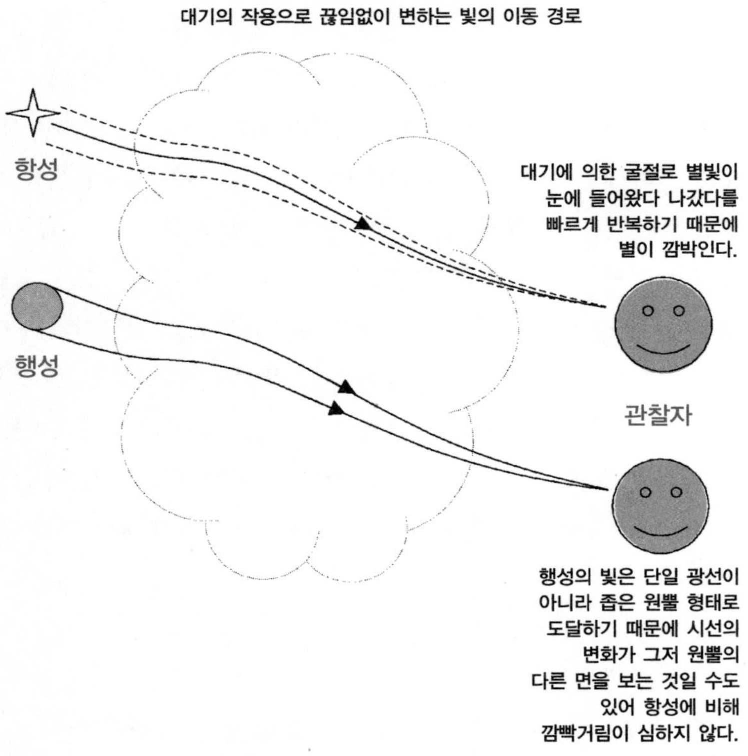

그림3 행성이 항성보다 덜 깜빡거리는 이유는 그것이 작은 점이 아니라 작은 원반 형태이기 때문이다. 물론 이 그림은 크게 과장되어 있다.

차이를 만들 정도는 된다.

단일 광선으로 오는 별빛은 두툼한 대기층을 통과하는 동안 굴절되기 때문에 육안으로 보면 심하게 흔들린다(혹은 깜빡거린다). 그러나 행성의 빛은 우리가 비록 느끼지는 못한다 해도 가는 원뿔 형태로 오기 때문에 굴절되어도 원뿔형 빛으로 우리 눈에 들어온다. 그렇기 때문에 행성은 항성에 비해 훨씬 적게 깜빡거린다.

그 같은 효과는 각 지름이 최소한 30각초 정도 되며 최대일 때는 50각초가량 되는, 가장 큰 행성인 목성에서 가장 크게 나타난다(각을 나타내는 단위 중 1각초란 1도의 3,600분의 1을 뜻한다). 금성도 아주 크게 보일 때가 있다. 이런 행성들은 깜빡거리지 않는다. 아주 작게 보이는 수성과 화성은 낮은 하늘에 떠 있을 때면 기꺼이 신나게 깜빡거린다. 물론 별처럼 심하게 깜빡거리는 것은 아니지만. 따라서 행성이 깜빡거리지 않는다는 말은 믿을 만한 말이 못 된다.

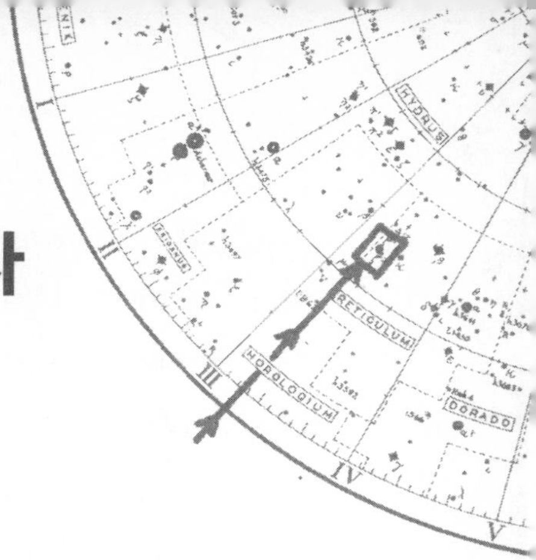

우주에서 온 침략자
: 유성과 운석

● 유성이란 무엇인가?

정말 멋진 장관을 연출하지만 사실 유성은 전체 우주를 생각해 보면 상당히 작은 축에 드는 천체이다. 뭐, 정확하게 말하자면 가장 작은 축에 드는 천체이다. 유성의 대부분은 지구의 상부 대기 속으로 빠르게 들어오는 오렌지 씨보다도 작은 먼지 입자나 작은 돌 부스러기이다. 유성은 지구 대기로 들어오는 즉시 타올라 몇십 분의 1초 동안 밝은 빛을 내고는 영원히 사라져 버린다.

유성도 자신만의 전문 용어를 가지고 있다(물론 조금 웃긴다). 유성이 제 소임을 다해 우주에 떠 있을 때는 유성체 혹은 운성체라고 부르고, 이 유성체(혹은 운성체)가 대기 속으로 들어와 타들어 가면 유성이라고 한다. 크기가 커서 대기 속에서 다 타지 않고 땅으로 떨어지면 운석이라고 부른다.

유성을 직접 눈으로 본 사람이 적어서인지 유성이 하루에도 수십억 개씩 떨어진다는 말을 들으면 많은 사람들이 깜짝 놀란다. 운석 물질은 매일 50톤가량이 지구로 들어온다. 운석 물질들은 태양 둘레를 돌고 있는 지구가 우주 먼지로 둘러싸여 있음을 말해준다. 어디에서 왔느냐에 따라 지구의 상부 대기로 진입하는 유성체의 속도는 1초당 11킬로미터에서 72킬로미터에 이른다. 때문에 희박한 대기 속에서 타들어 가는 유성체의 온도는 잠깐 열기가 나다가 사라지는 정도에서부터 수천 도에 이르기까지 다양하다. 유성은 보통 지표면에서 95킬로미터 정도 높은 곳에서 타들어 간다.

종종 땅에 떨어진 운석이 발견되는데, 그런 운석은 외계에서 온 귀중한 자원으로 운석을 분석하면 많은 것을 알아낼 수 있다. 운석은 여러 종류가 있는데 그중에서 철이 많이 들어 있는 철질운석은 5퍼센트 정도이며 나머지는 석질운석이다.

몇 년 전, 뉴사우스웨일스 남서쪽 쿠나바라브란에 있는 영국 슈미트 망원경이 우주 저 편에 있는, 수 조 개의 별들로 이루어진 거대한 은하 사진을 찍은 적이 있다. 그런데 여러 시간을 노출시킨 사진은 망원경의 시야를 가로질러 가는 유성의 모습 때문에 못 쓰게 되어 있었다(하긴 그 덕분에 불후의 명성을 얻게 된 건지도 모르지만). 은하의 중심부에서 떨어져 나온 조각처럼 보이는 유성은 우리의 시야가 가장 작고 가까운 천체에서부터 저 멀리 떨어져 있는 거대한 천체에 이르기까지 모두를 아우르고 있다는 사실을 말해 주고 있었다. 심지어 가끔은 동시에 말이다.

● 유성우와 유성폭풍이란?

유성은 두 가지 형태로 떨어진다. 적은 수의 유성이 산발적으로 떨어지거나 여러 개가 한꺼번에 떨어진다. 이 정도 내용은 독자들도 이미 알고 있을 것이다. 유성이 산발적으로 떨어지는 이유는 지구가 공전 궤도면 근처에 있는 우주 먼지를 낚아채기 때문이다. 그 먼지들은 45억 6천만 년 전쯤 태양이 탄생하고 얼마 되지 않아 행성을 만들고 남은 잔재들이다.

산발적으로 떨어지는 유성은 자정이 넘은 후에 많이 보인다. 자정이 지난 후 새벽이 올 때까지 밤인 곳은 지구가 앞을 바라보고 있는 방향에 있게 된다. 다시 말해 지구가 움직이는 방향을 보게 된다는 뜻이다. 움직이는 차 창문으로 빗방울이 날아와 부딪치듯이 움직이는 지구도 우주의 먼지와 부딪치게 된다. 물론 이 먼지들도 빗방울이 떨어질 때처럼 사방에서 지구를 향해 떨어진다.

반면 한꺼번에 많은 양이 떨어지는 유성은 공전 궤도에 떠 있는 우주 먼지가 아니기 때문에 산발적인 유성과는 다른 특징을 갖는다. 한꺼번에 떨어지는 유성은 혜성에서 떨어져 나온 것이다. 혜성이란 공전 궤도가 아주 긴 얼음과 먼지로 된 덩어리인데, 태양에 가까이 갈수록 꼬리가 밝게 빛나면서 길어진다는 특징이 있다. 혜성의 궤도는 혜성의 얼음 핵이 증발할 때 나오는 여러 가지 파편들로 어지럽혀 있다. 지구는 태양 주위를 도는 동안 여러 차례 혜성 궤도에 진입한다. 지구가 혜성 궤도에 진입할 때마다 혜성 찌꺼기들이 일정한 방향에서 지구 대기로 쏟아져 들어온다. 혜성 찌꺼기들이 지구로 들어오는 방향은 지구의 운동 방향과 혜성의 공전 방향이 함께 결정하며 그 방향은 언제나 같다.

수많은 혜성 찌꺼기가 지구 대기로 들어올 때, 지상에 있는 관찰자 눈에는 모든 유성이 하늘의 어느 한 점에서 떨어지고 있는 것처럼 보인다. 이 점을 유성군의 복사점(radiant) 혹은 방사점이라고 한다. 멀리 이어진 철도가 한 점으로 보이는 것과 같은 현상이다. 사실은 평행으로 이어진 긴 두 줄이지만 멀어질수록 마치 한 점에 가까워지는 것처럼 보이는 바로 그 현상이다.

해마다 수십 차례씩 떨어지는 유성우의 이름은 유성이 떨어지는 방향을 근거로 짓는다. 좀 더 분명하게 말하면 복사점이 있는 곳의 별자리 이름을 따서 짓는다. 지어낸 이야기가 아니니 웃지 말기를! 정말로 유성우의 이름은 유성우의 복사점이 있는 별자리 이름에 '-ids' 라는 접미사를 붙여 만든다. 복사점이 쌍둥이자리(Gemini)에 있으면 그 유성우는 쌍둥이자리 유성우(Geminids)가 되고 오리온자리(Orion)에 있으면 오리온자리 유성우(Orionids)가 되고 사자자리(Leo)에 있으면 사자자리 유성우(Leonids)가 된다(사자자리 유성우는 러시아에서 왔다. 정확히 말하면 사자자리에서 온 거지만).

12월 초에 쌍둥이자리에서 쏟아지는 유성우처럼 시간당 유성이 100개가량 떨어지는 멋진 장관을 연출하는 유성우도 있다(1분에 한두 개 꼴). 이런 유성들은 사방으로 날아가지만 복사점은 하나이다. 유성우의 복사점은 분명하게 보인다. (유성우에 관한 좀 더 자세한 정보는 미국 유성 학회(the American Meteor Society) 같은 곳의 홈페이지에서 볼 수 있다.)

가끔 지구가 혜성 찌꺼기가 아주 많이 쌓여 있는 곳을 지나갈 때가 있는데 그럴 때면 어마어마하게 많은 유성이 지구로 떨어진다. 33년마다 한 번씩 태양 가까이 다가온 템펠 터틀(Tempel-Tuttle) 혜성의 궤도로 진입할 때도 어마어마한 양의 유성이 지구로 떨어진다. 33년 주기를 전후로 몇 년 동안 11월이면 템펠 터틀이 탄생지인 사자자리에서 유성의 활동이 활발해진다. 그때는 1966년에 그랬던 것처럼 시간당 14만 개나 되는 유성이 떨어질 것이다(1초에 40개꼴). 그토록 놀라운 데도 피해가 전혀 없는 유성 폭풍이 부는 것이다.

●●● 사자자리 유성우(Leonids) : 러시아에서 많이 보인다고 한다 – 옮긴이

● 소행성과 운석의 차이

운석은 이미 땅에 떨어져 버린 유성체를 뜻하므로 사실 이 질문은 소행성과 운석의 차이가 아니라 소행성과 유성체의 차이라고 해야 옳다. 현재 운석은 목걸이 판매대에서도 볼 수 있다. 그러나 이 질문은 정말 훌륭한 질문이다. 왜냐하면 땅으로 떨어져 운석이 될 정도로 크다면 그것은 작은 우주 먼지가 아니라 대부분 소행성에서 떨어져 나온 암석일 가능성이 크기 때문이다. 땅에 떨어진 운석 중에는 극히 일부이지만 오래전 소행성과의 충돌로 달이나 화성에서 떨어져 나온 것도 있다(이런 운석은 30개 정도가 있다고 알려져 있다. 7장을 참고할 것).

이 질문에 대한 가장 그럴듯한 답은 '크기로 구분한다' 이다. 하지만 그 경계가 분명치 않다. 지름이 10미터인 우주에서 온 바위는 커다란 유성체라고 해야 할까, 작은 소행성이라고 해야 할까? 지름이 10미터 이상인 암석은 보통 소행성이라고 한다.

● 유성화구란 무엇이며, 낮에도 보이나?

유성화구란 아주 밝게 빛나는 유성을 말한다. 보통 유성하구는 금성보다 밝다. 유성화구는 비교적 크기가 큰 유성체로 전체 유성의 0.1퍼센트 정도를 차지한다. 먼지 입자나 오렌지 씨보다는 큰, 다시 말해서 보통 골프공 정도는 되는 유성체가 대기 속으로 들어왔을 때 유성화구가 된다. 유성화구 중에는 전체 밤하늘을 밝게 빛내며 마치 낮이 된 것처럼 만드는 것도 있다. 유성화구를 본 사람들은 하늘이 녹색으로 변했다는 소리를 자주 하는데, 그 이유는 상부 대기의 산소가 갑자기 산화되면서 굉장한 에너지가 발생하기 때문이다. 드물기는 하지만 붉거나 푸르게 변하는 경우도 있다.

유성화구는 대기로 들어온 후 깨지거나 폭발하는 경우가 있는데 이를 폭발 유성(bolide)이라고 한다. 폭발 유성을 발견한 경우라면 조용히 귀를 기울이고 기다리자. 그러면 상부 대기에서 퍼져 나오는 소닉 붐(sonic boom)을 들을 수 있을지도 모른다. 낮게 울리는 소닉 붐이 들리고 5분 정도 지나면 이제부터 이야기할 두 가지 사건이 벌어진다.

유성화구는 그리 드문 현상이 아니기 때문에 천문학자라면 몇 차례 정도는 목격하게 된다. 나도 예외는 아니어서 유성화구를 여러 차례 보았다. 그리고 잊지 못할 경험을 두 번 했다.

첫 번째는 불을 켜지 않은 채 어두운 집에 앉아 있을 때였다. 아마도 아들 녀석 윌을 재우려고 노력하는 중이었을 것이다. 커튼은 열려 있었고 가끔씩 빠른 속도로 지나가는 자동차 때문에 직사각형 빛이 거실 벽을 따라 움직이고는 했다. 그런데 한번은 직사각형 빛이 거실 바닥을 타고 빠르게 움직이는 게 아닌가. 1분 내지 2분 정도가 흘렀을 때에야 그 빛이 자동차 빛이 아니라는 생각이 들었다. 그리고 다음 날, 천문대로 밝은 유성화구를 보았다는 전화가 빗발쳤다.

두 번째 경험은 훨씬 더 인상적이었다. 나는 이제 막 걷기 시작한 아들 녀석 제임스와 함께 뒤뜰 잔디밭에 누워 있었다. 그때 우리는 여름 저녁이면 반짝거리며 나타나는 목성을 보기 위해 기다리고 있었다. 태양이 지평선으로 사라진 지 얼마 되지 않았을 때라 하늘은 여전히 밝았다. 우리들은 목성 찾기 시합을 하고 있었다. 그때 갑자기 하늘에서 서쪽에서 동쪽을 가로지르며 번쩍하고

●●● 소닉 붐 : 음속 돌파 폭발음 - 옮긴이

폭발하는 눈부신 유성화구가 보였다. “와! 저거 봤어? ” 내가 물었다. 그러자 제임스가 대답했다. “응, 봤어. 또 보여 줘! ”

Space 05

자칭 우주나그네들

마지막 미개척지를 향한 인류의 한판 승부

10월 4일, 스푸트니크(길동무라는 뜻)라는 85킬로그램짜리 금속 구가 소련 로켓에 이끌려 지구 궤도 안으로 진입했다. 지구 궤도를 도는 최초의 인공위성이 탄생하는 순간이었다. 스푸트니크호는 96분마다 한 번씩 지구를 한 바퀴 돌았고 96일 동안 하늘에서 머물면서 끊임없이 삑삑거리는 신호를 보내 서방 세계를 비웃었다. 서방 세계의 자존심에 또 한 번 상처를 내며 11월 3일 소비에트 연방 공화국은 스푸트니크 2호를 발사했다. 스푸트니크 2호는 생명체를 싣고 지구 궤도를 돈 첫 번째 우주선이었다. 그 덕분에 라이카라고 하는 불행한 개가 최초의 우주 여행자라는 명예를 얻었다. 라이카는 우주선에 머물며 한 동안 생명을 이어갔지만 결국 집으로는 돌아오지 못했다. 적어도 평온한 상태로는.

WOULD-BE SPACEFARERS

1957년은 어떤 해일까? 1957년은 11년 주기로 달라지는 태양의 활동이 가장 활발해졌던 해이자 제1회 국제 지구 물리학의 해였다. 또한 지금까지도 여전히 간행되고 있는 『뉴 사이언티스트 New Scientist』지가 창간 1주년을 맞은 해이기도 하다. 지금도 계속 방영 중인 유명한 천문학 텔레비전 프로그램인 패트릭 무어 경의 〈더 스카이 앳 나이트 The Sky at Night〉도 이 해에 시작했다. 그리고 굳은 신념의 사나이 댄 데어 대령이 무시무시한 메콘을 어김없이 무찌르는 만화 『이글 *Eagle*』도 이때 탄생했다. 그러니까 과학이 활기를 띠던 해였던 것이다.

당시 미국에서는 미 해군이 지구 궤도를 도는 인공위성을 최초로 띄우기 위해 진행하던 뱅가드 위성 프로젝트가 곧 성공하리라는 확신에 차 있었다. 그러나 육군과 해군과의 경쟁으로 뱅가드 프로젝트는 타격을 입고 있었고 몇 차례의 실험은 명백한 실패로 끝났다. 미국이 사소한 언쟁으로 시간을 끄는 동안 누구도 예상치 못한 일이 벌어졌다. 우주 시대는 미국을 초대할 생각이 전혀 없는, 생각지도 못한 뜻밖의 곳에서 그 막을 열며 수많은 사람들을 놀라게 했다.

10월 4일, 스푸트니크(길동무라는 뜻)라는 85킬로그램짜리 금속구가 소련 로켓에 이끌려 지구 궤도 안으로 진입했다. 지구 궤도를 도는 최초의 인공위성이 탄생하는 순간이었다. 스푸트니크 호는 96분마다 한 번씩 지구를 한 바퀴 돌았고 96일 동안 하늘에서 머물면서 끊임없이 삑삑거리는 신호를 보내 서방 세계를 비웃었

●●● 스푸트니크 호 : 스푸트니크 호는 10월 4일에 발사되어 이듬해 1월 4일까지 임무를 수행했다. – 옮긴이

다. 서방 세계의 자존심에 또 한 번 상처를 내며 11월 3일 소비에트 연방 공화국은 스푸트니크 2호를 발사했다. 스푸트니크 2호는 생명체를 싣고 지구 궤도를 돈 첫 번째 우주선이었다. 그 덕분에 라이카라고 하는 불행한 개가 최초의 우주 여행자라는 명예를 얻었다. 라이카는 우주선에 머물며 한동안 생명을 이어갔지만 결국 집으로는 돌아오지 못했다. 적어도 평온한 상태로는.

세월이 흘러 이제 냉전 시대의 우주 전쟁은 전설이 되어 버렸다. 흔히 이야기하듯이 당시 우주 전쟁은 차가운 전쟁(cold war)이라는 용어와는 사뭇 다르게 여러 가지 면에서 아주 뜨거웠다. 뭐, 어찌되었건 소련이 인공위성을 발사한 후 몇 년 동안은 과학이 크게 융성했다. 그중에서도 가장 풍성한 수확을 올린 것은 1958년 2월 1일 미 육군이 쏘아 올린 미국 최초의 인공위성이었다. 익스플로러 1호(Explorer 1)는 지구를 감싸고 있는 방사능대를 측정할 가이거 계수관을 장착하고 있었다. 그보다 더 중요한 것은 우주 과학의 미래를 위해 육·해·공군이 서로간의 경쟁을 멈추고 1958년 10월 1일 공동으로 미국 항공 우주국(the National Aeronautics and Space Administration)을 설립했다는 점이다. 즉 나사(NASA)가 탄생한 것이었다. 그리고 나사는 그들의 말처럼 역사가 되었다.

나사는 빠른 속도로 인류가 탑승할 우주선을 연구하기 시작했고 결국 유인 우주선 머큐리 비행, 제미니 지구 궤도 탐사 계획이 성공적으로 끝났다. 1961년 미국 케네디 대통령은 그 유명한, 인간을 달에 보낼 계획이라는 연설을 했다. 가장 기본적인 성능을 갖춘 두 대의 장거리 유인 우주선의 성공은 그 후 1969년 아폴로 11호의 달 착륙을 시작으로 1972년 아폴로 17호가 달에 착륙할 때까지 여섯 대의 아폴로 우주선을 달로 보냈고, 그 결과 치열했던 우주 전쟁은 서서히 막을 내렸다. 과학자들을 압박하던 정치 상황이 해소되면서 우주 과학의 발전 속도는 더디어졌지만 1973년에 최초의 미국 우주 정거장 스카이랩이 발사됐고 2년 후 미국과 소련이 함께 아폴로 소유스 시험 계획을 시작했다. 1981년에는 나사의 새로운 우주 수송 시스템(Space Transportation System)인 우주왕복선(Space Shuttle)이 등장했으며 1986년에는 예전 살류트 프로젝트(Salyut project)의 경험을 살려 러시아가 오랫동안 활동하게 될 미르 우주 정거장을 건설했다. 현재 진정한 다국적 우주 산업이라 할 수 있는 막대한 가치를 지닌 우주 정거장에서 이곳에 투자한 많은 나라들이 조금이라도 더 많은 이윤을 얻기 위해 최선의 노력을 다하고 있다.

그러나 엄청난 업적에는 언제나 대가가 따른다. 1986년 우주 왕복선 챌린저 호와 2003년 컬럼비아 호가 폭발하는 장면을 텔레비전을 통해 본 사람은 죽을 때까지 그 장면을 잊지 못할 것이다. 두 번의 끔찍한 사고로 14명의 우주 비행사들이 목숨을 잃었다. 유인 우주 비행 때문에 목숨을 잃은 사람은 남녀 합해 스물한 명이다. 정말 애석한 일이지만 처음부터 위험 요소를 잔뜩 안고 시작한 일치고는 놀라울 정도로 적은 희생이기도 하다.

현재 운행 중인 세 대의 우주 왕복선—디스커버리 호, 아틀란티스 호, 인데버 호—이 2010년 운행을 중단할 예정이어서 미국 항공 우주국은 새로운 우주 수송 시스템을 발표했다. 미국은 2024년까지 인간이 달에 영구적으로 거주하는 화성 탐사를 위한 전초 기지를 만들 예정이라는, 예전에 인간을 달로 보낸다는 아폴로 프로젝트를 한층 강화시킨 것 같은 계획을 발표했다. '오리온 프로젝트'라고 알려져 있는 이 계획은 여러 나라의 참여와 관심을 불러일으키고, 행성 간 환경을 개척하려는 앞으로의 발걸음에 도움을 줄 것이다.

그런데 최근 이런 영웅적인 모험과는 방향이 조금 다른 시도가 나오고 있다. 상업용 우주 비행선의 등장이다. 2007년 중반 막대한 요금을 지불한 일반인 다섯 명이 국제 우주 정거장으로 단체 관람을 떠났다. 다섯 명은 각각 2천만 달러 정도를 내고 소유스 우주선의 빈 좌석에 몸을 싣고 우주로 떠났다. 앞으로 이런 관광객의 수는 더 늘어날 것이다. 기업가 버트 루탄(Burt Rutan)은 저고도 탄도 비행용 우주 비행선을 개발하겠다고 발표했다. 엄청난 부자가 아니어도 비록 짧은 시간일지언정 우주를 여행할 수 있다는 뜻이다. 앞으로 수십 년 정도 흐르면 우주 비행은 일반인들도 손쉽게 이용하는 또 다른 여행 상품이 되어 있을 것이다. 지구 주위를 돌아가는 관광호텔에서 무중력 상태를 경험하면서 창문을 통해 지구를 보게 될 것이다.

우주 탐사 여행이야 인류의 오랜 소망이지만 현재 많은 양의 과학 자료를 보내오는 것은 무인 우주선을 비롯한 다른 프로젝트들이다. 1958년 익스플로러 1호가 지구 환경에 관한 첫 번째 자료를 보내온 후 과학자들은 지구 궤도를 도는 여러 가지 관측 기지를 다양하게 개발해 왔다. 땅의 활용, 기후 변화, 대기 오염, 중력에 이르기까지 우주에서 지구로 보내오는 정보는 아주 다양하다. 통신, 항로 검색, 일기 예보에 활용하는 궤도 비행선에 대해서는 굳이 따로 이야기하지 않아도 잘 알고 있으리라 생각한다.

행성 탐사의 경우 로봇을 이용한 우주 탐사 계획이 결실을 맺고 있다. 파이어니어 호나 매리너 호 같은 미국 행성 탐사선의 활동은 궤도선과 착륙선으로 구성된 바이킹 호(1975년부터 1976년까지 화성 탐사), 보이저 호(1977년 발사한 태양계 외부 탐사선), 갈릴레오 호(1989년부터 2002년까지 목성과 목성의 위성들 탐사) 같은 탐사선의 활동으로 대체되고 있다. 혹독한 금성에 착륙한 우주 비행선은 1961년부터 1983년까지 활동한 소련의 베네라 시리즈뿐이다.

이 글을 쓰고 있는 2007년 현재, 궤도 우주선이 가장 많이 탐사하고 있는 행성은 화성으로 총 세 대의 궤도 우주선이 탐사를 벌이고 있다(미국 항공 우주국의 화성 오디세이 호와 화성 정찰 궤도선(Mars Reconnaissance Orbiter), 유럽 우주 기구(the European Space Agency: ESA)의 화성 특급호(Mars Express)가 그 주인공들이다). 또한 화성 탐사 로봇 스프리트 호와 오퍼튜니티 호도 화성 표면에서 성공적으로 탐사를 계속하고 있다. 토성도 토성의 고리와 위성을 비롯한 여러 가지 비밀을 드러내고 있다. 토성 탐사는 미국 항공 우주국, 유럽 우주 기구, 이탈리아 우주국이 협력해서 발사한 카시니 호가 맡고 있다. 그 외에도 여러 우주 탐사선이 태양계를 가로지르며 나아가고 있다. 그중에서도 가장 유명한 탐사선은 2015년 왜소 행성 명왕성에 닿을 뉴 호라이즌(New Horizons) 호이다.

천문학자들은 시각을 교란하는 지구 대기 바깥에 거대한 망원경을 설치함으로써 우주를 향한 독특한 창문을 갖게 되었다(물론 비싼 비용을 치러야 하긴 했지만). 지름이 2.4미터나 되는 허블 우주 망원경이 포착한 멋진 장면을 누구나 한 번쯤은 보았을 것이다. 허블 우주 망원경은 1990년부터 활동을 시작했으며 후임인 제임스 웹 우주 망원경(James Webb Space Telescope)이 작동을 시작할 2010년까지 활동할 예정이다. 허블 망원경이 포착하는 것은 가시광선이지만 궤도 망원경 중에는 지구 대기에 흡수되어 지상에서는 감지하지 못하는 가시광선 이외의 영역을 관측하는 것들도 있다. 그중에서도 가장 유명한 것은 미국 항공 우주국의 찬드라 우주 관측소와 스피처 우주 관측소이다. 각각 X선과 적외선을 감지한다. 이런 우주 망원경들이 없었다면 멋진 우주 장면들을 포착해내지 못했을 것이다.

지금까지 언급한 내용들은 전 세계 우주국이 홍보 자료로 내놓는 유명한 것들로 길 가는 사람을 아무나 잡고 물어봐도 현재 진행되고 있는 우주 탐사 프로젝트에 대해 적어도 한 건 정도는 알고 있다고 대답할 것이다. 라디오 청취자들이 우주에 대한 질문을 할 때 보다 일반적인 속성에 대해 질문을 하는 이유도 분명히 이 때문이다. 허블 망원경에 대해서는 많이 들었기 때문에 허블 망원경에 대해 질문해 오는 사람은 거의 없다. 반면 보통 우주국이 발표하지 않은, 예를 들어 우주에서 머물 수 있는 원리 등에 대해서는 많은 사람들이 흥미를 갖고 있다. 그러니 내게 그렇게 많이 물어오는 것 아니겠나!

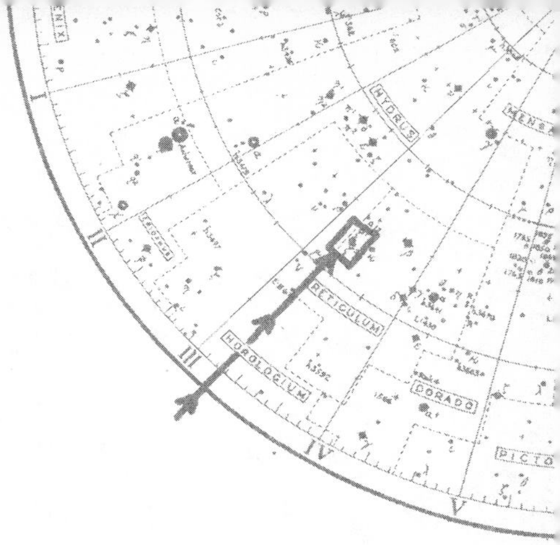

공중에 머물기
: 우주선의 원리

● 인공위성이 땅에 떨어지지 않고 우주에 머물 수 있는 이유는?

우리들은 대부분 중력의 법칙을 충실히 따라야 한다. 그런데 인공위성은 중력의 법칙에 면책 특권이라도 있는 것처럼 철저히 중력을 무시하고 공중에서 떨어지지 않는다. 모든 논리가 땅으로 떨어져야 한다고 하는데도 말이다. 정말 신기해 보이는 일이지만 사실을 말하자면 인공위성은 매순간 땅으로 떨어지고 있다. 단지 땅에 닿지 않을 뿐이다. 도대체 무슨 말일까? 인공위성이 앞으로 직진하는 속도는 굉장히 빠르고 지구의 표면은 곡선이다. 따라서 지구가 자전하는 동안 인공위성이 떨어진 거리만큼 지표면도 밑으로 내려간다. 그렇기 때문에 인공위성은 영원히 원 운동을 하게 된다. 이런 교묘한 사실을 알아낸 사람은 1680년대 살았던 아이작 뉴턴이라는 친구다.

따라서 인공위성이 우주에 머물려면 이동 속도가 아주 빨라야 한다. 지상에서 100킬로미터 정도 높이인 낮은 고도에 머물려면 초속 8킬로미터 정도로 움직여야 한다. 그런데 그 정도 속도로 지구 대기를 뚫고 움직이면 대기와 물체 사이에 마찰력이 작용해 결국 기능이 정지될 정도로 온도가 올라가거나 불에 타 버릴지도 모른다. 한마디로 우주 쓰레기가 탄생하는 순간이다. 따라서 인공위성이 지구 궤도를 영원히 돌려면 또 다른 조건이 필요하다. 바로 높이이다. 앞장에서 살펴보았듯이 지상에서 100킬로미터 정도 위라면 공기는 거의 없지만 대기압이나 태양 에너지 같은 여러 가지 요소가 영향을 미친다. 따라서 안정적인 궤도 비행을 하려면 적어도 지상에서 160킬로미터 이상은 올라가야 한다. 궤도 비행을 하는 인공위성은 88분 정도 만에 지구를 한 바퀴 돌아야 한다.

높이와 직진 속도라는 두 요소가 만나 전형적인 우주선 발사 장면이 만들어진다. 인공위성을 발사하면 처음에는 수직으로 곧게 올라가다가 점점 기울어져 수평 궤도를 그리며 나아간다. 일정한 높이에 올라가면 엔진은 꺼지고 지구 중력과 앞으로 나가려는 인공위성의 운동 사이에 미묘한 균형이 유지된다. 우주와 가까운, 지상에서 수백 킬로미터 높이에 작용하는 중력도 지표면에 작용하는 중력과 크게 다르지 않다. 그저 약간 적을 뿐이다. 텔레비전에 나오는 둥둥 떠다니는 펜과 카메라, 음식 캡슐, 멀미용 봉지 등에 익숙한 사람들에게는 무척 놀라운 말일 것이다. 그러나 우주선 안에서 물건들이 둥둥 떠다니는 이유는 무중력 상태이기 때문이 아니라 자유 낙하 상태를 유지하기 때문이다.

인공위성처럼 궤도 비행을 하는 우주선의 또 한 가지 놀라운 점은 속도가 궤도 높이를 결정한다는 것이다. 점점 느려지는 속도는 중력이 약해지는 궤도 높이와 관계가 있다. 우주선을 더 높이 올려 보내려면 추가 에너지가 필요하다. 그 말은 인공위성의 엔진을 다시 점화하면 속도가 높아져 좀 더 높이 올라갈 수 있다는 뜻이다. 그런데 한 가지 모순이 있다. 우주선에 아무리 추가 에너지를 더해도 평균 궤도 비행 속도는 줄어든다. 즉 높은 궤도로 올라갈수록 평균 속도는 낮아진다는 뜻이다.

마찬가지로 인공위성의 속도가 줄어들면 고도가 낮아지기 때문에 다시 속도가 증가한다(인공위성의 속도가 줄어드는 이유는 대부분 약간 남아 있는 대기와의 마찰력 때문이다). 공기와 마찰을 일으킨 인공위성은 치아가 부식되는 것처럼 부식되는데, 이를 그대로 내버려두면 결국 녹슬어 못쓰게 되고 만다. 이 같은 상황에서 에너지가 떨어진 인공위성은 대기 속으로 더 깊숙이 추락하게 되고 그 때문에 점점 더 많은 부식이 일어나 결국에는 지구 대기권에 재진입하여 훨훨 타오르고 말지도 모른다(치아는 그렇게 될 염려가 없으니 얼마나 다행인가!).

그런데 직진 속도를 높일 수 있는 발사 방식이 있다. 가히 지구의 조그만 선물이라고 해도 될 만한 방법이다. 인공위성을 발사할 때 동쪽을 향해 발사하면 자전하는 지구 때문에 땅이 움직이는 속도가 더해져 직진하는 인공위성의 궤도 속도가 빨라지는 효과가 생긴다. 3장에서 계속 새벽인 채로 여행하고 싶으면 적도를 따라 동쪽으로 시속 1,675킬로미터로 이동하면 된다고 했다. 따라서 적도 위나 적도 근처에서 인공위성을 발사한다면 초속 0.5킬로미터에 해당하는 속도를 공짜로 얻는 셈이니 그만큼 발사 때 연료를 아낄 수 있다. 치솟고 있는 고유가를 생각해 보라! 다만 얼마라도 연료를 아낄 수 있다니, 이 얼마나 좋은 일인가! ('우주에서 길 찾기' 참고.)

● 인공위성도 방향을 바꿀 수 있을까?

이 질문을 한 청취자는 인공위성이 정해진 길을 따라서 움직이다가 갑자기 방향을 바꾸는 모습을 보았다고 생각했다. 그 때문에 인공위성도 우주선처럼 자유자재로 방향을 바꿀 수 있는 건지 궁금해했다. 그에 대한 대답은 '그렇기도 하고 아니기도 하다' 이다. 사실은 아닌 쪽에 가깝지만.

바로 앞 질문에서 설명한 궤도 비행을 하는 우주선에 대해서 생각해 보자. 엔진 배출구가 우주선의 운동 방향과 직각을 이루도록 만들고(물론 운동 방향과 배출구가 같은 평면에 놓여 있어야겠지만), 엔진을 껐다가 다시 켜면 어떤 일이 벌어질까? 아마도 우주선의 진행 방향이 바뀔 것이다. 부작용이라면 우주선이 자신이 놓여 있던 가상의 평면에서 약간 비틀어지는 정도일 것이다. 우주선의 궤도는 아주 크다. 지구보다도 크다. 따라서 궤도 비행을 하는 물체의 방향을 크게 바꾸려면 많은 양의 에너지가 필요하다. 특정 궤도에 진입한 인공위성이 높이를 제외한 다른 곳으로의 방향 전환이 쉽지 않은 이유가 바로 이 때문이다.

아마도 이 질문을 한 청취자가 본 물체는 비행기이거나 기상 관측용 기구였을 것이다. 아니면 천구 상에서 가까이 접근한 인공위성 두 대를 본 것일지도 모른다. 각각 다른 높이에 있는 두 대의 인공위성 중 아래쪽 인공위성은 지구의 그림자에 가려 보이지 않고 위쪽 인공위성은 태양빛을 반사해 빛을 내고 있다면 각각 다른 방향으로 움직이는 두 인공위성이 마치 한 개처럼 보여, 한 위성이 방향을 바꿨다고 생각할 수도 있다. 이 같은 내용을 라디오 방송에서 설명하고 있을 때 놀랍게도, 밤에 연날리기가 취미인 청취자가 전화를 해 왔다. 그 사람은 밤에 날리는 연에는 발광 다이오드(Light-Emitting Diode: LED) 램프를 매단다는, 내가 한 번도 들어보지 못한 말을 했다. 그러니까 방향을 바꾼 인공위성처럼 보인 물체는 그런 연일 가능성도 있는 것이다. 그 실체가 무엇이건 간에 아무튼 그건 고집스럽게 한 방향을 고수하는 인공위성은 아니다.

● 추진력을 받을 공기가 없는데 우주선은 어떻게 방향을 바꿀까?

아! 노스탤지어는 이제 예전과 같지 않다……. 이제 노스탤지어는 빛바랜 우주 시대 초기의 오래된 향수로 남아 있을 뿐. 그래도 여전히 흥미롭기는 하구나! 엔진이 점화되면 연소실에서 타오르는 가스의 압력이 높아져 분사구 밖으로 엄청난 속도로 가스가 뿜어져 나온다. 이때 분사구와 연결된 연소실이 구멍이 하나 뚫린 동그란 구 모양이라고 생각해 보자. 그렇게 되면 연소실 벽에 가해지는 압력은 분사구와 직접 마주보고 있는 곳을 제외하면 모든 곳이 반대쪽과 똑같은 압력을 받을 것이다. 분사구 반대편에 가해지는 압력이 바로 공기를 밀지 않아도 우주선을 앞으로 나갈 수 있게 만드는 원동력이다.

우주선의 엔진이 공기가 있는 곳에서 작동한다면 분사구로 나오는 배출 가스는 공기의 저항을 받아 배출 속도가 느려질 테니 엔진의 효율은 오히려 떨어진다. 우주선의 엔진은 공기가 없는 진공 상태인 우주에서 더 효율적이다. 이 원리는 우주선의 고도를 바꾸는 주 엔진뿐 아니라 방향을 바꾸는 작은 보조 엔진에도 적용된다.

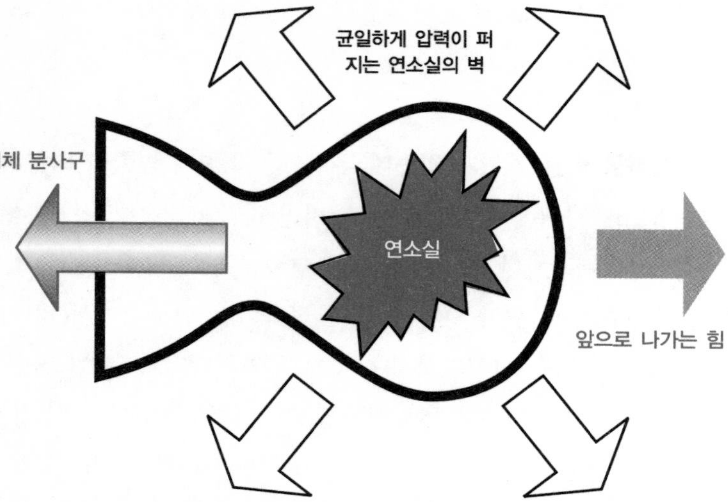

그림4 로켓 엔진 모식도. 한 방향으로 빠져나온 기체의 압력이 반대방향으로 로켓이 날아가게 한다. 종처럼 생긴 좁은 분사구 때문에 배출되는 기체의 속도가 증가한다. 이것이 바로 로켓 과학이다.

● 우주에서 길 찾기

우주에서 길 찾기는 사실 지구에서 길 찾기보다 쉽다. 부딪칠 만한 것이 거의 없기 때문이지만, 가야 할 길을 미리 정해 놓은 중력 때문이기도 하다. 중력이 눈에 보이지는 않지만 말이다.

지상에 있는 여러 관측국은 늘 전파 신호를 이용해 우주선이 있는 3차원 위치를 찾아낸다. 우주선의 위치를 알고 있으며 속도와 진행 방향을 조절할 수 있다면 우주선이 목표 지점을 향해 나아갈 수 있도록 언제라도 조정할 수 있다. 이는 우주선이 직선 운동을 하기 때문이 아니라—실제로도 우주선은 직선 운동을 하지 않는다— 우주의 특정 지점에서 작용하는 중력의 방향이 아주 정확하게 알려져 있기 때문이다. 지구 둘레를 도는 인공위성의 경우 중력의 방향은 중심부, 다시 말해서 지구의 중앙 쪽이다. 따라서 인공위성의 위치를 알고 인공위성의 속도를 알면 궤도의 성질을 알 수 있다(그러니까 원 궤도인지 타원 궤도인지와 같은 특성을 알아낼 수 있다는 뜻이다). 궤도의 특성을 파악하면 인공위성이 언제 어떤 장소를 지나갈지 알게 된다.

그런데 이 깔끔하고도 분명한 원리를 방해하는 요인들이 있다(이 요인들은 흔히 '무중력 섭동(non-gravitational perturbation)'이라는 다소 엉뚱한 이름으로 불린다). 그중에서도 가장 일반적이고도 잘 알려져 있으며 그 효과를 계산까지 해 낼 수 있는 것은 희박하긴 하지만 공기가 남아 있는 상부 대기의 방해 작용이다. 태양풍이라 부르는, 소립자들이 만드는 난기류 역시 또 다른 방해 요소이다.

달과 같은 천체가 있는 곳을 향해 날아가는 것은 좀 더 복잡하긴 하지만 기본 원리는 같다. 우주의 어느 지점에 있건 간에 우주선에 작용하는 중력은 우주선을 끌어당기고 있는 두 힘인 지구의 인력과 달의 인력이 함께 작용해서 결정된 것이다. 물론 우주선이 움직이는 동안 작용하는 힘의 크기에 상대적인 변화가 생기겠지만 변화의 정도는 이미 정확하게 알려져 있기 때문에 우주선의 항로를 미리 결정할 수 있다. 베이비 붐 세대는 아폴로 우주인들이 달을 향해 날아가고 지구로 돌아올 때 택한 탄도 궤도(trajectory)가 '삼체 궤도(three-body orbits)'를 결정하는 복잡한 방정식의 여러

●●● 삼체 궤도(three-body orbits) : 삼체란 지구, 달, 우주선이며, 삼체 궤도란 지구와 달의 만유인력 및 달의 지구에 대한 공전운동을 고려해 정한 궤도를 뜻한다. - 옮긴이

해법 가운데 하나였던 8자 형태였음을 기억하고 있을 것이다.

긴 궤도를 그리며 나가는 우주선의 초기 항로를 결정하는 것은 궤도에 진입하는 주 엔진의 점화이다. 중간에 약간 항로를 변경할 일이 있으면 다시 주 엔진을 점화시키는 중간 궤도 수정(mid-course correction) 작업으로 어긋난 길을 바로잡을 수 있다.

행성과 행성을 여행할 때면 지구와 목적지 행성 간의 인력은 물론 태양의 인력과 목성처럼 큰 행성의 인력을 함께 고려해야 하며 지구 가까이 있을 때는 달의 인력도 함께 고려해야 한다. 사실 행성 간 우주 탐사선 가운데 많은 수가 항로 중간에 있는 행성을 중간 착륙지로 삼아 에너지를 보충한다. 우주선이 행성 가까이 다가가면 행성의 중력장 때문에 새총에서 총알이 발사되는 것처럼 우주선에 가속이 붙어 앞으로 나아간다. 이를 중력 지원(gravity assist)이라고 하며 우주선이 천체의 중력장에 닿을 정도로 가까이 가는 근접 비행을 플라이바이(fly-by)라고 한다. 7년 동안의 우주여행을 떠난 미국 항공 우주국의 메신저 호처럼 목적지를 향해 가는 동안 여러 번 플라이바이를 하는 경우도 있다. (메신저 호는 2011년에 수성의 공전 궤도에 진입할 예정이다.)

지금은 슈퍼컴퓨터 덕분에 보다 정교한 방법으로 행성 간 길 찾기가 가능해졌다. 다양한 위치와 인력을 가진 행성들이 서로에게 영향을 미쳐 끊임없이 요동치는 보이지 않는 길을 만든다. 우주에도 우주선이 최소한의 에너지로 최대한 빨리 갈 수 있는 길이 있다. 이런 길을 행성 간 초고속도로(interplanetary superhighway)라고 부른다. 아직은 조금 먼 미래의 개념이지만 태양계 먼 끝까지 날아가는 우주선의 길 찾기에서는 벌써 제 몫을 톡톡히 해내고 있다.

● 정지 위성이란 무엇이며 얼마나 높은 곳에 있어야 하나?

언제 발견할지는 모르겠지만 혹시라도 1945년에 나온 『선 없는 세상 *Wireless World*』 2월호를 찾는다면 반드시 58쪽을 읽어 보자. 그곳에는 아서 C. 클라크라고 하는 친구가 쓴 짧은 글이 실려 있을 것이다(지금은 어느새 아서 경이 되어 버렸다). 앞으로는 전시(戰時) 로켓을 우주 탐험에 이용하자는 내용의 편지이다. 무슨 선전 문구 같은 그 글 끝에 그는 이렇게 적어 놓았다.

> 지상에서 특정한 높이 위에 있는 인공위성을 24시간마다 한 번씩 공전하게 만들 수 있지 않을까? 그러면 인공위성은 늘 같은 장소에 떠 있게 될 것이다……. 아마도 전쟁을 수습하는 사람들은 이 인공위성을 이용할 마음이 거의 없는 것 같아 걱정이지만 이 인공위성이 (장거리 전파 통신) 문제를 풀 궁극적인 해결책이라고 생각한다.

클라크가 처음 제안한 이 급진적인 발언은 현대 매스컴의 토대를 마련했다(그해 10월 클라크는 번뜩이는 통찰력으로 가득한 좀 더 자세한 내용을 잡지에 실었다). 그가 잘못 예언한 것은 단 한 가지 그런 인공위성이 등장할 시기뿐이었다. 클라크는 50년 정도 흐르면 그런 인공위성이 출현할 것으로 보았다. 그러나 실제로 인류 최초의 정지 위성이 출현한 것은 불과 20년밖에 흐르지 않은 1965년 4월이었다. 최초의 정지 위성 이름은 일찍 일어나는 새, 얼리버드였다. 지금은 수백 대가 넘는 정지 위성이 활동하고 있다.

●●● 아서 C. 클라크 : 2008년 3월 19일 작고함. – 옮긴이

정지 위성이 무엇인지를 알려면 무엇보다도 궤도를 돌고 있는 위성과 지표면 사이에는 특별히 정해진 관계가 없음을 알아야 한다. 인공위성은 정해진 궤도를 따라 끊임없이 돌고 있을 뿐이고 지구도 그 밑을 자기식대로 육중하게 돌고 있을 뿐이다. 앞에서도 말했듯이 저궤도 인공위성이 지구를 한 바퀴 도는 데 걸리는 시간은 90분 정도이다. 인공위성의 궤도는 좀 더 급하게 기울어져 있을 때도 있지만 보통은 적도와 1도 정도 기울어져 있어서 머리 위를 지나가는 인공위성은 끊임없이 동쪽 하늘에서 서쪽 하늘을 가로질러 가는 것처럼 보인다(그렇게 보이는 이유는 지구가 서쪽에서 동쪽으로 자전하기 때문이다). 정찰 위성과 지도 제작용 인공위성이 지표면의 넓은 지역을 아우를 수 있는 이유가 바로 이 때문이다.

인공위성의 고도가 높을수록 인공위성이 한 바퀴 도는 데 걸리는 시간이 길어지기 때문에 끊임없이 하늘을 가로질러 가는 것처럼은 보이지 않는다. 계속해서 높이 올라가다 보면 어느 순간 인공위성의 공전 속도와 지구의 자전 속도가 같아지는 순간이 있는데, 이 높이에 떠 있는 인공위성은 언제나 같은 장소에 정지해 있는 것처럼 보인다. 이 궤도를 지구 동기 궤도(geosynchronous orbit)라고 한다. 지구 동기 궤도를 도는 위성은 위성의 궤도가 적도와 어긋나 있어 지상에서 보면 하루에 두 번, 한 번은 위로 또 한 번은 아래로 같은 각도로 궤도를 이탈하는 것처럼 보인다.

따라서 인공위성의 궤도가 적도와 조금도 어긋나지 않도록 정지 위성을 발사한다면, 다시 말해서 적도 선을 따라 움직이는 정지 위성을 발사한다면 궤도 이탈 현상은 나타나지 않을 것이고 인공위성은 하늘 위 어느 한 점 위에서 움직이지 않은 채 고정되어 있는 것처럼 보일 것이다. 이 궤도가 바로 1945년 클라크가 제안한 것으로 흔히 정지 궤도(geostationary orbit)라고 부른다(클라크 궤도라고 부르기도 한다). 인공위성이 정확하게 정지 궤도에 진입할 수 있게 하려면 지구의 자전 기간을 태양이 아닌 별이 움직이는 시간을 기준으로 잡아야 한다(별이 움직이는 시간이란 3장에서 이야기한 항성일을 뜻한다. 항성일은 태양일보다 4분 정도 짧다).

지구 중심에서 42,200킬로미터 위 또는 지표면에서 35,800킬로미터 상공에 정지 궤도가 있다. 그 정도 높이라면 인공위성의 궤도 비행 속도는 초속 3킬로미터를 조금 웃돌 것이다. '저궤도 인공위성은 초속 8킬로미터로 움직여야 한다며! 에이, 그 정도면 별거 아니잖아!' 하고 생각할지도 모르겠다. 하지만 그 정도 높이까지 올라가려면 먼저 저궤도 인공위성이 도는 높이까지 올라가야 하고 그곳에 닿은 후에도 더 많은 에너지를 더해—다시 말해서 엔진을 점화시켜— 35,800킬로미터 높이에 도달하기 위해 노력해야

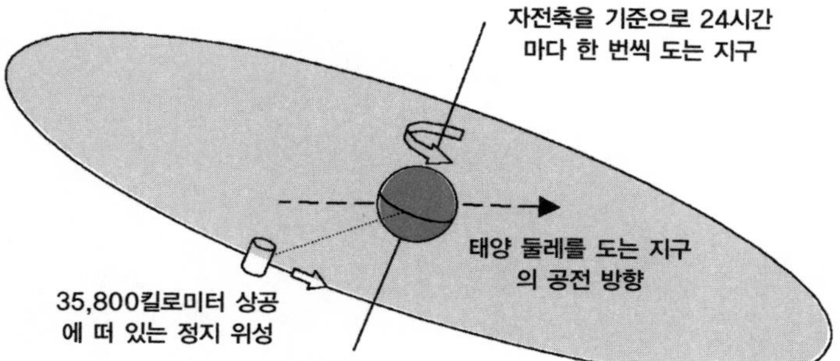

24시간 주기로 지구를 한 바퀴 도는 정지 위성은 적도 위 어느 한 지점 위에 머물게 된다.

그림5 정지 위성이 적도 위 한 지점에 머물 수 있는 이유. 정지 위성의 궤도는 지구의 적도 선을 연장한 선이어야 하고 위성이 공전하는 속도는 24시간이어야 한다. 지상에서 1,000킬로미터 이하를 도는 저궤도 위성의 공전 속도는 그보다 훨씬 빠르다.

한다. 첫 번째 정지 위성인 얼리버드는 대략 63시간마다 한 번씩 엔진을 점화해야 했다.

통신 위성은 보통 언론이나 통신 회사가 설치한 지상 송신 범위만을 주로 탐색하는 장비를 싣고 있지만 사실 정지 위성은 반구의 거의 대부분을 동시에 탐지하는 일도 가능하다. 1945년 아서 C. 클라크가 제시한 의견은 놀라울 정도로 정확하고 상세하다. 그는 태양 에너지를 이용해서 인공위성을 움직여야 한다고 했으며 어떤 안테나를 사용해야 제대로 작동하는지에 대해서도 언급했다. 거기다 "지름이 30센티미터인 포물선처럼 생긴 안테나만 있으면 지구 끝에서도 인공위성의 신호를 받을 수 있을 것이다"라고까지 했다. 정말 놀라운 친구다.

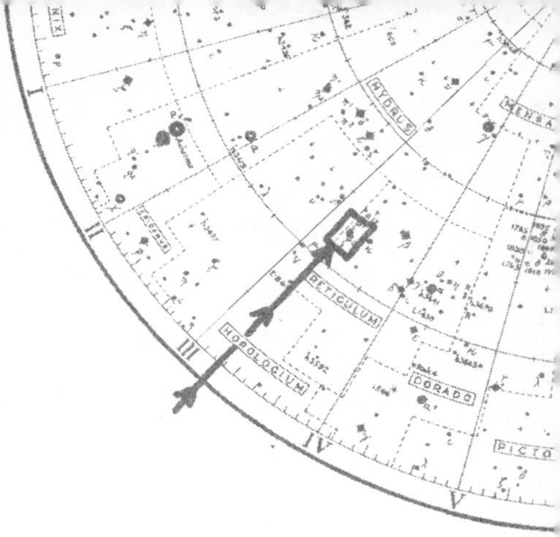

경치 관람
: 지구와 우주에서 본 풍경

● 어떻게 해야 인공위성을 볼 수 있나?

일몰 혹은 일출 전 한두 시간 동안 밤하늘을 가로지르는 인공위성을 관찰하는 일은 우주에서 가장 우아한 취미 가운데 하나이다. 우리 조상들은 시대와 과학의 제약을 받아 그 모습을 볼 수 없었다. 사실 인공위성이 빛을 내는 이유는 태양 빛을 반사하기 때문이다. 인공위성이 도는 궤도가 높을수록 태양이 진 후(혹은 뜬 후)에 하늘에서 보이는 시간이 더 길며 하늘을 가로지르는 시간도 길다.

● 쌍안경으로 정지 위성을 볼 수 있을까?

일반적인 상황이라면 볼 수 없다. 정지 위성은 아주 멀리 있기 때문에 거의 보이지 않는다. 정지 위성은 쌍안경이나 작은 망원경이 아닌 전문가들이 쓰는 거대한 망원경이 있어야 볼 수 있다. 그러나 예외적인 상황도 있다. 인공위성에 달려 있는 태양 전지판이나 인공위성의 표면에서 반사된 빛이 정확히 관찰자가 있는 곳으로 온다면 쌍안경으로도 충분히 정지 위성을 볼 수 있을 것이다. 그러나 그런 일은 거의 일어나지 않는다.

한 청취자가 정지 위성을 보게 된다면 정지 위성의 빛도 별빛처럼 깜빡이는 것처럼 보이는지 물어 왔다. 아마도 그럴 것이다. 정지 위성은 아주 멀리 있기 때문에 빛이 한 점에서 나오는 것처럼 보인다. 따라서 별빛이 그렇듯이 정지 위성의 광선도 지구 대기의 교란 현상 때문에 일그러질 것이다(4장 '별빛이 깜빡거리는 이유' 참고). 별빛과 정지 위성의 빛이 다른 점은 한 가지밖에 없다. 지구가 자전할 때 별은 동쪽에서 서쪽으로 이동하는 것처럼 보이지만 정지 위성은 같은 장소에 머문다는 것. 괜히 이름이 정지 위성이겠는가!

● 몇 초 동안 별처럼 밝게 빛나는 물체를 보았다. 대체 무엇인가?

아마도 분명 이리듐 플레어(Iridium flare)였을 것이다. 이리듐 플레어라니, 이것이 우주에서 일어나는 초자연적인 멋진 광경임을 상상하는 독자라면 실망시켜 드려서 미안하다. 이리듐 플레어는 인공위성 때문에 일어나는 현상이다.

이리듐은 전 지구 통신계의 새로운 대안 가운데 하나이다. 사실 정지 위성을 몇 개 띄울 비용으로 저궤도 인공위성을 많이 발사할 수도 있다. 그런데도 왜 수많은 인공위성을 띄우는 일이 더 많은 비용이 들기라도 하는 것처럼 주저하게 되는 것일까? 그 이유는 인공위성에 장착하는 이리듐 때문이다. 이리듐은 휴대폰과 무선 호출기를 직접 연결하는 인공위성 전화 시스템이다. 휴대폰은 지상 기지국의 송신 전력과 같기 때문에 비교적 짧은 단거리 통신만 가능하다. 통신 거리가 짧다는 것은 신호를 전송하고 수신하는 시간이 4분의 1초 정도인 정지 위성보다 좀 더 빠르다는 뜻이다.

지상 780킬로미터 위에서 양극을 통과하며 공전하고 있는 극궤도 인공위성 중 66대가 이리듐을 장착했다. 이 66개의 인공위성은 한 궤도면당 11대씩, 모두 6개의 궤도면을 돌면서 지구 전역을 내려 보고 있다.

일반적인 상황이라면 이리듐 위성을 맨눈으로 보게 될 가능성은 거의 없다. 그러나 지표면의 특별한 어느 한 지점에 도달하면 밝게 빛나는 금성보다도 더 밝은 빛을 내는 경우가 있다. 이때 인공위성이 발하는 빛은 달을 제외하면 밤하늘에 빛나는 그 어떤 천체도 따라올 수 없을 정도로 밝다. 인공위성의 섬광은 인공위성이 거의 보이지 않게 된 후에도 몇 분 동안 지속된다. 이리듐 플레어가 생기는 이유는 인공위성에 달린 세 개의 태양 전지판 중 하나가 태양 빛을 받아 관찰자가 있는 곳으로 곧장 보내오기 때문이다. 인공위성의 태양 전지판은 반사율이 아주 높아서 우주에 떠 있는 거대한 욕실 거울 같은 효과를 낸다.

인공위성이 태양 빛이 도달하는 지역을 따라 이동할 때는 지상 위 10~20킬로미터 정도에 이르는 넓은 지역에서 그 빛을 감지할 수 있다. 따라서 그 범위 안에 있는 관찰자라면 누구나 이리듐 플레어의 목격자가 될 수 있다. 이 문제를 질문해 온 청취자가 그랬던 것처럼 전혀 예상하지 못한 상태로 아주 멋있는 이리듐 플레어를 목격하게 되면 정말 깜짝 놀라게 된다. 그러나 'www.heavens-above.com'에서는 자신이 살고 있는 장소만 입력하면 쉽게 이리듐 플레어를 목격할 수 있는 시간을 알 수 있다. 웹사이트가 제공하는 정보는 놀라울 정도로 정확하다. 이리듐 플레어 현상이 얼마나 자주 발생하는지를 안다면 분명 깜짝 놀랄 것이다.

● 북에서 남으로 가로지르는 인공위성을 한꺼번에 여러 개 볼 수 있는 이유는?

아무 상관도 없는 인공위성이 같은 시간에 비슷한 길을 따라 지나가는 모습은 자주 볼 수 있지만 마치 편대를 이루고 있는 것처럼 지나가는 우주 비행물체들도 있다. 그런 모습이 보이는 데는 여러 가지 이유가 있다. 국제 우주 정거장과 함께 몇 킬로미터 정도 앞이나 뒤에서 임무를 수행하고 있는 우주 왕복선이 보일 때도 그런 경우다. 둘 다 밝게 빛나고 있기 때문에 나란히 지나가는 두 물체는 멋진 장관을 연출한다.

두 인공위성이 쌍으로 임무를 수행하는 경우도 있다. 그레이스(GRACE)라는 멋진 이름의 유명한 프로젝트가 바로 그런 예이다(GRACE는 Gravity Recovery And Climate Experiment의 약자이다. 즉 '중력 회복과 기후 실험' 인 셈이다). 두 위성이 같은 궤도를 돌되 한 위성이 다른 위성보다 220킬로미터 정도 앞서고 있어 다양하게 변하는 지구의 중력을 감지한다. 상당히 정확하다고 알려져 있는 두 인공위성은 놀랍게도 0.01밀리미터 정도까지의 중력 변화도 알아낸다고 한다.

그러나 여러 대가 쌍으로 몰려다니는 인공위성은 보통 군사적인 목적을 띠는 경우가 많아 어떤 일을 하고 있는지는 자세하게 알려져 있지 않다. 그레이스처럼 쌍으로 된 인공위성은 최대한 넓은 범위를 관측하기 위해 극궤도를 택하기 때문에 북에서 남이나 남에서 북으로 이동하는 경우가 대부분이다. 이런 관측 위성은 한쪽이 전파 송신기를 달고 있고 다른 한쪽이 전파 수신기를 달고 있기 때문에 나란히 날아야 한다. 아무튼 서로 부딪치는 일이 없기만을 바랄 뿐이다.

● 앵글로 오스트레일리안 망원경으로 보면 국제 우주 정거장이 잘 보일까?

사람들은 앵글로 오스트레일리안 망원경(AAT)이 호주에서 가장 큰 광학 망원경—가시광선을 감지하는 망원경—이니까, 하늘에 있는 모든 천체를 뚜렷하게 볼 수 있을 거라고 생각한다. 그러나 불행하게도 앵글로 오스트레일리안 망원경은 우주선을 보는 데 적합하지 않을 뿐 아니라 내가 알고 있기로는 우주선을 관찰한 적도 없다.

그 이유는 앵글로 오스트레일리안 망원경이 천체를 관찰하는 방법에 있다. 앵글로 오스트레일리안 망원경을 받치고 있는 지지대는 지구의 자전 속도에 맞춰 천천히 돌고 있는 천체를 관측할 수 있게 만들어졌다. 속도가 빠른 인공위성을 관찰하려면 1분에 몇십 도가 넘는 각속도로 망원경을 움직여야 한다. 앵글로 오스트레일리안 망원경은 그렇게 빠른 속도로 움직이지 않는다.

인공위성은 물체가 움직이는 속도에 맞춰 컴퓨터로 지지대의 회전 속도를 조절할 수 있는 특수 장비로 관찰해야 한다(이 장비의 이름은 당연히 인공위성 추적 카메라(satellite tracking camera)이다). 인공위성 추적 카메라의 효력은 군 카메라가 1981년 첫 번째 우주 왕복선인 컬럼비아호가 처녀비행을 하는 동안 방열판에 생긴 균열을 포착해 냄으로써 확인됐다. 당시 텔레비전 화면에 균열이 간 모습이 몇 번 포착되기는 했지만 그 균열에 대해 군대는 공식적인 입장을 밝히지 않았다.

국제 우주 정거장을 볼 때도 비슷한 장비를 사용해야 한다. 최근 프랑스의 아마추어 천문가인 티에리 르고(Thierry Legaut)가 지상에서 국제 우주 정거장에 가까이 다가가는 우주 왕복선 아틀란티스 호의 모습을 멋진 사진으로 담아냈다. 사진 속 우주 정거장과 우주 왕복선은 태양 원반을 가로지르고 있다. 태양 관측용 망원경을 이용해 찍을 수 있었던 이 사진도 가장 중요한 요소는 당연히 절묘한 타이밍이었다.

한 가지 더 언급하자면—이것은 다른 청취자가 물어 온 질문의 답이기도 하다— 국제 우주 정거장은 지상에서 340킬로미터 높이의 저궤도를 돌고 있다. 국제 우주 정거장은 태양 전지판만 해도 3분의 1 헥타르에 이를 정도로 크기 때문에 상부 대기와의 마찰로 인해 운행 속도가 금세 느려진다. 따라서 일정한 고도를 유지하기 위해서는 여러 차례 엔진을 점화해야 한다.

● 둥근 원반 모양의 지구를 보려면 최소한 얼마나 멀리 가야 할까?

이 질문은 문제를 어떻게 해석하느냐에 따라 여러 가지로 대답할 수 있다. '완벽한 원의 형태를 보려면 얼마나 멀리 가야 할까'라고 묻는다면 '무한히 멀리'라고 대답해야겠다. 왜냐하면 원에 가까이 다가가면 갈수록 보이는 면적은 줄어들기 때문이다. 그러나 지구의 한쪽 면인 반구의 대부분을 보고 싶을 때는 달이 있는 만큼만 가면 된다. 그 정도 거리라면 지구 원반의 가장자리 주변으로 너비가 100킬로미터 정도 되는 부분만 빼고 반구의 대부분이 보일 것이다. 지구로 가까이 다가올수록 보이지 않는 부분은 많아져 지표면의 극히 일부만 눈에 들어온다.

그런데 서로 이야기를 주고받는 동안 이 청취자가 알고 싶은 내용은 전혀 다른 것임을 알게 됐다. 그가 정말로 알고 싶었던 것은 지구가 원의 형태로 보이는 최소한의 거리였다. 다시 말해 평평하던 지표면이 갑자기 커다란 원의 형태를 띠게 되는 거리가 어디인가 하는 것이었다. 보고 싶은 원의 크기에 따라 대답이 달라질 테니 정확히 얼마를 가야 원으로 보인다는 대답은 할 수 없다. 그러나 단도직입적으로 말해서 양끝이 눈과 이루는 각도가 90도가 됐을 때 지구는 원반의 형태로 보인다. 물론 당신의 시야를 가득 메운 원이 어두운 부분에 둘러싸여 있다는 사실도 알게 되겠지만.

그 정도 모습을 보려면 지상에서 2,640킬로미터 정도는 올라가야 한다. 하지만 그 정도 높이라면 지구의 방사능대에 해당하는 아주 위험한 곳이다. 그곳에서는 지름이 10,000킬로미터 정도 되는 지역을 한 눈에 볼 수 있다. 지구 원주의 4분의 1에 해당하는 길이다. 하지만 너무 오래 머물지는 말자. 위험하니까.

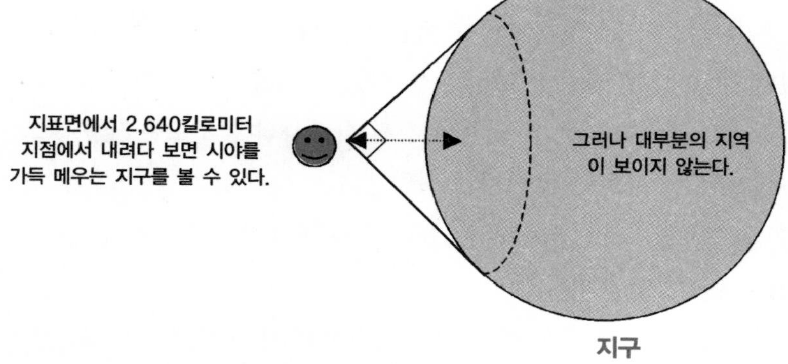

그림6 2,640킬로미터 높이까지 올라가면 눈과 양끝이 이루는 각도가 90도가 되어 시야에 가득 찬 원반을 볼 수 있다. 단, 이곳이 방사능대라는 건 잊지 말자!

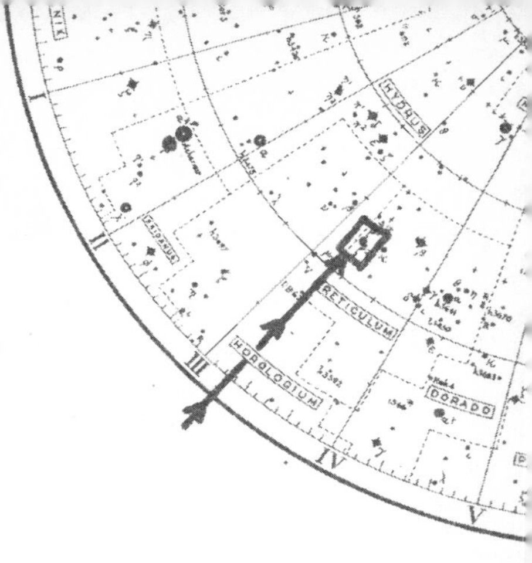

진기한 천문학

: 엉뚱한 생각들

● 핵폐기물을 태양에 버릴 수 있을까?

환경을 걱정한 멋진 청취자의 의견이지만 애석하게도 지금 기술로는 어려움이 너무 많아 거의 실행이 불가능한 제안이다. 전 세계 원자로(nuclear reactor)에서 해마다 쏟아내는 처리되지 않은 고(高)레벨 방사성 폐기물의 양은 15,000톤 정도이다. 따라서 우주선에 실어야 할 쓰레기의 양이 너무 많다는 것이 핵폐기물을 태양에 버리려 할 때 발생하는 첫 번째 문제이다. 게다가 아주 민감한 정치적인 사안도 있다. 전 세계 사람들의 소망을 품고 핵폐기물을 실은 우주선이 지구 대기를 통과할 때 위험한 일이 발생할 수도 있다. 현재 명왕성을 향해 날아가고 있는 뉴 호라이즌 호처럼 태양계 밖으로 나갈 몇 안 되는 우주선에 방사성 플루토늄 몇 킬로그램을 실은 원자력 발전기가 장착된다는 사실을 가지고도 격렬한 논쟁이 벌어지고 있는데 수 톤이 넘는 핵폐기물이라니, 환영받기는 어렵지 않을까?

태양에 핵폐기물을 버리는 일을 곤란하게 하는 문제는 또 있다. 핵폐기물을 태양에 버리려면 우주선이 태양의 표면을 가로지르는 궤도 비행을 해야 하는데, 그러려면 막대한 양의 에너지가 필요하다. 지구 궤도를 박차고 나갈 때 우주선의 속도는 지구 궤도 비행 속도인 초속 30킬로미터보다 훨씬 줄어들게 된다. 그 말은 줄어든 속도를 보충하기 위해 최소한 한 곳 이상의 행성에서 중력 지원을 받기 위해 플라이바이를 해야 한다는 뜻이다. 따라서 핵폐기물을 태양에 버린다는 생각은 근사하기는 하지만 최상의 해답은 아니다. 핵폐기물을 가공처리한 후 땅에 묻는 것이 훨씬 더 쉽고도 안전한 방법이다.

● 태양계를 벗어난 우주선이 있다면 어디쯤 가고 있을까?

태양의 중력장을 벗어나 태양계 밖으로 나가는 우주선에는 뭔가 특별한 것이 있다. 태양계 밖으로 나가는 우주선은 인류가 만들어 낸 인공물이지만 인류보다, 어쩌면 지구보다 오래 살아남을 것이다. 이런 사실에 놀라지 않는다면 도대체 어떤 일이 놀랍겠는가!

이 글을 쓰고 있는 지금 태양계 밖으로 나간 우주선은 모두 다섯 대이다. 파이어니어 10호, 파이어니어 11호, 보이저 1호, 보이저 2호, 그리고 최근 이 배타적인 클럽에 가입한 뉴 호라이즌 호가 그 주인공들이다. 파이어니어 10호는 1972년에, 파이어니어 11호는 1973년, 보이저 1호와 2호는 1977년에, 뉴 호라이즌 호는 2006년 1월에 발사됐다. 먼저 발사된 네 대는 1970년대와 1980년대에 태양계 바깥쪽에 있는 거대 행성들을 가까이에서 찍은 근접 사진들을 보내왔지만 뉴 호라이즌 호는 아직 특별한 활동은 하고 있지 않다. 뉴 호라이즌 호는 2015년 왜소 행성인 명왕성과 명왕성의 위성인 샤론(Charon), 닉스(Nix), 히드라(Hydra)를 지나 아직까지는 이렇다 할 분류 작업이 진행되지 않은 카이퍼대로 진입할 것이다. 카이퍼대는 태양계가 탄생할 때 만들어진 얼음 파편들이 모여 있는 곳이다. 그곳을 지나면 뉴 호라이즌 호는 태양계를 벗어나 외부 우주로 나아갈 것이다.

태양계 밖을 탐사할 우주선 가운데 가장 빠른 뉴 호라이즌 호는 현재 초속 23킬로미터의 속도로 태양계 밖을 향해 나아가고 있다. 같은 속도로 정확한 방향을 향해 나아간다면 6만 년 후에는 태양에서 가장 가까운 항성에 도달할 것이다. 그렇다고 뉴 호라이즌 호가 새로운 항성에 도달하는 모습을 보겠다며 기다리지는 말자. 태양의 중력장을 벗어나는 순간 뉴 호라이즌 호의 속도는 줄어들 테고 사실 가장 가까운 항성을 향해 곧바로 날아갈 확률도 크지 않으니 말이다.

가장 흥미로운 태양의 모습을 전해 준 것은 보이저 호들이다. 현재 지구에서 150억 킬로미터가량 떨어져 있는 보이저 1호는 인간이 만든 물체 중 지구에서 가장 멀리 떨어져 있는 것으로 그 거리는 지구에서 명왕성까지의 거리보다 세 배가량 길다. 보이저 2호는 보이저 1호보다 3억 킬로미터 정도 뒤에 있다. 보이저 호는 둘 다 태양계의 같은 쪽에 있지만 보이저 1호는 지구 궤도면의 위쪽으로 오르고 있고, 보이저 2호는 아래쪽으로 내려가고 있다. 두 보이저 호 모두 여전히 활발하게 활동하면서 태양 자기장의 영향력에 관한 정보를 보내오고 있다.

두 보이저 호는 말단 충격파(termination shock)라고 하는 조금 놀라운 이름을 가진 지역에 도착했다. 이곳은 태양에서 튀어나온 소립자들이 서로 부딪치는 성간 공간이다(그러니까 태양의 확장된 외부 경계라고 하겠다). 완벽하게 둘러싸인 공간인 헬리오포즈(heliopause, 태양권계면)와 함께 말단 충격파에서 뚜렷하게 발견되는 현상은 끓어오르는 거품인데, 보이저 호가 보내온 자료에 의하면 태양의 남쪽 지역 거품은 조금 움푹하게 파여 있다. 성간 자기장 때문에 그렇게 된 것이 아닐까 하고 추정하고 있다.

태양계 밖으로 나가는 우주선과 관련된 의문 중에는 소위 파이어니어 이탈(Pioneer anomaly)이라는 현상이 있다. 앞에서 우주에서 길을 찾을 때는 처음 위치와 속도만 알면 우주선의 위치를 아주 정확하게 알 수 있다고 언급했다. 그런데 놀랍게도 몇 년 전에 잃어버렸던 파이어니어 탐사선들을 찾아냈을 때 예상 위치에 있는 탐사선은 한 대도 없었다. 파이어니어 10호의 경우는 예상 경로보다 40만 킬로미터나 어긋난 지점에 있었다. 이는 지구와 달 사이의 거리만큼 어긋난 셈이다. 우주선이 경로를 이탈한 원인은 중력에 대해서 잘못 알고 있기 때문이라며 과학책을 새로 써야 한다고 주장하는 과학자들도 있다. 그러나 많은 과학자들은 경로 이탈의 원인이 태양풍, 온도, 연료 유출 같은 중력과는 상관없는 요인일 가능성이 크다고 보고 있다. 현재 과학자들은 경로 이탈의 원인을 찾기 위해 고심하고 있으며 결국 해답을 찾아낼 것이다.

태양계를 벗어나는 우주선은 결국 항성이나 행성 혹은 위성 같은 천체의 중력에 끌려 들어갈 것이다. 천체의 중력에 끌려 들어간 우주선은 천체와 충돌할 수도 있고 천체의 위성이 되어 궤도를 돌게 될지도 모른다. 가능성은 희박하지만 외계 문명 대표단에게 발견될지도 모른다. 파이어니어 호와 보이저 호가 약간의 기념품을 가지고 떠난 이유가 바로 그 때문이다.

두 파이어니어 호에는 지구의 위치를 알려주고, 인류가 얼마나

●●● 거품 : 태양풍이 만드는 막을 태양권(Heliosphere)이라고 하고 그 태양권을 흔히 거품이라고 표현한다. – 옮긴이

멋지게 생겼는지를 보여주는 인물 나체화가 새겨진 금판이 들어 있지만 두 보이저 호에는 1970년대 소리와 풍경을 담은 12인치짜리 플레잉 레코드(playing record)와 레코드판을 작동시킬 바늘과 카트리지가 실려 있다(플레잉 레코드라니, 그게 뭔지 기억하는 사람이 있는가?). 배고픈 외계인을 재울 좋은 자장가이기는 하다.

● 우주 엘리베이터는 무엇이며 어떤 일을 하나?

크고 비싸고 위험하고 오염 물질을 많이 배출하는 로켓에 의지해 궤도에 진입해야 한다는 사실은 현대 우주선이 겪고 있는 곤란한 문제 가운데 하나이다. 로켓의 존재는 킬로그램당 3만 호주달러에 이를 정도로 높은 비용을 요구한다. 만약 우주여행 비용이 킬로그램당 몇 달러 정도로 떨어진다면 그만큼 더 많은 우주를 탐사할 수 있을 것이다. 우주 엘리베이터라는 생각은 그 때문에 나온 것으로 우주 시대를 맞아 제시된 여러 가지 대담한 제안 가운데 하나이며 지난 몇 년간 점점 더 많은 주목을 받고 있는 제안이다.

사실 우주까지 뻗어나간 탑에 대한 생각은 19세기 말에 이미 나왔지만 현대적인 개념으로 명확하게 설명해 준 사람은 아서 C. 클라크이다. 그는 1978년에 발표한 소설 『낙원의 샘 *The Fountains of Paradise*』에서 우주 엘리베이터에 대해 언급했다. 앞에서 설명한 클라크의 정지 위성이 생각나는가? 정지 위성은 적도 상공 35,786킬로미터 부근의 어느 한 지점에 정지해 있다. 정지 위성에서 굵은 밧줄을 바로 밑으로 드리우고 균형을 잡기 위해 다른 밧줄을 밑으로 드리운 밧줄과 정반대 방향으로 뻗어 나가게 했다고 생각해 보자. 그렇게 함으로써 정지위성의 질량 중심은 정지해 있는 한 점으로 남을 수 있다. 지금까지는 별 다른 문제가 없다.

그럼 이제 정지 위성에서 뻗어 나온 두 밧줄을 각각 위와 아래로 계속해서 연장해 나가보자. 아래쪽으로 뻗어 나가는 밧줄이 정지 위성 바로 밑에 있는 적도 선 위에 50킬로미터 높이로 세운 단단한 탑의 꼭대기와 만날 때까지 밧줄을 연장시킨다. 아참! 내가 탑에 대해서 이야기했던가? 뭐 어쨌거나 밧줄이 탑에 닿았다면 재빨리 밧줄을 탑에 묶자. 그러니까 일종의 매듭을 짓는 것이다. 이제 아주 간단한 우주 엘리베이터가 생겼다. 밧줄을 단단히 묶고 그 위에 선로 같은 장치만 설치한다면 정지 위성의 무게 중심이 있는 곳까지 킬로그램당 몇 달러도 안 되는 비용으로 탈 것을 타고 왔다 갔다 할 수 있다.

우주 엘리베이터만 만들 수 있다면 할 수 있는 일은 무궁무진하다. 정지 궤도 터미널에 대규모 우주 정거장을 세워 태양계 저 멀리까지 탐사할 거대한 우주선을 조립하는 전초 기지로 활용할 수도 있을 것이다. 우주선 조립에 필요한 부품은 지상에서 우주 엘리베이터로 실어오면 된다. 지표면에서 우주선을 발사하는 것보다 우주 정거장에서 발사할 때는 연료도 그만큼 덜 들 것이다.

이런 우주 엘리베이터의 운행 속도가 시속 200킬로미터 정도로 느긋하다면 꼭대기까지 오르는 데 일주일 정도 걸린다. 그렇게 되면 우주 엘리베이터를 타고 이동하는 사람들에게 문제가 생긴다. 며칠이나 방사능대에 노출되면 위험하기 때문이다. 따라서 반드시 엘리베이터의 운행 속도는 빨라야 한다.

최근 미국 항공 우주국 마셜 우주 비행 센터(Marshall Spaceflight Center)의 고등 프로젝트실(the Advanced Projects Office)을 비롯한 여러 연구 기관에서 우주 엘리베이터를 진지하게 연구하고 있다. 그 결과 아주 강력한 탄소 나노튜브 같은 물질로 기본 골격을 만드는 획기적인 기술이 등장하고 있으며 밧줄을 매단 기구를 높이 띄우는 실험도 이미 진행 중이다. 균형을 잡을 밧줄의 길이를 줄이기 위해 평형추 역할을 해 줄 거대한 천연 물체를 사용하자는 의견도 있다. 그러니까 뭐, 소행성 같은 물체 말이다. 현대 기술로는 우주 엘리베이터 설치가 불가능하지만 앞으로 50년 안에 필요한 기술이 개발될 것으로 보인다. 개발 비용이 얼마가 될지는 모르지만 이것은 비용 절감의 문제이므로 분명히 만들어내긴 할 것이다.

우주 엘리베이터는 쓸모가 있을까? 아마도 그럴 것이다. 그러나 언제 우주 엘리베이터가 처음으로 등장할까? '완성된 우주 엘리베이터가 언제 등장할까'라는 질문에 아서 C. 클라크는 다음과 같은 멋진 대답을 해 유명해졌다. "이 계획을 비웃는 사람들이 모두 사라진 후 50년이 지났을 때." 내 생각엔 현재 우주 산업에 종사하는 사람들은 몇 명 남지 않은 마지막 웃음소리를 듣고 있는 것 같다.

● 화성에 식민지를 건설할 수 있을까?

우주 엘리베이터에 대한 생각이 대담하다면 이 질문은 정말 어처구니가 없다. 이런 생각은 폭발적으로 증가하는 인구를 행성 지구가 감당하지 못할 때가 올 테니 미래를 위해서 식민지를 개척해 놓아야 한다는 생각에서 기인한 것일 것이다. 태양계에 있는 행성 중 화성만큼 지구를 닮은 행성은 없다. 중력은 지구의 3분의 1밖에 안 되지만 24시간 39분 35초인 하루의 길이나 25도 기울어진 자전축은 지구와 거의 비슷하다. 그러나 지표면의 평균 기온은 영하 63℃이며 대기압은 지구의 1퍼센트 정도에 불과하다. 최근 조사에 따르면 화성의 토양 속에 얼음이 많이 들어 있다고 하지만 대기는 극도로 건조하다.

따라서 화성을 식민지로 만들려면 먼저 화성의 대기를 지구와 비슷하게 만들어야 한다. 화성 전역의 대기를 모두 바꾸려면 몇백 년, 혹은 몇천 년이라는 긴 시간이 필요할지도 모른다. 화성의 대기 상태를 바꿀 수 있는 방법은 있다. 온실 가스를 다량 만들어 화성의 대기를 따뜻하고 풍성하게 만드는 것이다. 온실 가스는 인공적으로 만들 수도 있고 화성의 극지방에 많이 있는 고체 이산화탄소(드라이아이스)를 녹여 만들 수도 있다. 저 멀리 떨어져 있는 카이퍼대에서 화성의 대기를 온실 가스로 채워 따뜻하게 만들어 줄 소행성—암모니아가 많이 들어 있는—을 가져와서 온실 가스를 내뿜을 수 있도록 살짝 온도를 높여 주는 방법도 있다.

그중에서도 가장 야심 찬 계획은 지표면 위에 1킬로미터 정도 되는 반사면을 만드는, 지름이 몇 킬로미터 정도 되는 거울을 여러 개 화성 주위를 돌게 해 햇빛을 반사시킨다는 것이다. 이 방법으로 화성 표면의 온도를 20℃ 정도로 만들면 지금처럼 우주인들이 무거운 우주복과 장비를 매고 다닐 필요가 없어진다. 게다가 지표면이 녹아 지하수가 고일 수도 있다. 하지만 화성을 따뜻하게 만드는 일보다 그런 거울을 만드는 일이 더 어려울 것 같다.

게다가 화성에 식민지를 건설한다는 생각은 복잡한 윤리 문제도 야기한다. 정말로 우리는 우리 행성을 그랬던 것처럼 다른 행성도 마구잡이로 파괴하고 싶은 것인가? 하긴 화성 식민지 건설은 구체화될 가능성이 거의 없을 것 같다. 화성에 식민지를 건설하기 전에 인류가 지구의 자원을 마구 강탈하는 욕구를 조절하게 되거나 이미 사라지고 없을 테니까.

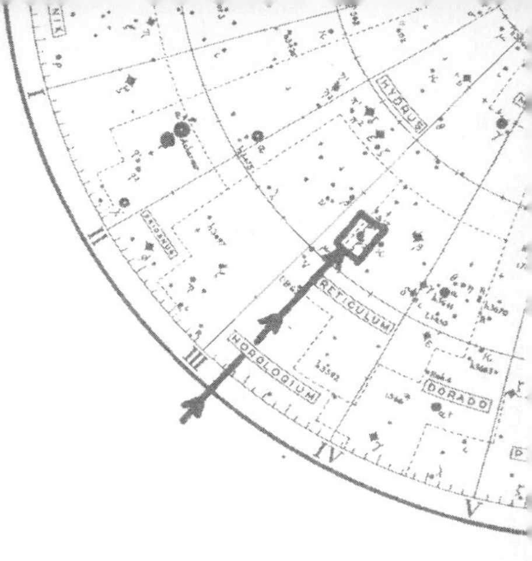

마지막으로

● **우주 쓰레기의 주인은 누구?**

처음 이 질문을 청취자가 했을 때 조금 당황했었다. 그 이유는 내가 우주법에 대해서 아는 것이 거의 없다고 느꼈기 때문인데, 사실 정말로 그랬다. 그럴 수밖에 없는 것이 우주법을 알고 있는 사람들은 아주 소수에 불과하다. 변호사들도 대부분 우주법은 모른다.

우주법은 1967년 유엔이 승인한 우주 조약(Outer Space Treaty)에서 처음 구체화됐으며 1968년부터 1979년까지 네 차례에 걸쳐 추가 협약을 맺었다. 문제는 이런 규제 조치들이 소수의 초강대국만이 우주를 활용하고 있었던 냉전 시대의 산물이라는 것이다. 현재 우주는 상업 활동뿐 아니라 관광 산업으로 확장되고 있다는 점에서 현행 우주법은 앞으로 발생할지도 모를 사안을 제대로 다루기 어렵다. 그중에서도 가장 분쟁의 소지가 많은 두 가지는 소행성 등에서 채취할 우주 미네랄 개발권과 국제 우주 정거장에서 진행하는 공동 사업의 지적 소유권에 관한 것이다.

우주 쓰레기에 관한 규정도 어정쩡한 상태이다. 지름이 몇 밀리미터밖에 되지 않는 작은 너트나 볼트는 물론이고 커다란 인공위성이나 보조 추진 로켓에 이르기까지 다양한 물체들이 모두 우주 쓰레기라는 사실이 우주 쓰레기에 관한 규정을 명확하게 세우지 못하게 하는 주요 원인 가운데 하나다. 우주 조약은 우주에 떠다니는 물체의 소유권은 원 소유자에게 귀속된다고 분명하게 규정하고 있지만 그런 물질들이 야기하는 위험에 대해서는 이렇다 할 대책을 세우지 못하고 있다('www.unoosa.org/oosa/SapceLaw/outerspt.html' 참고). 그 때문에 유럽 우주 기구 대외 협력부의 주임 르네 오스테를링크(René Oosterlinck)는 최근 우주 쓰레기에 관해 이렇게 언급했다(2006년 11월 9일 유럽 우주 기구 포드캐스트 중에서).

> 현재 우주 쓰레기에 관해 명확하게 규명하고 있는 법이 없다. 이 문제뿐 아니라 여러 문제에서도 현실과 동떨어져 있는 현행 우주 조약은 개정될 시기가 됐다.

내 말이 바로 그 말이다.

그런데 최근 호주 플린더스 대학의 고고학자 앨리스 고먼은 우주 쓰레기 중에는 인류의 중요 인공물 유산 목록에 올라야 하는 것들이 있다고 했다. 고먼은 우주 쓰레기에 관한 새로운 우주법이 발효되기 전에 인공물 유산 목록을 정리했으면 한다고 말했다. 이 목록에 실릴 유력한 후보들은 5장의 거의 맨 처음에 언급했던 인류가 만든 가장 오래된 우주 물체들이 아닐까 싶다. 그렇다면 1958년 3월 17일, 한 발 늦게 발사된 미국 해군의 뱅가드 1호도 목록에 오를 후보일 것이다(뱅가드 1호는 지구 궤도에 두 번째로 진입한 우주선이다). 다른 우주 쓰레기들과 달리 뱅가드 1호의 감속 속도는 아주 빨라 240년 정도면 수명이 다할 것으로 보인다. 어쨌거나 아직 생각할 여유는 있는 셈이다.

Space 06

더 이상 생 치즈가 아니다

없어서는 안 될 지구의 단짝 친구

맨눈으로 보면 달은 어두운 마리아(바다)와 밝은 고지대로 이루어져 있는 것 같다. 마리아가 넓은 대양일 거라는 믿음은 벌써 오래전에 사라지고 현재 우리는 그곳이 낮은 저지대에 놓인 화산 평원임을 알고 있다. 어둡게 보이는 이유는 용암이 흘렀기 때문이다. 그러니 달 표면도 한때는 젖어 있었던 셈이다. 우리가 생각하는 대양보다는 조금 뜨거웠겠지만. 쌍안경이나 작은 망원경으로 보면 고지대는 황량할 정도로 평평한 마리아와 달리, 크레이터와 산맥으로 이루어져 있음을 알 수 있다. 용암 대지보다 높게 솟아 있는 크레이터와 산맥은 용암 대지가 만들어지기 전에 생성된 것으로 태양계 초기에 소행성의 충돌로 생겼다. 크레이터는 달의 초기 역사에 대해 많은 것을 알려준다.

GREEN CHEESE NO LONGER

이것은 밤하늘에서 가장 밝게 빛나는 천체이다. 그런데 가끔 없어질 때도 있다. 인류가 걸어 본 유일한 바깥세상이다. 그러나 인류의 방문이 조작됐다고 믿는 사람들도 있다. 많지는 않지만. 이것은 지구 생명체의 진화에 중요한 역할을 했다. 그런데도 과학자들 중에는 이것이 밤하늘의 어둠을 망치는 주범이라며 역정을 내는 사람도 있다. 누구나 이것을 안다. 이것을 사랑하는 사람도 미워하는 사람도 있다. 우리는 이것에 집착한다. 적어도 당분간은 그럴 것 같다.

달은 가장 잘 알려져 있는 천체이다. 별을 어떻게 그리는지 모르는 아장아장 걷는 아기도 초승달이 어떤 모양인지는 안다. 달에 대해서는 너무나 잘 알고 있다는 자신감 때문에 우리는 우리의 존재와 번영에 영향을 미치는 달의 역할을 태양이나 지구의 역할에 비해 하찮게 여기는지도 모르겠다.

우리 인류는 달에 공기가 없으며 지름은 지구 지름의 4분의 1인 3,476킬로미터이고 중력은 지구의 6분의 1밖에 되지 않는다는 사실을 알고 있다. 지구에서 달까지의 거리는 지구 지름의 30배에 불과한 384,000킬로미터밖에 되지 않는다. 그러나 그곳에 도착하려면 호주 정부가 정한 차량 최고 제한 속도로 브레이크를 한 번도 밟지 않고 다섯 달이나 가야 한다. "아직도 안 왔어?"라는 소리가 절로 나올 것이다.

달의 지름은 지구 지름의 4분의 1이나 되기 때문에 한동안 지구의 위성이 아니라 생성 기원이 같은 두 개의 행성일지도 모른다고 생각했다. 그러나 지금은 달과 지구 모두가 46억 년이라는 긴 태양계의 역사에서 아주 초기에 만들어지긴 했지만, 달은 지구가 생긴 후에 화성만 한 천체가 지구에 부딪쳐 생겨났다는 사실이 밝혀졌다. 두 천체의 충돌로 생겨난 파편(암석 맨틀)이 지구 주위를 돌다가 점차적으로 합쳐져 달이 되었다. 아폴로 우주선이 가지고 돌아온 달의 암석과 토양 표본 380킬로그램을 분석한 결과도 달의 지질학적인 특성이 지구와 다르다고 말한다.

맨눈으로 보면 달은 어두운 마리아(바다)와 밝은 고지대로 이루어져 있는 것 같다. 마리아가 넓은 대양일 거라는 믿음은 벌써 오래전에 사라지고 현재 우리는 그곳이 낮은 저지대에 놓인 화산 평원임을 알고 있다. 어둡게 보이는 이유는 용암이 흘렀기 때문이다. 그러니 달 표면도 한때는 젖어 있었던 셈이다. 우리가 생각하는 대양보다는 조금 뜨거웠겠지만. 쌍안경이나 작은 망원경으로 보면 고지대는 황량할 정도로 평평한 마리아와 달리, 크레이터와 산맥으로 이루어져 있음을 알 수 있다. 용암 대지보다 높게 솟아 있는 크레이터와 산맥은 용암 대지가 만들어지기 전에 생성된 것으로 태양계 초기에 소행성의 충돌로 생겼다. 크레이터는 달의 초기 역사에 대해 많은 것을 알려준다.

라디오 청취자들도 물론 달에 대해서 많이 물어 온다. 그런데 조금 놀라운 것은 대부분의 질문들이 물리적인 특성들이 아니라 달의 일반적인 모습이나 하늘에서 왔다 갔다 하는 모습에 관한 것들이라는 점이다. 이 장에서는 그런 질문들에 대한 답이 실려 있다. 물론 '달이 없다면 지구는 어떻게 될까?', '달은 지구에서 멀어지고 있나', '하늘에 떠 있는 달과 태양이 완벽한 일식이 가능할 정도로 같은 크기로 보이는 이유는 무엇인가' 같은 아주 흥미로운 질문을 해 오는 청취자들도 있다. 그래서 답이 뭐냐고? 그럼 계속 읽어보시길!

오락가락 제멋대로

: 달의 모습과 위치

● 낮에 달이 보일 때가 있는 이유는?

누구나 학교에서 달의 위상 변화에 대해 배웠지만 기억하고 있는 사람은 거의 없을 것이다. 사실 이런 문제에 대해 언제나 생각하고 있는 게 아니라면 언제 배웠는지도 모르게 까맣게 잊어버린 후에 달의 모양이나 형태를 볼 때마다 의문을 갖게 되는 건 당연한 일이다. 사실 대부분이 그렇지 않은가? 그렇다면 한번 생각해 보자. 왜 달이 뜨지 않는 밤이 있는 걸까? 왜 달은 가끔씩 낮에도 뜨는 걸까? 왜 달은 계속해서 작아졌다 커졌다를 반복하는 걸까?

청취자들은 이런 질문들을 포함해 다양한 질문을 해 왔다. 나는 이 질문들을 모두 묶어 달의 위상 변화를 설명하는 장으로 활용하기로 했다. 달의 위상 변화를 알고 싶다면 한 손에는 테니스공을 다른 손에는 구슬을 하나 들어 보자. 조금 떨어져 있는 책상 위에는 전기스탠드를 올려놓자. 전기스탠드는 태양이다. 이제 지구 둘레를 달이 도는 것처럼 구슬을 테니스공 주위로 돌려 보자. 테니스공 가까이 눈을 대고 구슬의 모양이 변하는 모습을 관찰해 보라. 여덟 살 이하라면 분명히 신기해서 온 집이 떠나가도록 환호성을 질러 댈 것이다. 사실 어른이 그런다고 해서 뭐라고 할 사람은 없으니 편하실 대로 하시길! 이 실험을 하는 사람들 대부분의 피할 수 없는 운명은 테니스공과 구슬을 손에서 놓치고 허둥지둥 지구와 달을 잡기 위해 쫓아가는 모습을 연출해 사람들에게 웃음을 선사하는 것이다.

하지만 실험은 충분히 의미가 있다. 북극점에서 쳐다보면 달은 반시계 방향으로 27일 7시간 43분 주기로 지구를 한 바퀴 돈다. 이때 기억해야 할 점은 지구도 역시 반시계 방향으로 태양 둘레를 돈다는 점이다. 따라서 달이 태양이 있는 곳까지 도착하는 데 걸리는 시간은 달의 공전 주기보다 조금 길다. 달이 태양이 있는 곳까지 오는 데 걸리는 시간을 삭망월(태음력)이라고 하며 그 주기는 29일 12시간 44분이다. 이 삭망월에서 역월이 나왔다. 역월은 1년을 아주 비슷한 12개의 덩어리로 나눈 것이다.

초승달일 때 달은 태양과 같은 방향에 놓여 있다. 초승달은 삭망월의 시작을 알린다. 초승달 때마다 매번 일식이 일어나지 않는 이유는 달의 공전 궤도면과 지구의 공전 궤도면이 5도 차이가 나기 때문이다. 그렇기 때문에 일반적으로 하늘에 떠 있는 달은 태양보다 약간 위나 아래에 위치해 있게 된다. 위에 있는지 아래에 있는지는 보이지 않는데, 그 이유는 태양빛을 받은 지구의 대기가 밝게 빛나고 있어 달의 모습이 보이지 않기 때문이다. 저녁이 되어 태양이 지평선 밑으로 사라지면 그때서야 잠깐 동안 날씬한 초승달이 보인다. 시간이 흘러 7~8일 정도 흐르면 초승달은 점점 커져 첫 번째 반달인 상현달이 된다. 상현달이 뜰 때 태양과 달이 이루는 각도는 90도로 태양이 질 무렵 달은 하늘 꼭대기에 떠 있게 된다. 다음 7일 동안 달은 점점 더 커져 거의 원에 가까운 형태가 된다(이런 모양의 달을 기이하게도 기버스(gibbous)라고 하는데 '곱사

등'을 가리키는 라틴어에서 유래했다). 초승달이 완전한 보름달이 되는 데는 14일 내지 15일이 걸린다. 보름달이 됐을 때 우리의 위성 달은 태양의 정 반대편에 있게 되며 태양이 질 때 떠서 태양이 뜰 때 진다. 보름달 때 달과 지구와 태양이 정확히 일직선상에 놓이면 지구의 그림자가 달을 가리는 월식이 생긴다. 보름달이 지나면 달은 점점 기울어 하현달이 됐다가 그믐달이 된다. 그믐달은 태양이 뜨기 직전인 새벽에 뜬다.

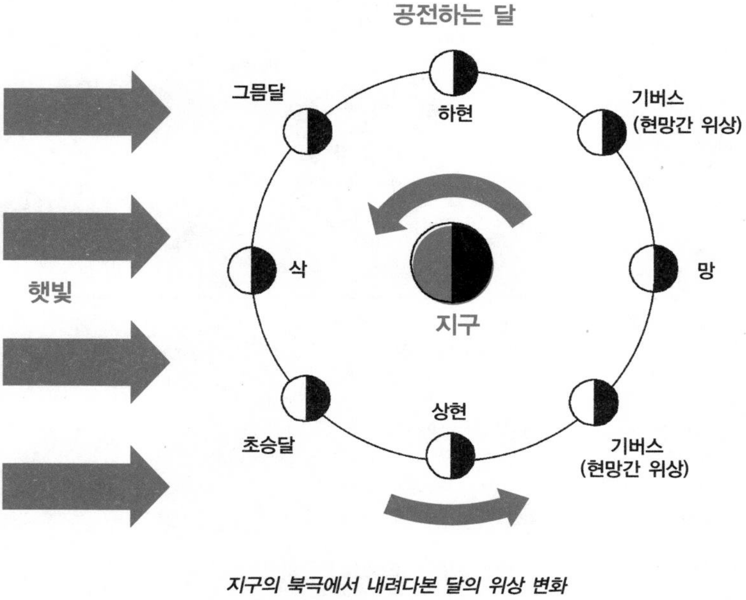

지구의 북극에서 내려다본 달의 위상 변화

그림7 달의 위상 변화 – 따분한 교과서에 주로 실려 있는 모습

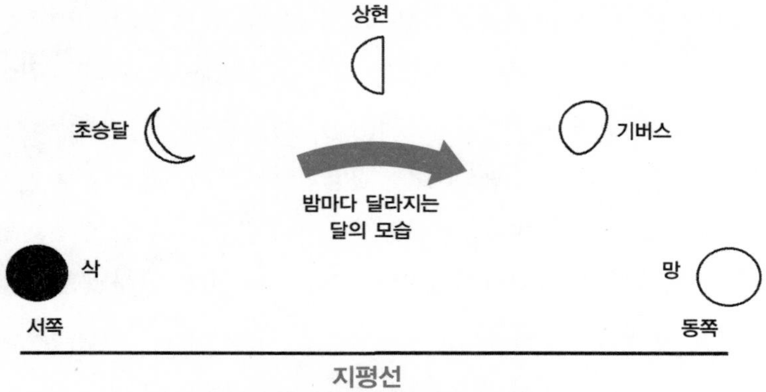

남쪽 위도에서 본 해질 무렵의 달의 모습
(삭에서 망까지)

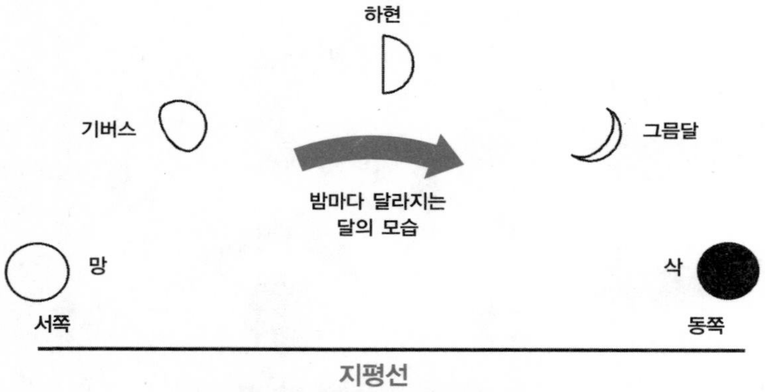

남쪽 위도에서 본 해뜰 무렵의 달의 모습
(망에서 삭까지)

그림8 남반구에서 본 달의 위상 변화

낮에 보이는 달은 대부분 이제 막 보름달이 되려고 하거나 보름달에서 기운 기버스 상태의 달이다. 사실 초승달은 오랫동안 떠 있기는 하지만 태양과 가까운 곳에 뜨기 때문에 잘 보이지 않는다. 그래서 없다고 생각하기 쉽다.

달이 기울고 있는지(망에서 삭으로 변하는 과정) 차고 있는지(삭에서 망으로 변하는 과정)를 어떻게 알 수 있는가 하는 질문을 해 온 청취자도 있다. 물론 쉽게 구별할 수 있다. 남반구 하늘에서 왼쪽 면—서쪽 방향—이 빛나고 있는 달이 있으면 그 달은 커지고 있는 것이며 반대로 오른쪽 면—동쪽 방향—이 빛나고 있으면 기울고 있는 것이다. 북반구는 남반구와 반대이므로 오른쪽이 빛나면 커지는 달, 왼쪽이 빛나면 기울고 있는 달이다('북반구의 달과 남반구의 달은 같은 모양일까, 다른 모양일까?' 참고).

● 달이 떠오르고 지는 위치가 날마다 바뀌는 이유는?

일단 기하학적인 요소를 모두 살펴봐야겠다. 먼저 살펴볼 것은 지평선의 앞뒤로 움직이며 아무 곳에서나 떴다가 지는 것처럼 보이는 당혹스러운 달의 위치이다. 그런데 사실 달이 뜨고 지는 위치는 태양의 움직임과 밀접한 관련이 있다(3장 '태양이 뜨고 지는 위치가 날마다 바뀌는 까닭은?' 참고). 달의 공전 궤도면과 지구의 공전 궤도면은 불과 5도만 어긋나 있기 때문에 하늘에서 태양과 달이 이동하는 경로는 비슷할 수밖에 없다. 따라서 달이 뜨고 지는 위치가 바뀌는 이유는 태양이 뜨고 지는 위치가 바뀌는 이유와 거의 비슷하다.

한 가지 큰 차이점이라면 우리가 보기에 태양과 달리 달은 아주 빠르게 움직인다는 것이다. 태양이 한 바퀴 도는 데 걸리는 시간은 1년이지만 달은 한 달밖에 안 된다(그것도 태음력으로). 따라서 달은 항성들 사이를 아주 빠른 속도로 이동한다. 날마다 달은 동쪽으로 10도 내지 15도가량 이동한다(주먹 쥔 팔을 쭉 뻗었을 때 보이는 주먹의 너비만큼 이동했다는 뜻이다).

움직임이 활발하기 때문에 날마다 달라지는 달이 뜨고 지는 위치는 태양이 뜨고 지는 위치보다 빠르게 변한다. 달의 뜨고 지는 위치는 1년 중 어느 때인가에 따라 달라질 뿐 아니라 음력 며칠인가에 따라서도 달라진다(다시 말해서 달의 위상에 따라서도 달라진다는 뜻이다). 보름달은 태양의 반대편에서 떠오른다. 그로부터 2주

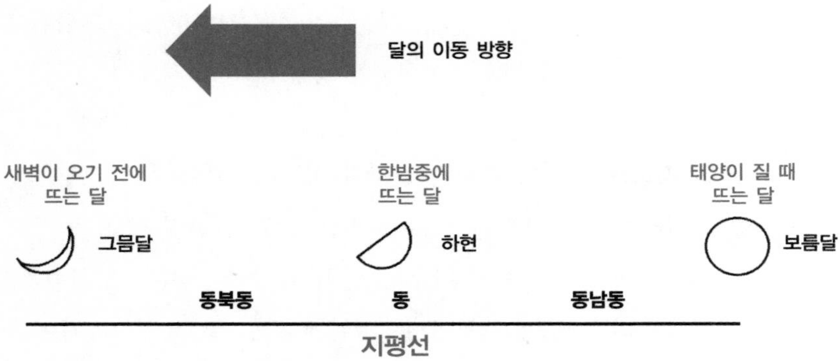

동지 무렵 삭망월의 나중 절반 동안 달이 뜨는 곳의 위치 변화

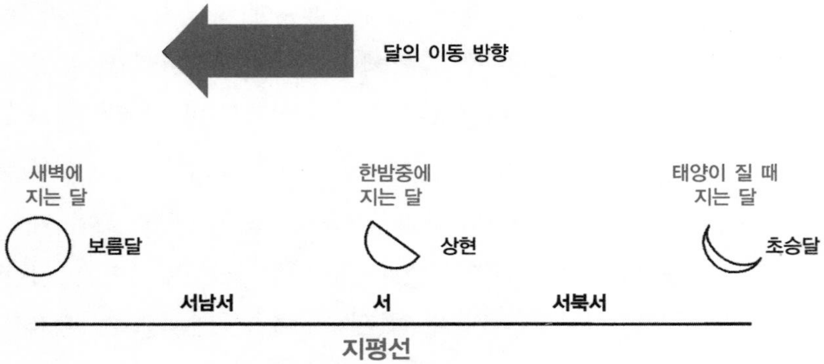

동지 무렵 삭망월의 처음 절반 동안 달이 지는 곳의 위치 변화

그림9 지평선 위를 왔다 갔다 하는 달의 뜨고 지는 위치 변화의 예(호주 남부에서 관찰)

가 지난 삭일 때는 태양이 있는 방향에서 뜬다. 삭과 망 사이에 달이 뜨고 지는 위치의 차이는 지점(동지, 하지)에 가까울수록 커지고 분점(추분, 춘분)에 가까울수록 작아진다.

● 북반구의 달과 남반구의 달은 같은 모양일까, 다른 모양일까?

물론 다르다. 그 이유는 북반구와 남반구가 위라고 생각하는 부분이 다르기 때문이다. 북극점에서 달을 쳐다보고 어디가 위이고 어디가 아래인지 확인해 두자. 그런 다음 남극점으로 이동해 달을 쳐다보자. 분명 북극점에서 본 달과 위아래가 바뀌어 있을 것이다.

이것은 달의 모습뿐 아니라 위상에도 똑같이 적용된다. 앞에서 우리는 북반구의 경우 달이 커질 때는 오른쪽이 빛나지만 남반구에서는 왼쪽이 빛난다는 사실을 살펴봤다(적도에 가까이 갈수록 달은 하늘 꼭대기 가까운 곳을 지나간다. 그러니 어디를 달의 윗면으로 정할 것인가는 본인 스스로 택하면 된다).

북반구와 남반구의 바뀌는 달의 위상 때문에 엄청 당황했던 적이 있는데, 이 이야기는 독자 여러분만 알고 넘어가 주면 정말 고맙겠다. 거의 30년이 다 되어 가는 이야기다. 에든버러에 있는 왕립 천문대의 천문학자였을 때, 일 때문에 처음으로 호주에 오게 됐다. 그때 처음으로 바라본 남반구 하늘은 지금도 잊히지 않는다. 정말 내 생애 최악의 순간 가운데 하나였다. 그때 난 이제 막 긴 여행을 끝내고 시드니에 착륙하려는 보잉 747기를 타고 있었다. 아직 새벽이 오기 전이라 유명한 남반구 별자리를 볼 수 있지 않을까 하는 희망으로 창문을 내다보고 있을 때 달이 보였다. 상현달이었다. 이제 7일만 지나면 완전히 보름달이 되어 희미한 별빛을 삼키며 밤하늘을 밝게 비출 테고 내 관측 일정은 완전히 차질을 빚고 말 터였다. '저런, 안 돼! 이런 어마어마한 실수를 저지르다니! 하늘이 달 때문에 제대로 보이지도 않을 때 호주에서 가장 큰 망원경을 쓰겠다고 했으니! 창피해서 동료 과학자들을 어떻게 보지? 이제 과학자로서의 생명은 끝났다!'

남반구에서 상현달처럼 보이는 달은 사실 하현달이라는 사실을 깨닫는 데는 십 분이 족히 걸렸다. 앞에서 살펴봤듯이 태양빛의 조명을 받는 달의 반쪽이 북반구에서와는 정반대의 방향으로 나타난다. 따라서 7일 후에는 보름달이 아니라 달이 보이지 않는 삭이 된다. 삭일 때 하늘은 한층 어두워져서 남반구 하늘의 별들은 한층 빛나고 희미하게 숨어 있던 천체들도 제 모습을 드러낸다. 정말 안심이 됐다. 사실 그 여행은 기후 사정이 좋지 않아 아무 소득도 없이 끝났지만 아무튼 달의 상태는 아주 좋았다.

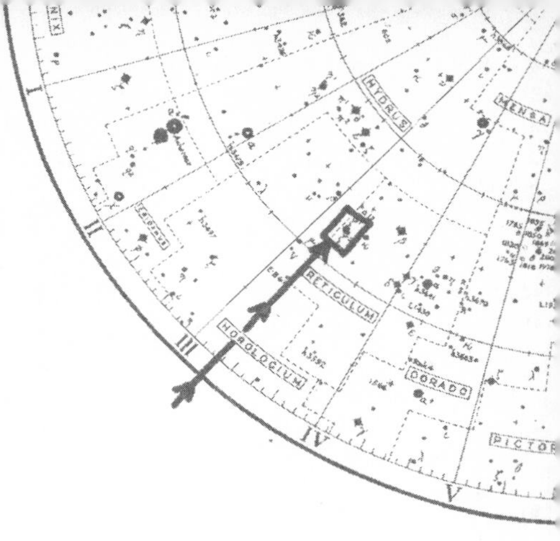

달빛
: 아름다운 지구의 위성

● 낮에는 달이 투명하게 보이는 이유는?

몇 년 전 라디오 방송 때 명랑한 숙녀 분이 물어오기 전까지는 달이 투명하게 보인다는 사실을 깨닫지 못했다. 그 숙녀 분의 말을 듣고 보니 정말 그랬다. 달이 투명하게 보일 때가 있었다. 얇은 천 같은 달 뒤로 빛나는 푸른 하늘이 비치고 있었다. 그런데 사실은 달 뒤로 푸른 하늘이 보이는 게 아니라 푸른 하늘 뒤로 달이 보이는 것이다. 4장 '낮에도 별을 볼 수 있을까?'에서 살펴보았듯이 낮에 보이는 푸른 하늘은 그 자체로 투명하다. 그 때문에 멀리 뒤쪽에 있는 달이 투명한 대기를 뚫고 희미하게 보이는 것이다. 희미한 달빛과 앞에 있는 푸른빛이 만나 엷은 푸른색을 만들어 청취자가 물어본 것 같은 투명한 달빛을 만든 것이다.

● 낮게 떠 있는 달이 커 보이는 이유는?

이는 달과 관련된 현상 중에서 가장 많이 물어 오는 질문임에 틀림없다. 달이 가장 크게 보일 때는 보름달이 뜰 때다. 해질녘 하늘의 동쪽에서 떠오르는 보름달은 정말로 크게 보인다. 또한 동틀 무렵 서쪽으로 지는 보름달도 정말 크게 보인다. 어찌나 크게 보이는지 심리학자들은 사람들이 지평선 가까이 떠 있는 달은 하늘에 떠 있는 달보다 두 배 내지 세 배 정도 크게 느낀다고 한다.

내가 물리학자가 아니라 심리학자라고 한 사실에 주목해 주기 바란다. 왜냐하면 실제로 달이 크게 보이는 게 아니라 우리 생각이 크게 보이는 것처럼 만들기 때문이다. 달과 지구의 지질학적 요인도 아니고 대기의 물리적인 성질도 아닌 인류의 뇌가 달을 크게 보이게 한다. 이것은 '달 착시(moon illusion)'라는 잘 알려져 있는 현상이다.

지평선 가까이 있는 달이 크게 보이는 것이 착시 현상이라는 사실을 간단하게 증명할 수 있는 방법은 여러 가지가 있다. 팔 길이 정도 되는 가는 연필을 가지고 지평선 가까이 있는 달과 하늘 위에 높게 떠 있는 달의 지름을 재어 보거나, 지평선에 있을 때와 하늘에 있을 때를 사진으로 찍어 비교해 보아도 된다.

사실 조금만 생각해 보면 달이 지평선 가까이 있을 때는 하늘 꼭대기에 있을 때보다 관찰자와의 거리가 더 멀어지기 때문에 커다랗게 보이기보다는 오히려 작게 보여야 한다는 걸 알 수 있다. 달이 바로 머리 꼭대기 위에 떠 있다고 생각해 보자. 머리 위에 떠 있는 달은 6,400킬로미터라는 지구의 반지름만큼 떨어진 지평선 위에 있는 달보다는 관찰자와 가깝다. 하늘 꼭대기 위에 있는 달과 지평선 위에 있는 달은 거리나 크기 모두 거의 2퍼센트 정도 차이가 난다. 천문학적인 측면에서 보면 큰 차이지만 육안으로는 그 차이를 거의 구분할 수 없다.

물리학적으로 봐도 아주 낮은 하늘에 떠 있는 달은 적어도 1차원적으로 볼 때는 좀 더 작게 보여야 한다. 지평선 가까이 떠 있는 달이 내보내는 달빛은 하늘 높이 떠 있는 달의 빛보다 아주 작은 각도를 이루며 지구 대기의 상부 층을 통과하기 때문에 광선이 조금 아래쪽으로 굽는다. 이런 현상을 '대기 굴절(atmospheric refraction)'이라고 하는데 그 때문에 관찰자 눈에는 실제 있는 장소보다 조금 높은 곳에 달이 떠 있는 것처럼 보인다. 그런데 문제는 달의 아래쪽 가장자리에서 나오는 광선은 위쪽 가장자리에서 나오는 광선보다 조금 더 구부러진다는 것이다. 그 때문에 달의 원반은 럭비공만큼은 아니어도 충분히 차이를 느낄 수 있을 정도로 수직 방향으로 조금 으깨진 것처럼 보인다. 특히 쌍안경으로 보면 그렇다.

물리학은 낮게 떠 있는 달은 높게 떠 있는 달보다 작게 보여야 옳다고 하는데 무엇 때문에 낮게 뜬 달이 더 크게 느껴질까? 이 문제는 오랫동안 인지심리학자들의 논쟁거리였다. 1980년대 후반 우수한 심리학자들이 이 현상을 연구한 결과물들을 아주 두툼한 책으로 남겼다. 그 책을 읽어 나가다 보면 심리학자들이 실제로는 그렇지 않아야 할 때 달이 크게 보인다고 확신하는 현상을 이해하기 위해서 얼마나 많은 심혈을 기울였는지 알 수 있다.

예전에는 달에 대한 착시 현상이 일어나는 이유는 하늘 높이 떠 있을 때는 홀로 있지만 지평선 부근에 떠 있을 때는 산이나 나무, 건물 같은 친숙한 물체들과 같이 있기 때문이라고 설명했다. 낮게 떠 있는 달은 여러 물체와 함께 있기 때문에 실제 크기로 보이지만 하늘 높이 떠 있는 달은 고립되어 있어 실제보다 작게 보인다는 것이다. 비교할 만한 친근한 대상이 없으니 축소되어 보인다고 말이다. 그러나 최근에는 그것만으로는 달의 크기가 다르게 보이는 이유를 모두 설명할 수 없다고 한다. 현재 가장 주목받고 있는 설명은 우리가 느끼는 달의 크기는 우리가 느끼는 하늘의 모습과 관계가 있다는 것이다.

오랫동안 인류는 하늘이 반구 모양의 둥근 천장이 아니라 평평한 접시 모양이라고 생각해 왔다고 한다. 그 말은 다시 말해서 인류가 우리 머리 위에 있는 하늘보다 지평선 가까이 있는 하늘을 더 멀리 있다고 여겼다는 뜻이다. 사실 이렇게 생각하는 것도 무리는 아니다. 청명한 날 균일하게 퍼져 있는 솜털 구름을 한번 생각해 보자. 솜털 구름은 천정이 있는 머리 꼭대기에서 지평선으로 가까이 갈수록 더 작게 보일 것이다. 실제로는 거의 비슷한 크기일 텐데도 사람들은 지평선 가까이 있는 구름을 더 작게 느낀다. 아주 청명한 날 나무도 빌딩도 없는 광활한 지역에서 지평선 가까이에 있는 구름을 보면 아주 멀리 있는 탓에 하늘에 있는 구름보다 50배는 작게 느껴진다. 우리 뇌가 하늘을 뒤집힌 볼록한 화채 그릇이 아니라 뒤집힌 납작한 접시처럼 느끼는 것도 무리는 아니다.

달에 대해서도 같은 식의 인식 방법으로 접근해 보자. 우리가 보는 달은 주로 하늘에 떠 있는 달이다. 하늘에 떠 있는 달은 달의 크기는 그 정도여야 한다는 인식을 심어 준다. 그리고 우연히 우리는 지평선 가까이 떠 있는 달을 보게 됐다. 사실은 하늘에 떠 있는 달과 똑같은 크기를 한 달이다. 그러나 우리의 마음은 곧 지평선은 멀리 떨어져 있으니 하늘에 떠 있는 달보다 지평선 가까이 있는 달은 분명히 작아야 한다고 생각하게 된다. 그런데 달은 저 달이나 이 달이나 크기가 같다. 뭔가 말이 되지 않는다. 그때 우리의 뇌는 어떻게 반응할까? 당연히 작게 보일 거라고 믿은 달이 사실은 작게 보이지 않을 때 우리의 뇌는 오히려 달이 크다고 느끼게 된다. 그것이 바로 달 착시 현상이다.

지평선 가까이 있을 때 크게 보이는 착시 현상이 일어나는 것은 달만이 아니다. 눈부신 강렬함 때문에 직접 볼 기회가 없어서 그렇지 태양도 마찬가지 현상이 일어난다. 물론 아주 조심해야겠지만 기회가 있다면 안개나 아지랑이가 피어 그 빛이 조금 희미해졌을 때 지평선 가까이 있는 태양을 바라보자. 분명 생각했던 것보다 크게 보일 것이다. 포착하기는 어렵지만 별들도 지평선 가까이 가면 더 크게 보인다. 그런 현상을 가장 선명하게 관찰할 수 있는 별은 오리온자리이다. 오리온자리는 전 세계 거의 모든 곳에서 정확히 동쪽에서 떠서 서쪽으로 진다. 불행하게도 오염되지 않은 짙은 밤하늘과 나무도 빌딩도 없는 선명한 지평선이 있어야만 오리온자리의 뜨고 지는 모습을 볼 수 있으니, 사실 거의 볼 수 있는 곳이 없다고 해도 과언이 아니지만 지평선 가까이 있는 오리온자리의 모습은 정말 놀랍도록 멋있다. 이 천상의 사냥꾼은 정말 거대하게 느껴진다.

그런데 많은 사람들이 두 발을 벌리고 상체를 숙인 후 자신의 두 발 사이로 달을 보면 달 착시 현상이 사라진다고 한다. 개인적으로 나는 그렇게 생각하게 된 이유가 사람들을 바보처럼 보이게 만들려는 천문학자들의 책략 때문이 아닐까 생각하지만 어쩌면 달을 바라보는 시각을 바꿀 필요가 있다는 뜻일지도 모르겠다. 그런데 볼기짝을 내 보인다는 무닝(mooning)이라는 표현은 어떻게 해서 생겨난 걸까?(아무튼 달을 관찰할 때 속옷을 제대로 갖춰 입자!)

● 달이 주황색이나 붉은색으로 보이는 이유는?

달이 주황색으로 보일 때는 보통 지평선 가까이 있을 때이기 때문에 앞 질문과 밀접한 관련이 있다고 할 수도 있겠다. 하지만 달이 주황색으로 보이는 이유는 앞 질문과 달리 심리적인 이유가 아니라 물리적인 이유 때문이다. 달이 주황색 빛을 띠는 이유는 4장

'하늘이 파랗게 보이는 이유'에서 설명한 태양이 붉게 보이는 것과 같은 현상이다. 지평선 가까이 떠 있는 달이 반사한 빛이 두툼한 지구의 대기층을 뚫고 오는 동안 푸른색 계통의 빛들은 대부분 흩어지고 붉은색 계열의 빛만 남게 된다. 그 결과 달빛은 어떨 땐 깜짝 놀랄 정도로 강렬한 노란색이나 주황색 빛을 띠게 된다. 반대로 하늘 높은 곳에 떠 있는 달은 흰색으로 보인다.

그러나 언제나 그런 것은 아니어서 보름달이 지구의 그림자 사이를 통과하는 월식 때는 독특한 모습을 볼 수 있다. 달이 지구 그림자 한가운데로 들어가는 개기 월식 때면 태양의 빛이 달의 표면으로 직접 도달하지는 않는다. 그러나 지구 대기를 통과한 태양빛 때문에 여전히 빛은 난다. 이 빛은 푸른색 계통은 대부분 흩어지고 남은 빛이다. 그 결과 지구에서 보면 아주 극적인 모습이 보인다. 달이 구릿빛 붉은색으로 희미하게 빛나고 있는 것이다. 그 모습은 달이 핏빛으로 변하고 있는 것처럼 보인다. 하지만 월식이 일어날 때 달 표면에 서 있다면 한층 더 극적인 모습을 목격할 수 있다. 껌껌한 지구 원반을 타는 듯이 붉은 대기가 두르고 있는 모습을 말이다.

● 초승달 빛이 태양의 위쪽을 향해 날아가는 것처럼 보이는 이유는?

이런 모습은 상현달이 되기 하루나 이틀 전 정오에 볼 수 있다. 그때 정도면 관찰하기 좋을 정도로 초승달의 크기가 커지고 태양과의 거리도 충분히 멀어지기 때문이다. 이 현상을 설명하기 위해서는 시적인 은유에 의지해야 하니, 조금 참아 주기를…….

초승달을 화살을 쏠 활이라고 생각해 보자. 태양을 향해 날아갈 화살을 쏠 활이라고 말이다. 태양 빛을 받아 반짝이는 달 표면이 바로 활이다. 그런데 달이 태양으로부터 충분히 멀어졌을 때 쏘아 올린 화살이 나아가는 방향을 직선으로 연결해 보면 태양의 위쪽을 지나는 것처럼 보인다. 그 이유는 원근법과 관계가 있다. 태양 광선은 당연히 직선 운동을 하지만 하늘 상에서 한쪽에서 다른 쪽으로 갈 때면 지평선과 평행하게 가지 않고 살짝 구부러진 아치 형태를 그리며 나아간다. 태양 광선은 하늘의 원형 표면에서 거대한 원을 그린다(이 하늘의 원형 표면을 보통 천구(celestial sphere)라고 한다. 지평선 밑에 있는 하늘도 포함하고 있기 때문이다).

지구처럼 커다란 구면 위의 두 점을 잇는 가장 짧은 거리는 거대한 원의 일부이다. 지상에서 보면 직선처럼 보이지만 사실 구부러진 곡선인 것이다. 하늘에서도 마찬가지 일이 벌어진다. 초승달의 활이 발사한 화살이 태양을 향해 날아가는 방향을 살펴보려면 화살이 날아가는 형태가 지평선과 평행인 직선이 아니라 구부러진 곡선이라는 사실을 염두에 두어야 한다. 그래야 날아가는 방향

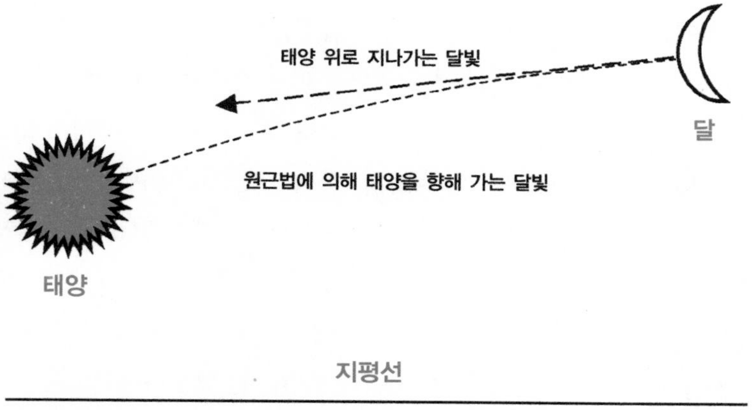

그림10 달을 빛나게 하는 태양 광선은 직선으로 날아가지만 원근법 때문에 곡선으로 하늘을 가르는 것처럼 보인다.

을 정확하게 알아맞힐 수 있다.

한 가지 미안하게 생각하는 점은 지금까지 한 번도 이 문제에 대해서 설명할 기회가 없었다는 것이다. 따라서 이 정도 설명으로 충분하다고는 생각하지 않는다. 하지만 절대로 틀린 설명은 아니다. 제발 믿어주기를!

● 지구 반사광이란?

1509년 무렵, 레오나르도 다 빈치는 현재 코덱스 레스터(Codex Leicester)라고 부르는 자신의 공책에 '초승달 양 끝에 보이는 오래된 달'이라는 기이한 명칭으로 알려져 있는 아름다운 현상에 대해서 정확하게 설명해 놓았다. '초승달 양 끝에 보이는 오래된 달'은 초승달의 뿔 사이로 희미하게 달 원반이 비치는 현상으로 초승달이 처음 뜬 후 며칠 동안 이른 저녁 하늘에서 볼 수 있다. 또 초승달이 뜨기 며칠 전부터도 볼 수 있다. 보는 사람도 별로 없고 이른 저녁이 아니라 새벽이 오기 전에 볼 수 있는 것이지만.

한때는 '애센 광(ashen light)'이라고 불렀던 이 같은 현상을 지금은 지구 반사광이라고 부른다(현재 애센 광이라는 용어는 이와 비슷한 모습의 금성을 나타낼 때 쓴다). 그렇다. 바로 지구 반사광이 '초승달 양 끝에 보이는 오래된 달'을 만드는 원인이다. 초승달이 뜰 때 달의 어두운 부분에 서 있어 보라. 달을 밟고 있는 당신에게 밝게 빛나는 천체는 태양이 아니라 지구가 될 것이다. 태양은 당신이 서 있는 곳의 지평선 아래에 있을 테니 말이다. 달에서 보는 지구는 달의 위상 변화와 반대로 변할 테니, 당신이 보는 지구는 완벽하게 동그랗게 빛나는 지구일 것이다. 초승달이 뜰 때 지구는 원반 전체가 빛난다. 원반 전체가 완전히 빛나는 지구는 정말 밝다. 특히 구름이 반구를 가득 덮고 있을 때면 훨씬 더 밝게 빛난다. 밝게 빛나는 지구는 달의 표면을 아주 밝게 비춘다. 보름달이 지구 표면을 비추는 것보다 몇 배는 더 밝게 비춘다. 레오나르도 다 빈치가 추론해 냈던 것처럼 바로 이 지구 반사광이 초승달 양 끝에 보이는 오래된 달을 만드는 원인이다.

기후학자들과 천문학자들은 지구 반사광이 놀라울 정도로 유용한 도구임을 알아냈다. 지구 반사광의 밝기를 관찰하면 지구 전역의 구름의 양을 정확하게 예측할 수 있다. 구름의 양(운량)은 지구 반사광을 기준으로 하는 것이 기후 위성이 관측한 자료를 기준으로 하는 것보다 훨씬 정확하게 추정할 수 있다. 또한 지구 반사광과 우주에서 측정한 구름의 양을 함께 비교하면 지구의 빛 반사 능력을 아주 정확하게 예측할 수 있다. 이 두 자료를 이용해 관측한 바로는 1984년부터 2000년까지 지구가 반사하는 빛의 양이 적었고 그 이후부터는 다시 늘고 있다. 빛의 반사량 증가가 지구 온난화와 관계가 있는지에 대해서는 아직 연구를 진행 중이다.

지구 반사광은 지구의 밝기 외에도 미묘한 정보를 더 많이 제공한다. 모든 방사선처럼 지구 반사광도 무지개색 스펙트럼으로 나누어지는데, 지구 반사광이 내보내는 전파는 지구의 표면과 대기의 상태에 따라 달라진다. 특히 물이나 산소처럼 생명을 유지하는데 꼭 필요한 성분의 신호가 들어 있는 빛은 이 행성이 생명체의 서식처임을 알려준다. 또한 지구 반사광이 방출하는 적외선은 식물의 레드에지(red edge, 적색 경계점)를 알려준다. 이 적외선을 보

●●● 레드에지 : 적색 파장과 근 적외선 파장의 경계 부근에서 나타나는 최대 반사율에 해당하는 파장. 아직 의견이 분분하나 외떡잎식물의 엽록소 함량을 알려주는 지수로 밝혀짐 – 옮긴이

면 식물이 푸르고 싱싱한 상태인지 말라붙어 죽어가는 상태인지를 알 수 있다. 다시 말해서 우리 행성이 발하는 평범한 빛을 보는 것만으로도 지구 생명체의 상태를 알아낼 수 있다는 뜻이다.

행성이 반사하는 반사광의 중요성은 멀리 떨어져 있는 지구를 닮은 행성을 찾아내는 망원경의 성능이 발달함에 따라 향후 몇 년 안에 크게 증가할 것으로 예상하고 있다. 망원경이 감지한 행성의 반사광 스펙트럼을 지구의 반사광 스펙트럼과 비교해 보면 그 행성의 대기 상태와 생명체의 유무 등을 알아낼 수 있다. 그뿐 아니라 고등 생명체가 만들어 내는 대기 오염도 감지해 낼 수 있다. 만약 그런 행성을 발견한다면 분명 세기의 발견이라 할 것이다.

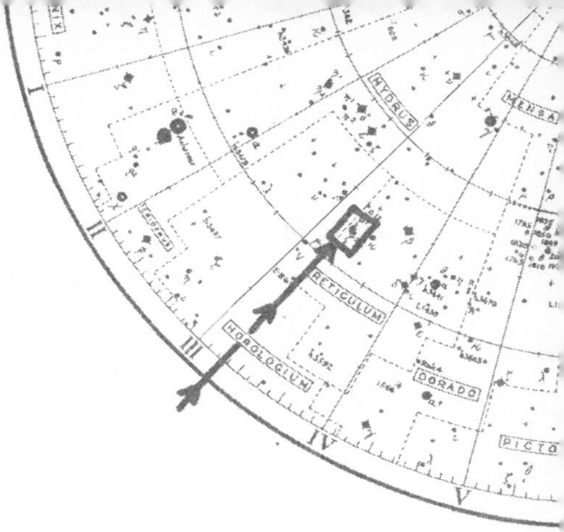

월광
: 달에서 본 풍경

● 달에서 만리장성이 보일까?

안됐지만, 보이지 않는다. 달처럼 멀리 있는 곳에서 보면 지구 표면에 있는 인공물은 하나도 보이지 않는다. 1969년 아폴로 12호가 달에 갔을 때 달착륙선을 조종했던 앨런 빈은 "달에서 보이는 것은 아름다운 구뿐이다. 그 구는 대부분이 흰색(구름)이고 얼마간의 파란색(바다), 군데군데 노란색(사막)이 있으며 때때로 식물이 있는 녹색이 보인다"고 했다. 달에서 찍은 지구 사진도 이를 입증하고 있다.

국제 우주 정거장이 있는 고도 340킬로미터 정도의 저 궤도에서는 인류가 만든 도로나 철도, 경작지, 심지어는 배 같은 인공물이 보인다. 그러니 어디 있는지만 정확히 알고 있으면 만리장성도 찾아낼 수 있다. 그러나 달은 우주 정거장보다 천 배는 더 먼 곳에 있다. 그 정도 거리라면 아무리 커다란 망원경을 써도 인공물은 거의 보이지 않는다.

그렇다면 달에서 만리장성이 보인다는 황당한 이야기는 어디에서 나온 것일까? 아마도 1938년 리처드 핼리버튼(Richard Halliburton)이 출판한 『불가사의에 관한 두 번째 책 *The Second*

Book of Marvels』 때문이 아닌가 싶다. 그 책에서 핼리버튼은 만리장성이 달에서 보이는 유일한 인공물이라고 했다. 핼리버튼의 이야기는 70년이 흐른 지금까지도 살아남아 많은 사람들이 달에 가면 만리장성을 볼 수 있다고 믿고 있다.

● 달의 하루 길이는?

달이 지구 둘레를 공전할 때 언제나 같은 면을 지구로 향하고 있다는 사실은 대부분 알고 있다. 물론 공전하는 동안 지구에서 보는 달의 모양이 변하고 그 결과 달의 표면에서 반짝이는 부분이 변하지만 언제나 같은 면을 보고 있다는 사실은 변하지 않는다. 언제나 같은 면을 본다는 사실은 달의 하루 길이(자전 주기)가 달이 지구 둘레를 한 바퀴 도는 기간(공전 주기)인 삭망월과 같다는 뜻이다. 삭망월이 무엇인지 기억하는가? 삭망월이란 달이 다시 같은 모양이 될 때까지 걸리는 기간으로 '낮에 달이 보일 때가 있는 이유는?' 에서 보았듯이 29.5일이 조금 넘는다. 이 기간 동안 극지방을 제외한 달 표면의 모든 곳에서 지구에서처럼 일출과 일몰을 단 한 번씩 경험할 수 있다.

이와 관계가 있으며 조금 더 흥미로운 질문은 '달이 언제나 지구에 같은 면을 향하고 있는 이유는 무엇인가?' 이다. 이에 대한 답은 3장에 나온 '조수 간만이 하루에 두 번 생기는 이유는?' 에서 찾을 수 있다. 우리는 달의 인력이 지구 대양을 이루는 많은 양의 물을 움직이고 해안가의 좁은 수로와 해협에서 물을 끌어당기고 있다는 사실을 알고 있다. 달이 지구에 조수 간만의 차를 만들기 때문에 일어나는 조석 마찰(조류와 해류 사이의 마찰 현상)은 지구의 회전 속도를 늦춘다. 물이 아니라 단단한 암석으로 되어 있기는 하지만 지구도 달에 조수 간만을 일으킨다. 46억이라는 긴 시간 동안 지구가 달에 일으킨 조석 마찰은 달의 회전 속도를 늦추고 있다.

달의 질량은 지구 질량의 1퍼센트밖에 되지 않기 때문에 달의 조석 마찰 현상은 거의 끝나가고 있다. 달은 현재 동기식 회전(synchronous rotation) 상태에 있기 때문에 언제나 같은 반구를 지구 쪽으로 향하고 있다. 태양계에 속한 천체들 중에서 행성으로는 수성과 금성이 그렇고 행성의 위성은 대부분 동기식 회전을 하고 있거나 거의 동기식 회전에 가까워지고 있다.

● 달의 어두운 부분(the dark side of the Moon)이 뜻하는 바는 무엇인가?

많은 이들에게 '달의 어두운 부분'은 불멸의 핑크 플로이드가 1973년에 발표한 앨범을 뜻하지 않을까? 당시 핑크 플로이드의 앨범은 영국 앨범 차트 2위를 기록했으며 1970년대 내내 50위 밖으로는 거의 밀려나지 않았다. 그러니 많은 사람들이 핑크 플로이드를 떠올린다 해도 무리는 아니다. 하지만 천문학적 용어로 달의 어두운 부분이란 그저 햇빛을 반사하지 않는 달 표면을 뜻한다. 앞에서도 살펴보았듯이 아주 느리기는 해도 달의 표면도 우리 지구처럼 낮과 밤이 반복된다.

달의 어두운 부분이라는 표현에 대해서 잘못 알고 있는 사람들이 많다. 달은 언제나 같은 면을 지구로 향하고 있기 때문에 우리가 보지 못하는 부분을 달의 어두운 부분이라고 생각하는 사람들이 있다. 우리가 보지 못하는 부분도 한 달에 보름 동안은 햇빛을 받아 빛나고 있는데도 말이다.

사실 달은 한 달 동안 공전하면서 양옆으로 살짝 흔들리는데다 위아래로 진동도 하고 있기 때문에 안 보이는 부분이 완전히 반대편 반구는 아니다. 우리가 볼 수 있는 달 표면은 전체 달 표면의 59퍼센트로 저속 촬영으로 달의 운동 모습을 찍어 보면 정말 멋진 장관이 연출된다(궁금하면 'http://antwrp.gsfc.nasa.gov/apod/ap010218.html' 을 방문해 보자).

● 달은 지구에서 멀어지고 있는가?

멀어지고 있다. 현재 달은 1년에 3.82센티미터씩 지구에서 멀어지고 있다. 어떻게 아느냐고? 달 레이저 거리 측정법을 이용하면 알 수 있다. 달 레이저 거리 측정법이란 아폴로 우주인들이 달 표면에 설치하고 온 전파 수신기에 전파를 쏜 후 돌아오는 시간을 측정해서 달까지의 정확한 거리를 알아내는 레이저 거리 측정법으로, 몇 년 동안 달과 지구 사이의 거리를 측정해 본 결과 달이 1년에 3.82센티미터씩 멀어지고 있다는 사실을 알아냈다.

달이 지구에서 멀어지는 이유는 지구에 작용하는 달의 인력 때문에 생기는 조수 간만 때문이지만 정확한 원인은 아직 명확하게 밝혀지지 않았다. 3장 '조수 간만이 하루에 두 번 생기는 이유는?' 에서 살펴보았듯이 달의 중력이 끌어당기는 힘은 지구의 대양을 크게 부풀어 오르게 한다(대양만큼은 아니지만 단단한 지각도 조금 부풀어 오른다). 대부분 대양이 볼록하게 솟아오르는 곳은 달과 나란한 곳이어야 한다고 생각할 것이다. 지구가 자전하지 않는다면 옳은 말이다. 그러나 우리 행성은 자전축을 중심으로 돌기 때문에 조석 마찰이 부풀어 오른 부분을 끌어당긴다('달의 낮 길이는?' 참고). 그 때문에 바다가 부풀어 오르는 부분은 달과 나란한 방향에서 조금 벗어나게 된다.

그런데 흥미롭게도 이번에는 방향이 살짝 어긋난 조수의 인력이 달에 작용해 달의 공전 속도를 높인다. 5장에서 지구 둘레를 도는 인공위성의 속도가 증가하면 지구 궤도를 벗어나 밖으로 튀어나갈 수 있다는 사실을 이야기했다. 달에서도 지금 마찬가지 일이 벌어지고 있다. 물론 그 효과는 아주 작아서 달의 공전 거리가 1퍼센트 증가하려면 1억 년 정도 걸린다.

그런데 이런 현상은 장기적으로 볼 때 더욱 흥미진진하다. 조석마찰은 달을 지구에서 멀리 보낼 뿐 아니라 지구의 자전 속도도 늦춘다. 몇십억 년이라는 세월이 흐르면 지구와 달의 상태는 안정화 단계에 돌입한다. 그때가 되면 달은 지구에서 50만 킬로미터가 조금 넘는 거리에서 47일이라는 공전 주기로 지구 둘레를 돌 테고 지구의 자전 속도도 47일가량이 되어 있을 것이다. 우리의 하루가 지금의 한 달보다 길어지고 지구와 달은 끊임없이 서로를 마주보고 있을 것이다. 그때는 분명 지금과는 조금 다를 것이다. 우리들의 머나 먼 자손들은 분명히 불만을 터트려 댈 테고 말이다.

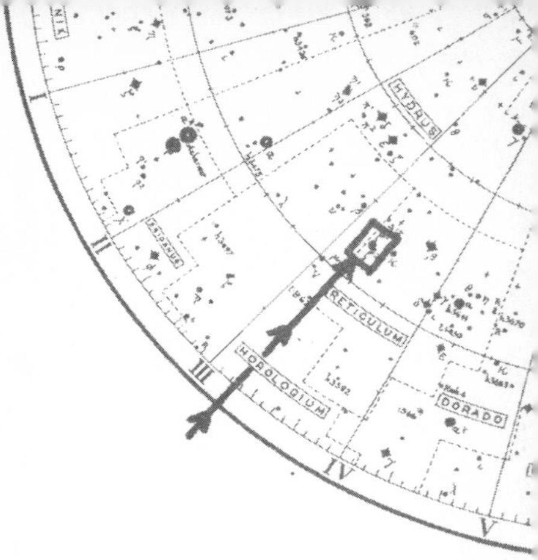

월광 소나타
: 없어서는 안 될 지구의 위성

● 달이 없다면 지구는 어떻게 될까?

정말 탁월한 질문이다. 이 질문에 대한 답은 몇 가지가 가능할 것 같다. 이 질문을 한 청취자는 어느 날 갑자기 달이 사라진다면 어떻게 될지 궁금했던 것 같다. 그에 대한 대답은 '갑자기 사라져 버린 달의 인력을 보충해 주기만 하면 큰 변화는 없다'이다. 그러나 인력을 보충해 주지 못한다면 태양은 여전히 영향을 미치겠지만, 지금과 같은 조수 간만의 차가 없어질 테고 밤은 언제나 어두울 테지만 그 외에 큰 변화는 없을 것이다. 나로서는 일식을 볼 수 없다는 사실이 무척 슬플 것 같다. 사실 우주에서 벌어지는 사건 중에 일식만큼 사람들의 관심을 받고 있는 현상이 또 어디 있겠는가! 게다가 달이 뜨고 지는 모습이 사라진 밤하늘은 낭만도 덜 하지 않을까?

이 질문은 좀 더 흥미로운 관점에서 해석해 볼 수 있다. 그렇다면 달이 처음부터 없었다면 지구는 어떻게 됐을까? (전 우주적인 차원에서 생명체의 진화를 연구하는) 우주 생물학자들은 달이 없는 지구가 인류 같은 고등 생물체를 탄생시켰을 가능성은 거의 없다고 생각한다. 달은 지구 자전축의 기울기를 안정화하는 역할을 한다.

육중한 달이 플라이휠(기계의 회전 조절용 바퀴) 역할을 해 주지 않았다면 지구의 자전축은 수없이 바뀌었을 것이다. 불안정한 자전축 때문에 기후 변동이 쉼 없이 잦았을 테니 고등 생물체의 진화는 이루어지지 않았을 것이다.

또한 달의 인력이 만들어 내는 조수 간만의 차이는 육상 동물의 발달에 중요한 역할을 했을 것이다. 하루에 두 차례, 바위가 많은 해안으로 밀려오는 바닷물 덕택에 원시 생명체들이 어렵지 않게 육지로 올라올 수 있었을 것이다. 조수 간만의 차가 없었다면 쉽지 않았을 일이다. 인류가 훨씬 광활한 바다가 아니라 육지에서 번성할 수 있었던 이유 중에는 우리의 위성인 달도 큰 몫을 차지했다. 달 덕분에 우리가 지구를 물(Water)이 아닌 땅(Earth)이라고 부를 수 있는 것이다.

● 하늘에 떠 있는 달과 태양의 크기가 같은 이유는?

이 책에 있는 모든 질문 가운데 가장 도발적인 질문을 택하라면 나는 주저앉고 이 질문을 들겠다. 이 질문에 대해 대부분의 천문학 책에 실려 있는 답변은 놀라울 정도로 비슷하다. 하지만 달과 태양의 보이는 크기가 같은 데에는 조금 복잡한 이유가 숨어 있다. 첫째, 태양과 달은 태양계에 속한 천체 중에 가장 완벽한 원에 가까운 천체들이라는 점이다. 지구처럼 자전하는 천체들은 대부분 극지방이 약간 더 평평한 형태이다. 둘째, 태양의 크기는 달의 크기보다 400배 정도 큰데 지구와의 거리도 400배 정도 멀어 태양과 달 모두 각 지름이 0.5도라는 점이다. 사실 지구와 달의 공전 궤도는 완벽한 원이 아니기 때문에 태양과 달은 보이는 크기는 다양하게 변하지만 평균 각지름은 거의 같다.

그 때문에 발생하는 여러 현상 중에서도 가장 중요한 현상은 개기 일식이다. 개기 일식의 원인은 모두 잘 알고 있다. 태양과 지구 사이로 들어간 삭 상태인 달이 지구 표면에 어두운 그림자의 길(개기식의 길)을 드리우며 지나가는 현상이 개기 일식이다. 달그림자는 시속 3,200킬로미터라는 놀라운 속도로 서쪽에서 동쪽을 향해 최대 270킬로미터까지 나아간다. 달그림자가 지나가는 곳에서는 달 원반이 태양을 가리기 때문에 태양의 외부 대기만이 희미한 빛을 발한다. 그 모습은 많은 관찰자들을 끌어 모은다. 일식에 따라서는 최대 7분 31초까지 지속되는 경우도 있다. 일식이 얼마나 오랫동안 지속되는가는 궤도의 구조와 형태가 결정한다. 달의 공전 궤도면은 완벽한 원이 아니기 때문에 태양이 완전히 다 가려지지 않는 경우도 있다. 달의 원반 가장자리에서 태양이 반지처럼 빛나는 일식도 있는데 이런 일식을 금환식(金環蝕)이라고 한다.

여러 요소들이 범상한 조화를 이루어 경이롭고도 놀라우며 과학적으로도 유용한 이런 현상을 만들어 낸다. 이 말에 반박하는 사람도 있겠지만, 한번 생각해 보자. 당신이 조물주라면 인류에게 자신이 우주를 만들었다는 신호를 보내고 싶지 않을까? 어떠한 도움 없이도 누구나 볼 수 있는 신호를 보내지 않을까? 정기적으로 당신이 곁에 있음을 자신의 피조물들에게 알릴 수 있는 신호, 그 신호를 본 사람은 절대 잊을 수 없는 믿을 수 없을 만큼 경이로운 신호를 만들어 내지 않을까? 그중에서도 빛나는 태양을 가끔씩 껌껌한 암흑으로 만드는 것만큼 확실한 방법이 있을까? 원시 시대 사람들은 일식을 보고 분명히 엄청난 두려움을 느꼈을 것이다. 다양한 종교가 발생한 데에는 일식 현상도 분명 큰 몫을 했을 것이다. 사실 지적 설계론자들이 태양과 달의 겉보기 크기가 같다는 사실을 우연히 일어나는 일은 없다는 자신들의 주장을 입증하는 증거로 활용하지 않는다는 것이 놀라울 뿐이다.

과학자들은 일식과 같이 놀라운 현상을 목격하면 오컴의 면도날(절감의 법칙)이라는 철학 장치를 발동한다. 오컴의 면도날이란 어떤 현상이든 가장 간단하고도 상식적인 방법으로 설명해 보라는 것이다. 일식 같은 현상을 초자연적인 현상이라고 치부해 버리면 안 된다. 과학적으로 입증도 되지 않을뿐더러 오컴의 면도날 원리에도 어긋나기 때문이다(오컴은 윌리엄 오컴을 말한다. 1288년에 태어나 1348년에 죽었다). 오컴의 면도날에 근거해 결론을 내려 본다면 태양과 달의 겉보기 크기가 같은 것은 우연일 뿐 더 이상의 설명은 필요 없다. 그러나 사실 적절한 설명이 하나 있는 것도 같다. 그것도 아주 적절한 설명이.

몇 년 전, 기예르모 곤잘레스(Guillermo Gonzalez)라는 이름의 미국 과학자가 개기 일식에 대한 몇 가지 추가적인 사실들을 발표했다. 첫 번째 사실은 태양계 내에 존재하는 천체 중에 위성이 자신의 모성으로 가는 햇빛을 차단해 해를 없애는 현상은 아주 드물게 일어나는 일로, 지구의 달과 토성의 달 프로메테우스가 거의 유일하다고 했다(프로메테우스는 불규칙한 모양에 아주 빨리 움직이는 위성이라 토성의 일식 현상은 아주 빨리 끝나버리기는 하지만). 두 번째 사실은 태양의 개기 일식은 일시적인 현상이라는 것이다. 앞에서 살펴보았듯이 달은 지구에서 멀어지고 있기 때문에 지금과 같은 일식 현상은 지구 전체 나이의 6퍼센트 정도에 해당하는 3억 년 정도 후에는 더 이상 볼 수 없을 것이다. 지구는 현재 전체 생애의 반 정도를 살고 있다.

일식이 일어나는 시기에 인류가 지구에 살게 된 것은 그저 우연일까? 곤잘레스는 그것이 필연적이었다고 주장해 논쟁을 불러일으켰다. 알려져 있다시피 지구는 '황금 지대(goldilocks zone, 골디락스 영역)' 라고 하는 태양계 내부의 아주 특별한 곳에 자리 잡고 있다. 태양으로부터 적당히 멀리 떨어져 있기 때문에 지구는 아주 뜨겁지도 춥지도 않으며 무엇보다도 생명체의 진화에 없어서는 안 될 필수 요소인 물을 간직할 수 있었다. 더구나 태양은 여러 종류의 항성 중에서도 오랫동안 안정한 상태로 지낼 수 있는 적당한 크기를 하고 있다. 이 두 가지 사실을 종합해 보면 행성에 생명체가 진화하기 위해서는 모 항성의 각 지름이 항상 0.5도여야 한다는 추론이 나온다.

앞의 질문에서도 살펴보았듯이 다른 행성의 위성에 비해 월등히 큰 우리의 위성 달은 지구의 자전을 안정화하는 데 큰 역할을 했다. 따라서 인류가 탄생하기 위해서는 지금과 같은 크기로 지금과 같은 방식으로 공전하고 있는, 모체인 항성과 각 지름이 똑같이 0.5도인 위성이 필요한지도 모를 일이다. 태양과 달의 겉보기 크기가 같은 시기와 인류가 살아가는 시기가 같다는 사실은 두 천체의 겉보기 크기가 같아야만 고등 생명체가 진화할 수 있다는 뜻일지도 모른다. 그 말은 어떤 행성이 됐건 간에 고등 생명체를 찾아냈다면 개기 일식을 볼 수 있다는 뜻이다. 그런데 이런 사실은 조금 기운이 빠진다. 이 특별한 두 가지 현상이 동시에 일어날 확률은 그리 많지 않다. 그 말은 다른 곳에 고등 생명체가 살고 있을 확률이 아주 적다는 뜻이다.

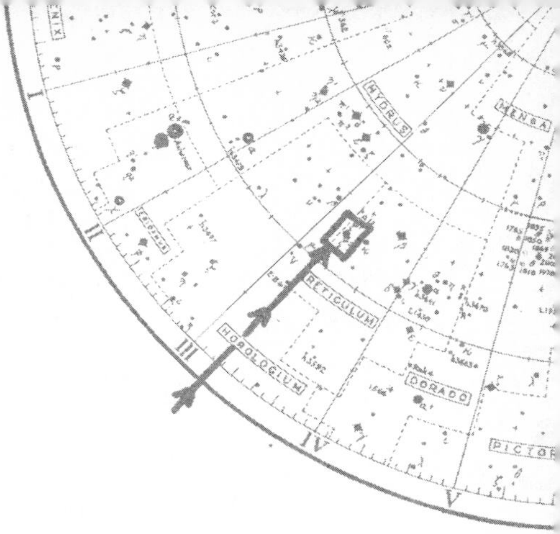

광신자들

● 인류는 과연 달을 직접 발로 밟았을까?

2001년 폭스 사가 방영한 〈음모론, 인류는 정말로 달에 착륙했는가?〉를 보면 그런 적이 없다고 한다. 다큐멘터리라고 하는 그 프로그램은 아폴로 우주선이 보내온 사진과 영상 화면을 분석해 보니 몇 가지 모순이 있다며 아폴로 달 착륙의 진실은 우주 경쟁에서 확실하게 이기고 싶었던 미국이 영화 촬영실에서 달 착륙 사실을 조작한 사건이라고 했다. 안타까운 사실은 그 프로그램은 널리 영향을 미쳐 지금도 정말로 아폴로 우주인이 달에 착륙했었냐고 묻는 사람이 많다는 것이다.

솔직하게 말하자면, 과학자에게 인류가 달에 착륙한 적이 있냐고 묻는 것은 군인에게 2차 세계대전과 베트남 전쟁이 일어난 적이 있냐고 묻는 것과 같다. 아폴로 우주선이 보내온 수많은 자료들은 천문학자나 우주 과학자뿐 아니라 모든 연구자들을 매혹시켰다. 1969년부터 1972년까지 모두 열두 명이 달에 직접 착륙해서 여러 가지를 직접 체험해 보고 돌아왔다. 그때부터 축적되어 온 기술 문서들이 산처럼 쌓이고 있다. 또한 우리는 380킬로그램에 달하는, 지구에서는 찾아볼 수 없는 달 암석과 토양도 가지고 있다. 우주인이 달 표면에 설치한 레이더 수신기 덕분에 달의 위치를 몇 센티미터 오차 범위 내로 측정할 수 있다. 게다가 깜짝 놀랄 정도로 시간이 멈추어 버린 것 같은 고독한 달 풍경 사진도 3만 장이나 있다.

폭스 사의 프로그램이 주장하는 모순은 쉽게 반박할 수 있다. 사진에 항성이 보이지 않는 이유는 어두운 하늘과 밝은 달 표면이 선명한 대조를 이루기 때문이며 공기도 없는 곳에서 깃발이 나부끼는 이유는 우주인이 깃발을 세울 때 흔들렸기 때문이다. 그 외에도 얼마든지 모순을 설명할 수 있다.

음모론을 반박할 수 있는 또 한 가지 명백한 사실이 있다. 달 착륙에 관계된 과학자들과 기술자들은 물론이고 그에 관여한 수만 명이 넘는 사람들의 입을 완벽하게 막는 일이 과연 가능할까? 달나라에 가는 것보다 유능하고 말 많은 사람들의 입을 막는 것이 분명 훨씬 더 어려울 것이다.

Space 07

그저 여덟 행성이 아닌……

새로운 태양계

이 부분을 쓰고 있을 때 70여 년 동안 우리가 알고 있는 태양계의 모습을 완전히 바꾸어 버리는 대사건이 일어난 것은 우연이 아니었다고 생각한다. 책이 나온 후에 그런 일이 생겼으면 어쩔 뻔했는가! 2006년 8월 프라하에서 열린 국제 천문 연맹 정기 총회에서 명왕성은 행성으로서의 지위를 잃고 왜소 행성이 되었다. 이것이 내가 새로운 태양계라는 명칭을 사용한 이유이다. 명왕성 사건은 일대 혁명으로 동정심 이상의 감정을 불러일으켰다. 그중에서도 내가 가장 좋아하는 기사 제목은 '프라하의 우월주의자들(über-nerd)이 지위를 강등시킨 명왕성'이다. 나로서는 프라하에 가지 않았지만 내 동료들은 많이 있었다.

MORE THAN JUST EIGHT PLANETS

이 부분을 쓰고 있을 때 70여 년 동안 우리가 알고 있는 태양계의 모습을 완전히 바꾸어 버리는 대사건이 일어난 것은 우연이 아니었다고 생각한다. 책이 나온 후에 그런 일이 생겼으면 어쩔 뻔했는가! 2006년 8월 프라하에서 열린 국제 천문 연맹 정기 총회에서 명왕성은 행성으로서의 지위를 잃고 왜소 행성이 되었다. 이것이 내가 새로운 태양계라는 명칭을 사용한 이유이다. 명왕성 사건은 일대 혁명으로 동정심 이상의 감정을 불러일으켰다. 그중에서도 내가 가장 좋아하는 기사 제목은 '프라하의 우월주의자들(über-nerds)이 지위를 강등시킨 명왕성'이다. 나로서는 프라하에 가지 않았지만 내 동료들은 많이 있었다.

명왕성이 행성 자격을 박탈당한 데 대해 일반인들이 그렇게 분노하는 가장 큰 이유는 태양계의 행성 순서를 외우는 다양한 암기법이 무용지물이 됐기 때문일 것이다. 수많은 사람들이 그 같은 사실에 분노했다. 시드니의 화려한 북부 해안가 근교에 사는 자동차 운전자도 마찬가지였다. (그 사람은 '수금지화목토천해명'의 영어 첫 글자들—MVEMJSUNP—을 "My Very Expensive Mercedes Just Stopped Up Near Pymble(내 아주 비싼 메르세데스가 핌블 근처를 이제 막 막아섰다)"라는 문장으로 외웠다.) 사실 이것은 "My Virtuously Economical Mazda Jauntily Speeds Us Northwards(내 효율 만점의 경제적인 마쯔다가 경쾌하게 우리를 북쪽으로 데려간다)"라는 문장으로 외우면 해결된다. 내 말이 맞지 않나?

태양계의 행성 수를 1930년 이전으로 되돌리는 것이 국제 천문 연맹 정기 총회의 유일한 목적이었다면 비난을 받아도 마땅하다. 그러나 명왕성 지위를 박탈한 것은 영역을 훨씬 넓힌 새로운 태양계에 관한 지식의 극히 일부일 뿐이다. 이 혁명은 1950년, 케네스

에지워스(Kenneth Edgeworth)와 제라드 카이퍼(Gerard Kuiper)라는 두 미국 학자가 각각 독립적으로 해왕성 너머 태양계 거의 끝부분에 보이지 않는 소행성대가 있다는 주장을 한 이후 50년 동안 축적된 지식의 결과물이다.

에지워스와 카이퍼는 46억 년 전 태양계가 탄생할 때 떨어져 나간 수 만 개의 파편들이 한데 합쳐 행성이 되지 못한 채 빙글빙글 돌고 있을 것이라 생각했다. 이 파편들은 화성과 목성 사이에 있는 소행성대 천체들과는 구성 성분이 사뭇 다를 것이 분명했다. 열원이 가까이 없으니 태양계 내부에 있는 암석 천체보다는 혜성과 비슷한 얼음 덩어리에 가까울 것이다.

1992년, 마침내 소행성대의 일원이 발견됐다. 멀리 떨어져 있는 그 천체에 붙여진 이름은 조금 멋없는 1992 QB1이었다. 그 뒤 계속해서 소행성이 발견되어 지금은 천 개가 넘는 천체가 발견됐다. 모두 지름이 100~500킬로미터 정도 되는 천체들이었다. 이 소행성들을 모두 통틀어 카이퍼대 소행성 또는 해왕성 궤도 통과 천체(Trans-Neptunian Objects: TNOs)라고 부른다. 사실 카이퍼대가 유일한 해왕성 쪽 소행성 대이지만, 원리주의자들에게는 미안하게도 그 사실은 흔히 무시된다. 중요한 것은 카이퍼대가 태양과 정말 멀리 떨어져 있다는 사실이다.

좀 더 가까운 지역으로 눈길을 돌려 보자. 현재 지구의 역사에 영향을 미친 소행성과 지구 주변 물체들의 역할에 관한 지식이 증가하면서 지금은 물론이고 앞으로 있을지도 모를 이런 물체들의 위협에 대해 염려하는 목소리가 과학자들은 물론 정치가들 사이에서 높아지고 있다. 연구 결과는 정말 무시무시하다. 소행성 충돌은 파괴력이 무척 클 뿐 아니라 소행성의 크기가 5킬로미터 이상일 경우 충돌 여파가 지구 전역에 영향을 미치며, 인류가 멸종할 수도 있다. 위험을 인식한 세계는 미국을 중심으로 지름이 1킬로미터가 넘는 소행성들을 90퍼센트 이상 찾아내는 공동 프로젝트를 진행 중이지만 예산이 부족하다. 내년이 될지 좀 더 나중이 될지는 모르지만 이 프로젝트가 끝나면 미국 의회는 미국 항공 우주국에 지름이 140미터가 넘는 작은 천체들을 찾은 일을 의뢰하게 될 것 같다. 그렇게 되면 더 많은 예산이 확보될 것이다. 2009년 열릴 예정인 지구 주변 물체에 관한 국제 연합 의정서에는 이 두 가지 초기 연구를 비롯해 충돌 위험이 예상되는 물체를 어떤 식으로 처리할 것인가에 관한 연구도 포함될 것으로 보인다.

첫 번째 소행성은 1801년에 발견됐다. 새로운 천체는 사람들의 환호 속에서 발견되자마자 로마의 풍요의 여신 케레스라는 이름을 받아 태양계의 여덟 번째 행성 반열에 올랐다(당시 해왕성은 아직 발견되지 않았다). 하지만 얼마 지나지 않아 누가 보아도 케레스는 풍요의 여신이 되기에는 작다는 사실이 분명해졌다. 작아도 너무 작았다. 얼마 되지 않아 케레스가 발견된 곳과 비슷한 곳에서 또 다른 작은 천체가 발견되었다. 비슷한 장소에서 발견된 이런 천체들은 행성이 아니라는 공감이 형성되기 시작했다. 이 물체들은 무언가 다른 물체들이었다. 그 문제를 해결한 사람은 영국 천문학계의 원로 윌리엄 허셜이었다. 그는 그 작은 천체들에게 '소행성'이라는 멋진 명칭을 만들어 주었다.

다른 점이라면 좀 더 오랫동안 행성의 지위를 누렸다는 것일 뿐 최근 명왕성이 행성 지위를 박탈당한 사건도 이와 비슷한 일이다. 명왕성은 1930년 천왕성의 궤도가 다른 행성들과 다르다는 사실을 알게 된 과학자들이 잃어버린 고리를 찾기 위해 오랫동안 찾아

헤맨 끝에 발견해 낸 천체이다. 그러나 시간이 지날수록 명왕성은 다른 일곱 개의 행성들을 거인이라고 불러야 할 정도로, 행성이라고 하기에는 너무나 작다는 사실이 분명해졌고 실제 측정한 지름의 크기도 예상했던 것보다 훨씬 작아서 행성으로서의 지위가 위태로워졌다. 현재 우리는 명왕성의 크기가 달의 3분의 2에 불과하며 공전 궤도도 다른 행성과 달리 아주 길게 늘어난 형태이고 공전 궤도면도 다른 행성들의 공전 궤도면과 17도 정도 기울어져 있음을 알고 있다. 보이저 2호도 위태롭던 명왕성의 지위에 일격을 가했다. 1980년대 보이저 2호가 보내온 자료 때문에 과학자들은 천왕성의 궤도가 불규칙한 이유를 찾아야 할 이유가 없어졌다. 그저 해왕성의 질량을 다시 계산하면 될 일이었다.

그렇다면 명왕성을 어떻게 해야 할까? 명왕성은 오랫동안 행성으로 대접받아 왔다. 그런 천체를 낮은 지위로 강등시키다니, 말도 안 되는 소리 같다. 1978년 명왕성 주위를 상당한 크기의 위성인 카론이 돌고 있다는 사실이 발견되기는 했지만, 사실 1990년대 초반부터 명왕성이 나머지 행성과는 다른 점이 많다는 사실이 분명해졌다(그나저나 명왕성의 위성 카론의 영어 단어 Charon은 '케어런'이라고 읽어야지 '샤런'이라고 읽으면 안 된다!) 명왕성은 카론 말고도 닉스와 히드라라는 작은 위성이 두 개 더 있다. 이제 문제는 행성의 정의를 어떻게 내릴 것인가에 집중됐다. 명왕성 문제뿐 아니라 여러 가지 새로운 발견들도 행성의 정의에 의문을 던지고 있었다.

불과 이십여 년 전만 해도 행성의 정의에 대해서 심각하게 고민할 필요가 없었다. 행성에 대한 사전적 정의는 아주 명확했다. "태양이나 다른 항성 주위를 돌면서 항성의 빛을 반사시켜 빛날 뿐 스스로는 빛을 내지 못하는 거대한 천체." 첫 번째 문제는 파이어니어 호와 보이저 호가 목성의 실제 크기를 측정해서 보내온 자료 때문에 생겨났다. 이 거대한 행성은 태양으로부터 받은 열보다 1.7배나 많은 열을 외부로 방출하고 있었고 스펙트럼의 적외선 부위만 보면 단순히 빛을 반사하는 천체가 아니라 스스로 빛나고 있는 천체라는 결론이 나왔다. 불가사의하면서도 경이로운 사실이었다.

앞에서 살펴보았듯이 첫 번째 카이퍼대 소행성이 발견된 것은 1992년이다. 카이퍼대를 돌고 있는 거대한 얼음 소행성과 명왕성의 차이는 거의 없다. 그리고 1995년 태양이 아닌 다른 평범한 항성 주위를 돌고 있는 첫 번째 행성이 분명하게 포착됐다. 그 이후로 발견된 많은 행성들처럼 1995년에 발견한 행성도 목성과 크기가 비슷했으며 태양과 비슷한 페가수스자리 51이라는 항성의 주위를 거의 닿을 정도로 가깝게 돌고 있었다. 목성을 닮은 행성들은 우리가 행성이라고 정의하는 천체들과 사뭇 달랐다.

또 지난 몇 년 동안 외부 우주에서 모 항성 없이 자유롭게 움직이는 행성들도 여럿 찾아냈다. 이 행성들의 질량은 목성 질량의 13배가 채 못 되었다(목성보다 13배 이상 큰 천체는 희미하게 빛나는 갈색 왜성으로 분류한다). 이런 천체들의 비밀은 여전히 풀리지 않고 있다. 그리고 드디어 2003년, 명왕성보다 커다란 카이퍼대 소행성이 발견됨으로써 행성의 정의를 다시 쓰지 않으면 안 되는 시점에 도달했다. 2003년에 발견된 소행성은 별명은 제나(Xena), 원 명칭은 '2003 UB313'이었으나 지금은 그리스의 분쟁과 반목의 여신인 '에리스'라고 불린다. 이 천체의 지위를 둘러싼 논쟁이 끊이지 않는다는 점을 생각해 보면 정말 적절한 이름 같다. 에리스는 망원경의 크기가 커지면서 생긴, 더 먼 곳을 볼 수 있는 능력

덕분에 찾아낸 명왕성보다 큰 천체 가운데 거의 첫 번째로 찾아낸 천체이다.

새로운 발견들에 대한 국제 천문 연맹의 반응은 이미 예측할 수 있었다. 국제 천문 연맹은 위원회를 소집했다. 수많은 천문학자들의 자문을 구한 국제 천문 연맹은 행성에 대해 새로운 정의를 내렸다. 국제 천문 연맹은 새롭게 세운 행성의 정의를 프라하 정기 총회 때 투표에 붙였다. 어떤 안들을 표결에 부쳤을까? 우리 태양계에 관해 표결에 부친 내용은 다음과 같다.

1. 행성은 태양 주위를 도는 원형인 천체를 뜻한다. 다시 말해서 직경이 700킬로미터는 넘을 정도로 커야 하고 구형의 형태를 갖출 정도의 중력이 있어야 한다. 이 같은 행성의 정의에 의하면 소행성 대부분과 카이퍼대 천체들 대부분이 행성의 자격을 갖지 못하지만 케레스와 커다란 카이퍼대 소행성들은 행성으로 분류된다. 지름의 하한선을 재량으로 2,000킬로미터로 정하면 태양계의 작은 천체 중에 명왕성과 에리스만이 이에 해당한다.
2. 첫 번째 안과 어느 정도 비슷하나 행성은 우리 태양계 내부에서 주도적인 역할을 하는 천체라는 추가 조건이 붙는다. 이 조건에 따라 모든 소행성과 명왕성이나 에리스 같은 카이퍼대 천체들은 행성에서 제외된다.
3. 가장 임의적인 제안으로, 전통과 법령으로 정해 왔던 명왕성의 역사적 의의를 인정해야 한다는 것이다. 그에 입각해 행성 체제는 현행 체제를 그대로 유지한다.

우리는 이미 결론을 알고 있다. 과학자들은 두 번째 안에 손을 들어주었다. 첫 번째 안을 채택한다면 우리 태양계의 행성은 십여 개가 넘게 돼 행성의 순서를 외우는 데도 문제가 생기고 새로운 천체가 발견될 때마다 행성이 될 수도 있다는 심각한 문제가 발생한다. 세 번째 안을 채택할 경우에는 과학자들은 새로 발견한 지식에 이성적으로 대처하지 못하는 겁쟁이들이라는 비난을 피할 수 없게 된다. 그러나 두 번째 안도 논쟁의 여지를 남기고 있다. 이 문제를 해결하려면 국제 천문 연맹은 명왕성이나 케레스, 에리스처럼 새로운 천체로 분류된 왜소 행성에 대한 정의를 명확하게 해야 할 것이다. 아무튼 이것이 명왕성이 행성으로서의 지위를 박탈당하게 된 전말이다. 애석한 일이기는 하지만 천문학자 대부분이 내린 결정은 틀리지 않았다.

그렇다면 역사적인 변화를 겪은 후의 현행 태양계는 어떤 모습일까? 우리 태양계에서 가장 크고 중요한 천체는 여전히 우리의 항성이며, 태양계의 나머지 천체들은 모두 태양의 부산물이다. 두 번째로 큰 천체들은 네 개의 거대한 기체 행성들이다. 중앙에 아주 작은 단단한 핵이 있고 그 둘레를 질량의 대부분을 차지하는 기체들이 둘러싸고 있는 목성, 토성, 천왕성, 해왕성이 그 주인공들이다. 그 다음으로 큰 천체들은 지구, 금성, 화성, 수성으로 구성된 암석 행성들이다. 그 뒤를 따르고 있는 천체들은 현재까지는 에리스가 가장 크다고 알려져 있는 수많은 왜소 행성들이다. 수성과 금성을 뺀 모든 행성은 그 둘레를 돌고 있는 위성이 있다. 소행성과 카이퍼대 천체들은 대부분이 태양계에서 가장 작은 천체들이다.

백만 개가 넘는 소행성들은 여러 곳에 존재하지만 대부분은 목성과 화성 사이에 있는 소행성 대에 분포한다. 태양계 저 멀리에 있는 카이퍼대는 혜성과 비슷한 특징을 지닌 천체들의 집단인 켄타우루스 소행성족을 비롯한 소규모 소행성대로 다시 나뉜다(켄타우루스는 반은 인간이고 반은 괴물이다. 켄타우루스 소행성족에 있는 천체들은 반은 카이퍼대 소행성이고 반은 혜성이다. 누가 천문학자들이 영혼이 없다고 했는가?). 그리고 진짜 혜성들이 있다. 산만 한 크기의 눈덩이들인 혜성들은 태양 가까이 다가오면 얼음이 증발해서 생긴 꼬리가 밝게 빛난다. 혜성은 아주 먼 거리에서 태양을 구형으로 둘러싸고 있는 헤일로(halo) 영역으로부터 날아오고 있다고 추정된다. 그곳의 이름은 원형 헤일로의 존재를 처음 예측한 저명한 네덜란드 과학자의 이름을 따 오르트 구름이라고 부른다.

마지막으로 행성과 행성 사이는 가장 큰 암석 행성에서 내보낸 다량의 작은 금속 물체 외에도 수많은 먼지와 소립자, 뒤틀린 자기장 등이 가득하다. 우리의 우주선들은 자연적으로 생겨난 물체가 아니지만 그밖에 다른 물체들은 태양계가 만들어질 때부터 있었던 동료들이다. 이 모든 천체들이 한데 모여 태양계는 사뭇 복잡해진다. 혹자가 난장판이라고 할 만하다. 우리의 태양계는 내가 어렸을 때 생각했던 것처럼 질서정연하게 늘어서 있는 행성들의 세계가 아니다. 그 때문에 훨씬 더 흥미진진해졌지만.

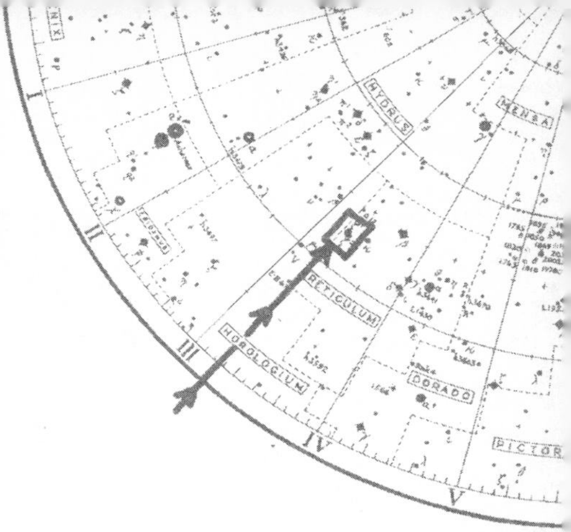

태양에 그을리다
: 태양계 중앙에 있는 용광로

● 산소가 없어도 태양이 불타오를 수 있는 까닭은?

과학 시간에 분명히 배웠을 것이다. 산소가 없으면 연소가 되지 않는다. 그런데 하늘 위에서 밝게 빛나고 있는 천체는 산소가 없는 진공에 가까운 우주에서 불타오르고 있다. 도대체 어떻게 그런 일이 가능할까? '무슨 그런 시시한 질문이 다 있어' 라고 생각하는 사람이 있다면 마음을 고쳐먹기 바란다. 태양 내부에서 일어나는 에너지 연소 과정이 밝혀진 것은 겨우 1세기밖에 안 되었다.

태양이 그저 가까이 있는 항성이 아닐까 하는 의심은 오래전부터 있어 왔지만 빛을 내는 방법을 알게 된 것은 19세기 중반이 지나서였다. 당시 여러 물리학자들이 태양을 비롯한 항성의 에너지는 항성의 중력 때문에 기체 덩어리가 붕괴될 때 발생하는 열이라고 주장했다. 구멍이 새는 타이어에 기체를 주입할 때 열이 나는 걸 생각해 보면 정말 그럴듯한 생각이었다. 지구에서 타이어에 기체를 주입할 때건 우주에서 중력 붕괴가 일어날 때건 압축된 기체의 온도는 올라간다. 실제로도 항성이 생성되는 초기 단계에서는 기체 압축에 의한 온도 상승 과정이 아주 중요하다는 사실이 밝혀졌다.

그러나 1920년, 위대한 영국의 천체 물리학자 아서 에딩턴은 그 같은 가설이 태양을 비롯한 항성의 전형적인 생애를 설명하는 데는 적합하지 않다고 했다. 그런 가설은 항성들이 그저 열을 밖으로 내보내며 식어가고 있다고 말하는 것이라고 말이다. 그는 당시 케임브리지 대학의 어니스트 러더퍼드가 연구를 마친 핵융합 반응이 항성의 에너지원일 거라고 주장하면서 "캐번디시 연구소에서 가능한 일이 태양에서 불가능할 리 없다"고 말했다. 그는 정말 유창한 달변가다.

핵융합 반응의 본질을 정확하게 밝혀내는 과제는 다른 과학자들에게 넘어갔다. 그중에서도 가장 큰 역할을 한 사람은 1939년의 한스 베테(Hans Bethe)이다. 우주에서 가장 풍부하고도 기본적인 물질인 수소의 원자(혹은 핵)가 서로 융합해서 다른 물질로 변할 때 광자라는 에너지가 방출된다. 광자는 보통 빛 입자로 알려져 있지만 이때 방출되는 광자는 고에너지의 감마선 광자이다. 감마선 광자는 태양의 중심에서 밖으로 나오는 동안 빛과 열로 바뀌어 표면에서 방출된다. 태양의 경우 핵융합 반응은 온도가 1,500만도나 되는 중심에서 일어나며 핵융합 반응의 생성물은 헬륨이다. 태양은 말 그대로 핵융합 반응 원자로인 셈이다.

자동적으로 계속되는 이런 핵융합 반응은 연료가 완전히 사라질 때까지 멈추지 않는다. 이런 핵융합 반응에는 산소가 필요 없다. 사실 산소도 이런 핵융합 반응의 부산물일 뿐이다.

● 태양은 언제 핵융합 반응을 멈출까?

태양은 매초 4백만 톤이나 되는 수소를 헬륨과 에너지로 바꾼다. 우리들의 기준으로 볼 때 그렇게 연료를 마구 써 버리는 건 현명한 일이 아닌 것 같다. 그러나 태양은 정말 거대한 천체다. 태양은 100억 년 동안이나 태울 수 있는 충분한 양의 수소를 가지고 있다. 현재 태양은 절반 정도를 살아왔으니 앞으로도 50억 년 정도는 더 버틸 수 있다. 그런데 정말 태양이 연료를 다 써 버리면 어떤 일이 벌어질까?

천체 물리학이 탄생한 후 150년이 넘게 별의 생활사를 연구해 온 덕분에 그때에 일어날 일이 비교적 정확하게 밝혀졌다. 태양의 수명이 다할 때 벌어지는 일은 그다지 유쾌하지 않다. 그때가 되면 태양은 멋있다고 해도 좋을 정도로 부풀어 오를 것이다. 항성의 크기는 반대되는 두 힘이 결정한다. 한 힘은 내부에서 일어나는 핵융합 반응이 만들어 내는 복사압(radiation pressure)으로, 밖으로 향하는 힘이다. 또 한 힘은 내부로 향하게 하는 중력이다. 이 두 힘의 균형이 깨지면 항성의 크기는 변하게 된다.

태양의 경우, 내부에서 타오르는 수소가 사라지면 중심에 있는 핵은 훨씬 더 뜨거워지고 밀도는 커진다. 그 결과 핵융합 반응의 형태가 바뀐다. 헬륨을 만드는 수소가 사라지고 난 후에는 헬륨이 서로 융합해 다른 물질을 만드는데, 대부분은 탄소가 만들어진다. 또한 태양의 바깥층은 안에서 진행되는 핵붕괴를 보상(상쇄)하기 위해 놀라운 속도로 밖으로 팽창하는 복잡한 과정이 진행된다. 태양은 바깥층의 온도가 비교적 낮은 2,000℃에서 3,000℃ 사이인 적색 거성이 된다(현재 태양의 표면 온도는 5,500℃ 정도이다). 그때가 되면 몸집이 크게 부풀어 올라 지구도 삼켜 버린다.

적색 거성으로 변한 태양의 바깥층에는 밀도가 큰 강력한 소립자 폭풍이 불게 되고, 밖으로 드러난 핵이 뿜는 방사선이 소립자들을 빛나게 한다. 우주를 관찰하다 보면 빛나는 이런 물체들을 수도 없이 발견하게 된다. 행성처럼 생긴 모습 때문에 행성상 성운(planetary nebula)이라고 부르는 이 물질들은 정말 장관이다('성운'이란 용어는 단지 '안개' 혹은 '연무'라는 뜻이다. 초기 천문학자들은 안개처럼 보이는 모든 물질에 성운이라는 이름을 붙였다). 성운이 완전히 날아가면 태양은 뜨겁고 밀도가 큰 핵만이 남는다. 이 단계를 백색 왜성이라고 한다. 백색 왜성에 대해서는 다음 장에서 자세히 다룰 생각이다.

태양의 최후에 대해서 이야기하다 보니 천문학자들이 만나면 흔히 하는 농담이 하나 생각난다(너무 기대는 하지 말기를! 그냥 평범한 농담이다). 사실 정확하게 말하면 이야기에 등장하는 사람들은 천문학자가 아니라 우주에 관련된 물리학을 비롯한 그 밖의 모든 것을 연구하는 천체 물리학자들의 이야기다. 아무튼, 천체 물리학자 두 사람이 버스에서 만났다. 한 사람이 다른 사람에게 이렇게 말했다. "50억 년 후면 태양이 적색 거성이 되는 거 알고 있어?" 그러자 다른 사람이 대답했다. "응, 알아." 두 사람 뒤에 앉아 있던 사람이 그 말을 듣고 끼어들었다. "저, 죄송한데요? 지금 뭐라고 하셨어요?" 첫 번째 천체 물리학자가 대답했다. "예? 그냥 50억 년 후면 태양이 죽는다는 말을 하고 있었는데요." 그러자 뒷좌석에 앉은 사람이 안도의 한숨을 내쉬며 말했다. "휴, 다행이에요. 500만 년이라고 말씀하신 줄 알았거든요." 그래, 우리도 잘 알고 있다. 천문학자들이 왜 개그맨이 될 수 없는지.

● 태양의 흑점은 무엇이며 지구의 기후에 어떤 영향을 미치나?

태양의 흑점은 가끔 육안으로 볼 수 있을 정도로 커질 때가 있다(아직 한 번도 보지 못했다면 특별한 필터 렌즈 없이는 볼 생각을 말자. 정말 위험하다). 그러나 일반인들에게 널리 알려지기 시작한 것은 1610년 갈릴레오가 직접 만든 망원경으로 대망의 탐사를 시작한 후부터였다. 갈릴레오의 시대가 2백 년쯤 지났을 때 윌리엄 허셜은 흑점이 불타는 태양의 대기에 뚫린 창문이라고 생각했다. 그 창문을 통해 바라보면 누군가가 살고 있을지도 모를 차갑고 단단한 표면을 볼 수 있을 거라고 생각했다. 뭐, 그다지 옳은 생각은 아니었다. 현재 우리는 흑점이 태양의 광구에 있다는 사실을 알고 있다. 흑점은 주변보다 온도가 2,000℃ 정도 낮기 때문에 검게 보인다.

지상과 우주에 설치된 망원경으로 살펴본 흑점은 놀랍게도 강력한 자성을 띤 복잡한 지역이었다. 코로나와 태양 플레어도 흑점과 관계가 있었다(3장 '태양이 통신과 전력에 영향을 미치는 까닭' 참고). 흑점은 주기적으로 그 수가 최대가 되는 순간이 있다. 물론 자동차의 동력처럼 정확한 주기로 정확한 숫자의 증가가 있는 것은 아니지만 대략 11년을 주기로 흑점의 수는 증가했다 감소하기를 반복한다.

흑점의 활동이 지구의 기후에 영향을 미친다는 생각은 오래전부터 있어 왔다. 그리고 첫 번째 증거가 1922년에 발견됐다. 그 증거는 그 같은 현상을 처음 발견한 월터 마운더라는 친구의 이름을 본 따 마운더 극소기(Maunder Minimum)라고 부른다. 마운더는 흑점 수를 기록한 다양한 기록을 연구한 결과 1645년과 1715년에 흑점의 수가 최소가 됐음을 알아냈다. 그 시기는 공교롭게도 유럽의 평균 기온이 비정상적으로 내려가 소 빙하기(the Little Ice Age)라고 부른 시기와 일치한다. 왠지 의심의 여지가 있다.

태양의 활동이 지구의 기후에 영향을 미친다는 사실을 과학자들이 크게 신경 쓰지 않은 이유는 그 같은 결과를 불러오는 원리를 알아낼 수 없었기 때문이다. 그러나 우리는 3장에서 우리 지구는 끊임없이 태양풍에 노출된다고 했었다. 태양풍이란 우리의 항성이 방출하는 자성을 띤 소립자들이다. 태양풍의 세기는 태양의 활동 수위와 관계가 있다. 1995년 유럽 우주 기구의 SOHO(Solar and Hemispheric Observatory: 태양 및 태양권 관측소)라는 신세대 우주선이 태양의 활동 방식을 자세하게 분석했다. 그 결과 구름의 생성과 대기 속으로 소립자가 다량 들어오는 현상이 관계가 있음을 밝혀냈다. 따라서 좀 더 큰 관점에서 생각해 보면, 태양의 활동이, 다시 말해서 흑점의 생성이 지구의 기후에 영향을 미치고 있다고 하겠다.

행성의 분화
: 태양계는 어떻게 해서 지금과 같은 모습이 됐을까?

● 태양계의 기원

"아, 처음에 단단한 것이 있었다." 〈군 쇼 The Goon Show〉(영국 라디오 코미디)에서 목사는 그런 말을 자주했다(누군가가 그 이름을 물어올 때마다). 크게 보아 한 가지 분명한 점은 태양계의 생성에 대해서는 비교적 잘 알려져 있지만 정확하게 어떤 일이 있었는지는 아직 제대로 밝혀지지 않았다는 것이다. 행성과 위성의 생성 가설 중에는 논쟁의 여지가 많은 것이 있다. 또한 어떻게 해서 오늘날의 모습을 갖추게 되었는지에 대해서도 활발한 토론을 벌여야 할 것이다.

그런데 참, 행성계의 기원과 진화에 관한 연구를 우주 발생론(cosmogony)이라고 한다는 것을 알고 있는지? 흔히 쓰는 용어는 아니지만 우주 발생론은 지난 몇십 년 동안 태양계를 항해하는 우주선이 보내오는 중요한 자료들 덕분에 새롭게 도약하고 있다. 우주선이 보내오는 자료들은 끝없이 발전하며 엄청난 양의 자료를 순식간에 처리해 내는 컴퓨터와 함께 우주 발생론자들이 행성의 생성 모델을 보다 정교하게 세울 수 있도록 도와주고 있다. 또한 무엇보다도 중요한 것은 지난 십여 년이 넘는 세월 동안 250개 이상 찾아낸 태양계 밖의 행성들(우리 태양이 아닌 다른 항성 주위를 돌고 있는 천체들) 덕분에 행성의 형성 모델을 만들 수 있는 가능성이 생겼다는 점이다. 태양계 밖의 행성들은 대부분 우리 태양계 내부의 행성들과는 사뭇 다르지만 생성 과정은 비슷할 것으로 추정하고 있다.

행성은 항성이 생성될 때 생기는 부산물들로 중심에 있는 항성이 항성계 전체 질량의 대부분을 차지하고 있는 것으로 보아 항성 생성 후에 남은 부스러기들이다. 항성이 생길 때면 필연적으로 부스러기들이 남는다는 사실은 우리 인류에게는 큰 행운임이 분명하다.

항성이 만들어지려면 구성 물질 대부분이 수소와 헬륨이고 산소, 규소, 철 같은 질량이 큰 원소가 조금 섞인 커다란 기체 덩어리가 있어야 한다. 질량이 큰 원소는 초기 항성들의 부산물이지만 수소와 헬륨은 빅뱅과 함께 탄생한 최초의 산물들이다. 흔히 우주 기체와 먼지 구름은 수많은 별들을 만들어 낼 정도로 크기 때문에 그 속에서는 분명히 우리의 태양 같은 항성도 탄생하게 된다. 모든 항성은 자체 중력 때문에 구름이 수축하면서 만들어지기 시작한다. 구름이 붕괴되면서 자기장이 변하고 그 옆을 지나가는 다른 기체 구름의 중력 때문에 방해를 받기도 하지만 언제나 결과는 같다. 기체가 응축되는 동안 계속해서 온도가 올라가 수백만 년 정도 흐르면 몇몇 질문 전에 살펴본 것처럼 핵반응이 시작된다.

우주 먼지는 원시 항성 주위를 빙글빙글 돌면서 원시 행성계 원반이 될 물질들로 변해가며, 자전하는 동안 점점 평평해진다. 행성은 원시 행성계 원반 속에서 만들어진다. 제일 처음 일어나는 일은 물질들이 서로 달라붙어 점차 커다란 물질로 자라는 것이다.

소용돌이치는 원반의 중심 면에서는 입자들이 끊임없이 부딪쳐 결국 지름이 몇 킬로미터에 달하는 미소행성체(planetesimal)로 자란다. 미소행성체 단계에서는 두 천체의 부딪침으로 천체의 크기가 커질 수도 있고 산산이 부서져 버릴 수도 있다. 대부분은 천체의 크기가 커지는 쪽으로 진화하지만 실제 행성이 된 천체의 개체수는 미소행성체보다 훨씬 적으며 행성 간의 거리도 미소행성체 간의 거리보다 훨씬 커지게 된다.

그 무렵이면 원시 행성계 원반은 항성계의 형태를 대충 갖추게 되지만 행성 크기의 천체 주변에 남아 있는 파편들을 치우는 일은 그로부터도 수억 혹은 수십억 년이라는 세월이 흘러야 끝난다. 우리 태양계만 하더라도 파편들이 여전히 남아 있기 때문에 1년 동안 지구를 강타하는 유성만 해도 수천 톤이 넘는다.

천체끼리 서로 부딪치며 커 나가는 과정이 행성 생성에 가장 중요한 요소이기는 하지만 우리 태양계만 봐도 그보다 더 복잡한 요소가 숨어 있음을 분명히 알 수 있다. 우리 태양계 내부에 있는 암석 행성들—수성, 금성, 지구, 화성—은 모두 소행성 대 안쪽에 있으며, 암석 행성과는 사뭇 다른 거대한 기체 행성들—목성, 토성, 천왕성, 해왕성—은 모두 소행성 대 바깥쪽에 있다. 그 이유는 젊은 별 가까이 있는 먼지 입자들은 훨씬 뜨거운 온도로 가열되기 때문에 생성 초기에 기체는 날아가 버리고 그 후에야 증식 과정이 진행됐기 때문이라고 생각된다.

반면 원시 항성에서 멀리 떨어져 있던 원시 행성들은 상대적으로 온도가 낮았기 때문에 붕괴되는 구름의 기체를 모아 거대한 기체 행성으로 성장할 수 있었을 것이다. 그러나 남은 기체는 새로 탄생한 항성이 T 타우리 단계를 거치는 동안 만들어 내는 강한 소립자 폭풍에 날려가 버린다(내 생각에는 T 타우리 단계는 갓난아기 때 경험하는 복통과 비슷하지 않을까 싶다). 거대한 기체 행성으로 자라날 천체들은 태양계 외곽에 있는 차가운 카이퍼대의 소행성들처럼 얼음으로 된 미소행성체들이 달라붙었을 것이다. 그중에서도 특히 천왕성과 해왕성의 생성에 얼음 미소행성체가 중요한 작용을 했을 거라고 생각한다.

아직은 비교해 볼 수 있는 외부 행성계를 제대로 연구해 본 적이 없기 때문에 우리 태양계의 행성의 생성 과정이 행성계의 보편적인 생성 과정이라고 단정하기는 어렵다. 어쩌면 우리 태양계의 행성들은 유례를 찾아보기 어려운 독특한 생성 과정을 거친 결과물일지도 모른다. 최근 운석 물질에서 둥근 형태의 먼지 입자를 찾아냈다. 입자의 모양이 둥글다는 것은 초신성 폭발 같은 높은 에너지의 방사능을 방출하는 물질 옆에 있었다는 뜻이다. 둥근 입자가 열을 받지 않은 다른 입자보다 더 잘 달라붙는 게 맞는다면, 그것은 암석 행성이 만들어지기 위해서는 초신성 폭발이라는 단계가 반드시 있어야 한다는 뜻일지도 모른다. 그러나 아직 입증된 것은 없다.

태양계에 관한 한층 발전된 견해는 우주 발생론이 주장하는 가설 중에는 최소한 설명해 보려는 시도는 해야 할 것들이 있음을 말해주고 있다. 여기 1772년 독일 천문학자 요한 E. 보데(Johann Elert Bode)가 제시한 보데의 법칙이라는 수열이 있다(사실 그보다 몇 년 앞서 요한 티티우스(Johann Titius)가 언급하기는 했지만). 먼저 0부터 시작해서 두 배씩 수의 크기를 증가시켜 보자. 0, 3, 6, 12, 24, 48, 96, 192……. 이제 이 수열의 항에 각각 4를 더해 보라. 그러면 4, 7, 10, 16, 28, 52, 100, 196……이라는 수열이 나온다. 이 수열이 의미하는 바는 무엇일까? 태양에서부터 지구까지의 거리를 10이라고 하면 나머지 행성들과 태양과의 상대적인 거리가 거의 정확하게 맞아떨어진다. 태양에서부터 수성까지의 거리는 3.9, 금성까지의 거리는 7.2, 지구까지의 거리는 당연히 10.0, 화성까지의 거리는 15.2, 가장 큰 소행성인 케레스까지의 거리는 27.7, 목성까지의 거리는 52, 토성까지의 거리는 95.4, 천왕성까지의 거리는 191.8이다. 따라서 그 다음에 있는 행성은 태양까지의 상대적인 거리가 388정도 되어야 한다. 해왕성의 상대 거리는 300.7로 수열에서 벗어나지만 명왕성이 394.6으로 얼추 비슷하다.

태양의 기원에 대해 연구하던 초기 이론가들은 보데의 법칙을 설명하기 위해서 지루할 정도로 노력했지만 현재 보데의 법칙은 낡은 이론이 되었다. 과학자들은 대부분 보데의 법칙이 신기한 수열이기는 하지만 물리학적인 측면에서는 중요할 것이 없는 수열이라고 생각한다. 그러나 내 생각엔 언젠가 보데의 법칙의 진정한 중요성을 밝혀 줄 행성 생성 가설이 등장해 위대한 독일 천문학자의 오명을 씻어 줄 거라 믿는다. 어디 한 번 추이를 지켜보자!

● 행성들이 회전하는 이유와 회전 속도가 줄어들지 않는 이유는?

1800년대로 돌아가 보자. 학교에 다니는 우리는 한 물체의 자전과 공전의 차이점에 대해서 배웠을 것이다. 예를 들어 행성이 축을 중심으로 도는 것은 자전이며 궤도를 따라 태양 주위를 도는 것은 공전이다. 어떤 물체가 한 축을 중심으로 빙글빙글 도는 것을 자전이라고 하는데, 왜 연발 권총은 자전하는 물체라는 뜻의 로테이터(rotator)가 아니라 공전하는 물체라는 뜻의 리볼버(revolver)라고 하는 걸까? "그 애리조나 녀석은 로테이터를 꺼내

보안관을 벌집으로 만들어 버렸다"라고 하는 게 옳을 것 같은데. 리볼버라니, 어딘지 모르게 전동 경운기로 무장한 카우보이를 연상시킨다.

이런 어처구니없는 언어 선택은 북극에서 보면 지구의 자전 방향과 공전 방향이 모두 반시계 방향이라는 사실을 설명할 때도 나온다. 천문학자들은 반시계 방향으로 움직이는 것을 천체가 서에서 동으로 이동하는 '순행'이라고 표현하거나 천체의 회전 궤도와 같은 방향으로 운동한다 하여 '동조 운동'이라고 표현한다. 반대로 시계 방향으로 움직이는 천체에 대해서는 '역행'한다고 표현한다.

현재 태양계의 거의 모든 천체들은 반시계 방향으로 자전과 공전을 한다. 태양도 자전축을 중심으로 반시계 방향으로 25.4일을 주기로 자전하고 있다(극지방의 자전 속도는 이보다 조금 늦다). 모두가 반시계 방향으로 움직일 때 자신은 그럴 수 없다며 역행하는 천체는 금성과 천왕성과 명왕성이다(물론 금성은 동기식 회전을 하고 있지만. 6장 '달의 낮 길이는?' 참고). 또 기체 행성의 가장 바깥쪽에 있는 위성 중에는 역행하고 있는 위성들도 있다. 이는 이 위성들이 행성이 처음 생성될 때 함께 만들어진 것이 아니라 시간이 흐른 후에 행성의 중력장에 잡혔음을 의미한다.

태양계의 천체 대부분이 같은 방향으로 움직이고 있는 것은 우연일 수 없다고 생각되며, 실제로도 그렇지 않다. 우리가 보고 있는 것은 태양계가 처음 형성될 때부터 있었던 기체와 먼지 구름의 자전 방향이다(앞 질문 참고). 처음에는 기체 먼지 구름의 회전 속도가 느렸지만 자체 중력 때문에 붕괴되면서 각운동량을 보존하기 위해 점점 증가했다. 사무 의자에 앉아 빙글빙글 돌아보면 무슨 말인지 알 수 있을 것이다. 처음 돌기 시작했을 때는 다리가 쭉 펴지지만 곧 의자의 회전축 쪽으로 다리를 끌어당기게 된다. 그때 느끼는 속도의 증가가 바로 46억 년 전 붕괴되던 우주 기체 구름이 경험한 일이다. 빙글빙글 의자 돌리기는 아주 재미있지만 너무 많이 하면 토할지도 모른다. 원시 행성계 원반이 다량의 행성을 토해 놓은 것처럼.

자전 속도는 어째서 줄어들지 않는 걸까? 사실 자전 속도는 줄어들고 있다. 그것도 아주 빠른 속도로 줄어들고 있다. 6장에서 살펴보았듯이 달의 자전 속도는 공전 속도와 함께 계속해서 줄어들고 있다. 조석 마찰 때문에 태양계 전체에 걸쳐 자전 속도와 공전 속도가 줄어들고 있다. 그러나 아직 태양계의 자전 에너지는 아주 많이 축적되어 있기 때문에 앞으로도 몇백억 년은 끄떡없이 회전할 수 있다. 그러니 지레 겁먹지 말자!

● 행성의 궤도가 모두 같은 원반 위에 놓여 있는 이유는?

태양계의 기원에 관한 질문에서 초기 태양의 잔여물이 회전하는 원시 행성계 원반을 만들고 그 원반에서 행성이 생겨났다는 이야기를 했었다. 빙글빙글 도는 물체의 중력은 중심 면을 향하게 되기 때문에 회전하는 원반은 얇아지고 뚜렷한 경계가 생긴다. 원시 행성계 원반의 마지막 흔적이 현재 우리가 알고 있는 행성들의 궤도이다. 수성과 금성을 뺀 나머지 행성의 궤도는 모두 지구의 공전 궤도면과 2.5도가 넘지 않는 각도로 기울어져 있다. 두 내행성의 공전 궤도면이 지구의 공전 궤도면과 이루는 각도가 크다는 사실은 행성들이 아주 얇은 원반에서 만들어졌다는 사실을 뒷받침해준다(수성의 공전 면은 7도, 금성의 공전 면은 3.4도 기울어져 있다.)

명왕성의 공전 궤도면이 지구의 공전 궤도면과 17도나 될 정도로 크게 기울어져 있고 궤도면의 형태가 아주 긴 타원형이라는 사실은 명왕성의 기원이 다른 행성들과는 다르다는 첫 번째 증거이다. 현재 명왕성의 공전 궤도면의 기울기는 카이퍼 소행성대 천체들의 전형적인 형태이며 카이퍼 소행성대 물질 중 명왕성은 비교적 큰 편이라는 사실이 밝혀졌다. 사실 명왕성을 제외한 카이퍼 소행성대 천체가 한 개도 발견되지 않았던 1980년대에 카이퍼대가 공전 주기가 짧은 혜성들이 모여 있는 곳일 가능성이 대두되면서 소행성들의 존재 가능성에 힘이 실렸다. 그 소행성들은 공전 주기가 200년이 되지 않았고 궤도면은 태양계의 원반에 아주 근접해 있었다.

아주 멀리 떨어져 있다는 사실을 생각해 보면 당연한 말이지만 카이퍼대는 계속해서 놀라운 소식을 우리에게 전해주고 있다. 2005년 말, 천문학계는 지름이 500에서 1,000킬로미터 정도 되는 거대한 천체를 발견하고 최신 스포츠 세단의 이름처럼 들리는 '2004 XR 190'이라는 이름을 붙여 주었다. 그러나 '2004 XR 190'을 발견한 캐나다인들은 이 천체를 텔레비전에 나오는 뱀파이어 사냥꾼의 이름을 따 버피라는 별명으로 부른다. 왜 하필 뱀파이어 사냥꾼일까? 그 이유는 아마도 이 천체가 한 가지 가설을 죽일 거라고 생각했기 때문일 것이다.

버피의 궤도는 대부분의 카이퍼 소행성대 천체와 달리 원형에 가깝고 태양으로부터 85억 킬로미터 떨어져 있으며 아주 놀랍게도 공전 궤도면이 태양계 원반과 47도나 기울어져 있다. 버피의 공전 궤도면이 독특하게도 원형인데다 태양계의 원반과 47도나 기울어진 이유에 대해서는 밝혀내기가 무척 어렵지만 해왕성의 궤도 변화나 근처 항성과의 조우 가능성 등을 생각해 보게 한다. 이 같은 사실은 카이퍼대의 모습을 다시 생각해 보는 계기가 될지도 모른다. 아무튼 우주는 지켜보고 볼 일이다.

● 무엇이 행성을 둥글게 하는가?

이 장 맨 앞에서 우리는 둥근 형태가(정확히 말하면 구형이) 행성 지위를 얻을 수 있는 필수 조건 가운데 하나임을 살펴보았다. 행성들은 대부분 완벽한 구형은 아니다. 자전 때문에 적도 부분이 살짝 부풀어 오르기 때문이다. 태양계의 행성 중 가장 뚜렷한 편원의 형태를 하고 있는 행성은 토성이다. 토성의 극지방 지름은 적도 지방 지름보다 10퍼센트 정도 짧다.

편원 현상에도 불구하고 행성들이 대부분 원의 형태를 취하고 있는 이유는 오래전에 형성된 중력 때문이다. 보통 지름이 700킬로미터 정도가 넘으면 행성체는 모양이 변형되려는 현상을 극복할 수 있는 자기 중력을 갖게 된다. 특정 크기 이상의 물체가 중력 대비 가장 안정한 상태를 유지할 수 있는 형태는 바로 구이다. 우주선 안에서 떨어뜨린 액체 방울이 둥근 구의 형태를 취하는 모습을 보았을 것이다. 그런 모양이 되는 이유도 행성이 둥근 이유와 같다.

행성이 형성될 때는 분화 과정을 겪는데 이때도 중력이 중요한 역할을 한다. 생성 초기의 지구처럼 커다란 행성체의 내부는 방사능 활동, 중력 압축, 미소행성체의 충돌 같은 여러 가지 요인으로 인해 뜨겁게 달궈진다. 그 때문에 내부가 녹아 무거운 물질이 행성의 중심으로 가라앉아 핵과 맨틀 구조를 완성한다.

명왕성이나 에리스 같은 카이퍼대의 큰 천체들이 행성이 되다만 천체라는 증거들이다. 그런 천체들의 행성화가 중간 과정에서 멈춘 이유는 무거운 물질을 중심으로 끌어내리는 중력의 힘이 모자랐기 때문이라고 생각된다. 명왕성은 물론이고 에리스도 행성 분화 과정이 얼음 맨틀에 둘러싸인 암석 핵이 형성되는 과정에서 끝난 것 같다. 명왕성의 표면은 메탄, 이산화탄소, 에탄이 포함된 고체 질소로 이루어져 있다고 알려져 있다. 그러나 명왕성의 휘발성 얼음 표면 밑에 있는 얼음 맨틀 속에는 물이 얼어 있을 것으로 추정되고 있다. 1988년 아주 희박한 양이 존재한다고 알려진 명왕성의 대기는 대부분 기체 질소로 이루어져 있을 것이다.

콜로라도 볼더(Boulder)에 있는 사우스웨스트 연구소 같은 여러 기관이 행성 생성에 관한 컴퓨터 가상 실험을 해 본 결과 지구만한 천체도 태양계 외곽에서 만들어질 수 있음이 밝혀졌다. 그런데 왜 그런 행성을 찾을 수 없는 걸까? 만약 명왕성이 행성으로 가는 중간 단계에 있는 천체라면 2015년 명왕성 근처를 지나가는 뉴 호라이즌 호가 차가운 환경 속에서 만들어지는 행성의 생성 과정을 보여주는 자료를 보내올 것이다. 그렇게 되면 행성의 생성 과정에 대한 인류의 지식을 다시 한 번 점검해 봐야 할 것이다.

● 토성 고리의 정체는?

1610년 갈릴레오가 자신이 새로 만든 완벽한 망원경으로 천체 관찰을 왕성하게 하고 있을 때 가장 시선을 끈 천체 중 하나가 바로 토성이다. 그는 비공식적인 자리에서 망원경으로 본 토성은 특이하게도 작은 원반이 큰 원반 양쪽에 한 개씩 붙어 있는 것처럼 보인다고 했다. 토성에 대해서 계속해서 연구를 했음에도 갈릴레오는 그것이 무엇인지 밝혀내지 못했고, 작은 원반의 정체를 몰라 당황스러웠던 동시대 다른 천문학자들은 토성에 귀가 붙어 있다고 묘사했다. 귀의 정체는 그로부터 50년 정도 지난 후에 밝혀졌다. 네덜란드 수학자 크리스티안 호이겐스(Christiaan Huygens)는 토성의 귀가 사실은 토성을 감싸고 있는 넓은 고리, 정확하게 말하면 고리들임을 밝혀냈다.

그로부터 불과 2세기가 흐른 1859년, 위대한 스코틀랜드의 물리학자 제임스 클러크 맥스웰(James Clerk Maxwell)이 오직 수학만을 이용해서 토성의 고리가 고체가 아닌데도 안정된 상태를 유지한다는 사실을 알아냈다. 그는 토성의 고리는 수백만 개가 넘는 작은 천체들이 저마다 자신의 궤도를 유지하며 토성 주위를 돌고 있기 때문에 생긴다고 했다. 맥스웰의 주장이 사실로 밝혀진 것은 1895년 미국의 관측가 제임스 킬러(James Keeler)가 분광기라는 획기적인 천문학 관측 도구로 토성의 고리를 관측했기 때문이다. 가시광선 스펙트럼을 이용해 토성 고리의 한 지점의 속도를 측정해본 결과 고리는 하나의 단단한 고체 물질이 움직이고 있는 것이 아니라 수많은 입자들이 움직이고 있음이 분명했다.

1970년대 토성의 중력장에서 플라이바이를 시도한 파이어니어 호와 보이저 호 덕분에 인류는 토성의 고리를 직접 눈으로 볼 수 있었다. 그리고 2004년 7월 카시니 호가 토성의 궤도를 돌면서 놀라운 영상들을 보내왔다. 우주선들이 보내온 영상과 여러 가지 측정 결과는 토성의 고리가 한 개의 커다란 고리가 아니라 여러 개의 작은 고리들의 모임임을 분명히 했다. 고리 중에는 신기하게도 끈처럼 꼬인 고리도 있었고 바퀴살 같은 모양도 있었으며 많은 고리들이 양치기 위성의 보호를 받고 있었다.

토성의 고리는 햇빛을 아주 잘 반사하기 때문에 밝게 빛난다.

대부분이 얼음으로 된 고리 입자들은 지름이 1센티미터 정도인 것에서부터 10미터에 이르는 것까지 그 크기가 아주 다양하다. 놀라운 사실은 고리의 두께가 100미터를 넘지 않아 전체 둘레의 지름이 275,000킬로미터인 고리를 옆쪽에서 보면 칼날처럼 보인다는 것이다. 고리가 너무 얇기 때문에 지구에서 보면 고리가 안 보일 때가 있다. 2009년과 2024년에 그런 현상을 관찰할 수 있다.

토성의 고리가 왜 생겼는지는 알 수 없지만 고리의 대부분이 행성이 생겼을 때 함께 생겼거나 얼음 혜성의 핵이 붕괴되면서 생긴 것으로 추정하고 있다. 목성, 토성, 천왕성, 해왕성 같은 거대한 기체 행성은 모두 고리를 한 개 이상 가지고 있지만 토성처럼 크고 많은 고리를 가진 행성은 없다. 정말 토성은 태양계의 진주라 할 만하다.

●●● 양치기 위성 : 토성 고리의 가장자리를 도는 위성 – 옮긴이

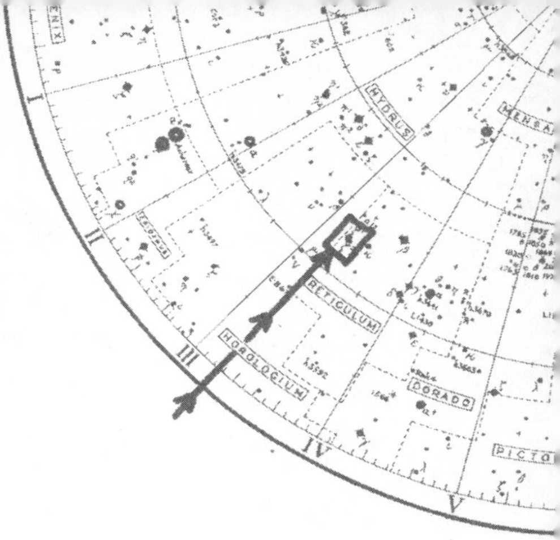

춤추는 행성들
: 영원한 태양계의 무도회

● 행성이 일렬로 늘어서면 어떤 일이 일어날까?

태양이 태양계의 중심이라는 사실을 알게 된 후부터 오랫동안 우리는 저마다의 궤도를 돌고 있는 행성들의 복잡한 춤사위에 매혹되어 왔다. 아마도 행성들이 정해진 주기대로 태양 주위를 도는 오렐리(태양계의(太陽系儀))라는 기계에 사람들이 매혹됐던 것도 그 때문일 것이다. 이 정교한 작은 기계의 이름은 18세기 초반 그중에 하나를 만들었던 코크와 오렐리의 4대 백작 찰스 보일 때문에 붙여진 것이다.

행성들이 계속해서 춤을 추다 보면 어느 순간에는 나란히 서게 되는 경우도 있을 것이다(상대적으로 기울어져 있는 공전 궤도에 대해서는 무시하도록 하자. '행성의 궤도가 모두 같은 원반 위에 놓여 있는 이유는?' 참고). 그러니 이런 질문이 나오는 것도 당연하다. 이런 질문에는 별 다른 일이 없다고 하는 것보다는 오랜 세월 동안 괴담을 퍼트리는 사람들이 만들어 놓은 이야기를 하는 편이 훨씬 더 극적이다. 사실 행성이 일렬로 늘어서면 무시무시한 일이 벌어진다는 이야기가 많지만 그런 일은 일어나지 않는다.

어둠의 대가들이 예언하는 그런 무시무시한 일은 일어나지 않는다. 가장 최근에 들은 이야기는 행성들이 일렬로 늘어서면 전자기장이 증폭되어 지구가 산산이 쪼개지는 종말론적 재앙이 닥친다는 것이다. 정말 대단한 이야기다. 사실 멀리 떨어져 있는 행성들 사이에 영향을 미칠 수 있는 힘이 있다면 오직 중력뿐인데, 중력 교란은 지금도 끊임없이 일어나고 있는 현상이다. 믿거나 말거나 행성들이 일렬로 늘어섰을 때 지구에 미치는 전체 중력 교란양은 매달 태양과 달이 지구에 미치는 중력 교란에 비해 턱없이 적은 양이다.

내 말을 못 믿겠으면 2000년 5월에 있었던 일을 떠올려 보라. 그때 눈으로 보이는 행성 다섯 개가 거의 일렬로 늘어선 적이 있다(불행하게도 천구 상에서는 태양과 너무 가까워 잘 보이지는 않았지만). 그때 뭔가 불길한 일이 벌어졌었나? 내 기억에는 아니다. 그때 일렬로 늘어섰던 수성, 금성, 화성, 목성, 토성이 2040년 9월 8일이 되면 태양이 진 후에 다시 한 번 일렬로 늘어설 것이다. 그때는 가는 초승달 및 다섯 행성들 모두를 10도 범위 안에서 찾을 수 있을 것이다. 그때 내 나이 95살이다. 행성이 늘어서는 모습을 내 휠체어를 밀어주는 사람과 함께—그 사람이 서른다섯 살 된 여자 친구였으면 하는 강력한 소망이 있지만— 노안이 된 눈으로 직접 보고 싶다. 뭐, 아무 데나 가리키며 행성이 늘어선 모습이라고 해도 그대로 믿겠지만 말이다. 그러면 어떤가! 어쨌든 행복하게 죽을 텐데!

● 합(근접), 충, 통과, 성식(엄폐)이라니, 도대체 무슨 말인가?

이 과학 용어들은 기본적이면서도 화려한 행성의 운동을 명확하게 설명하는 용어들이다. 합(conjunction)이란 행성과 항성, 행성과 태양 혹은 달, 또는 행성과 행성처럼 두 천체가 하늘 위에서 거의 같은 위치에 놓여 있을 때 사용하는 말이다.

보통 행성이 합해 있다고 하면 그것은 태양 가까이 떠 있다는 뜻이다. 수성과 금성은 두 가지 형태의 합이 일어난다. 그중 하나는 내합(inferior conjunction)으로 행성이 태양과 지구 사이에 놓일 때를 가리킨다. 또 다른 형태는 외합(superior conjunction)으로 그때 행성은 태양의 뒤에 놓인다. 화성처럼 지구의 공전 궤도 밖에 있는 외행성들은 외합만 일어난다. 내행성인 수성과 금성은 태양과의 거리가 최대로 멀어지는 '최대 이각(greatest elongation)'이라는 중요한 현상이 일어나는데 그때 가장 잘 보인다. 최대 이각 때 수성은 태양으로부터 28도까지 멀어지며 금성은 47도까지 멀어진다.

합의 반대는 충(opposition)으로 행성이 태양의 정반대쪽에 뜰 때를 뜻한다. 충일 때 행성은 보름달처럼 태양이 질 때 뜨고 태양이 뜰 때 진다. 수성과 금성은 충 현상이 없지만 외행성은 모두 이따금씩 충 현상이 생긴다(영어 opposition에는 반대당이라는 뜻이 있다. 반대당이 없다니, 정치인들이 수성과 금성을 부러워할 만하지 않은가!).

얼핏 생각하기에는 충일 때가 행성을 관찰할 수 있는 가장 좋은 시기일 것만 같다. 그도 그럴 것이 밤새 볼 수 있는데다 지구와 가장 가깝고 태양 빛을 직접 받아 가장 빛날 테니까. 그러나 사실 행성들의 공전 궤도는 완벽한 원의 형태가 아니기 때문에 모든 충이 관측하기에 좋은 것은 아니다. 가령 화성의 경우 2003년 8월 29일에 지구에서 가장 가까운 거리인 5천 6백만 킬로미터 거리에서 충이 일어났다. 화성의 충 현상은 대략 2년 간격으로 일어나고 있지만 그토록 가까운 거리로 오려면 또다시 수천 년이 흘러야 한다.

수성과 금성의 통과(transit) 현상은 내합이 일어나는 동안 행성이 지구의 공전 궤도면을 지나갈 때 일어난다. 합일 때 지구에서 보는 수성과 금성은 태양의 위나 아래를 통과한다. 그러나 통과 때는 내행성이 정확히 태양을 가로질러 간다. 수성의 통과 현상은 100년에 13~14번 정도 일어나는데 가장 최근에 있었던 수성의 통과는 2006년 11월 9일이었다. 다음 통과는 2016년 5월 9일에 관찰

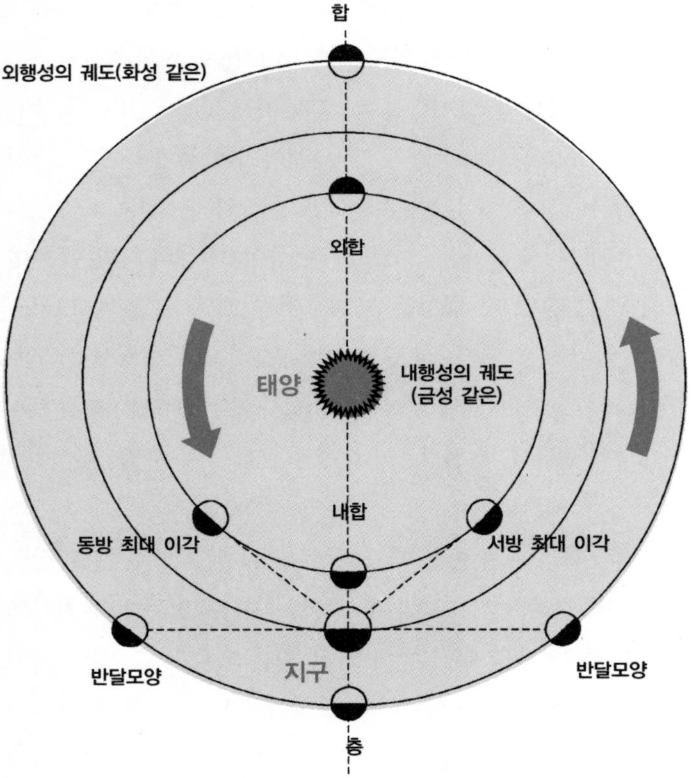

지구의 북극에서 본 행성의 궤도

그림11 내행성과 외행성의 축일들

할 수 있지만 호주에서 수성의 통과를 보려면 2032년 11월 13일까지 기다려야 한다.

금성의 통과 현상은 수성보다 드물게 관측된다. 18세기와 19세기 동안 이 유명한 천체 현상은 에드먼드 핼리가 고안한 기술을 이용해 태양계의 규모를 재는 도구로 활용됐다. 금성의 통과 현상은 지구 전역에서 동시에 관측된다. 금성의 통과 현상은 한 번 일어날 때 8년 간격으로 두 번 일어나지만 두 번째 통과가 끝나면 100년 이상 일어나지 않는다. 이 글을 쓰고 있는 지금은 8년 간격으로 두 번 금성의 통과 현상이 일어나는 중간 시기이다. 금성의 통과 현상은 2004년 6월 8일과 2012년 6월 6일에 일어난다.

마지막으로 성식(occult)이란 종적을 감춘다는 뜻이다. 멀리 있는 천체가 가까이 있는 천체 뒤로 숨을 때 성식이 일어난다. 다른 천체를 가장 많이 감추는 천체는 비교적 큰 몸집으로 큰 자리를 차지하며 하늘을 날고 있는 달이다. 달은 행성과 항성을 자주 사라지게 만든다. 달이 감추는 것 외에 성식이 일어나는 경우는 드물긴 하지만 행성이 항성을 가리는 경우, 더욱 더 드물기는 하지만 행성이나 행성의 위성이 행성을 가리는 경우이다.

성식을 통해 많은 것을 알 수 있다. 아마추어 천문가들이 예측하는 정확한 달의 성식 시기는 달의 궤도와 달의 산의 높이 같은 여러 가지 특징을 알려주는 귀중한 자료이다. 행성의 성식은 행성의 대기 상태나 고리의 유무 등을 알려준다(가장 최근에 관측한 행성의 성식 현상은 현재 행성의 지위를 박탈당한 명왕성의 성식 현상이다. 앵글로 오스트레일리안 망원경으로 관측했다). 천왕성의 고리도 1977년 3월 10일에 일어난 천왕성에 의한 성식 현상 때 발견했다. 소행성의 성식 현상도 소행성의 특징을 자세히 드러내는 기회로

위성을 가지고 있는지 없는지를 알려준다.

천체의 성식 현상 중에서 가장 놀라운 광경은 달이 해를 가리는 것이다. 뭐, 달이 해를 가리는 성식은 보통 개기 일식이라고 부르지만.

● 내가 1957년, 1965년……에 본 혜성의 정체는?

거의 원의 형태를 그리며 태양 주위를 도는 행성과 달리 혜성의 궤도는 아주 긴 타원형이며 때로는 끝나지 않을 때도 있다. 무슨 말인고 하니 한번 태양을 지나가면 다시는 돌아오지 않는 혜성도 있다는 뜻이다.

현재 우리는 혜성이 산맥만 한 크기에 얼음과 먼지가 약하게 결합되어 있는 날아다니는 얼음 덩어리라는 사실을 알고 있다. 어쩌면 혜성은 태양을 만든 최초의 기체와 먼지가 한 번도 열을 받은 적이 없이 뭉쳐 있는 것인지도 모른다. 2005년 딥 임팩트(Deep Impact) 프로젝트나 2006년 스타더스트(Stardust) 호의 표본 캡슐 귀환 같은 연구는 모두 혜성 탐사와 관계가 있다. 이동하는 혜성의 핵은 태양 가까이 가자마자 혜성의 특징을 띠게 된다. 혜성의 머리에서 휘발성 물질이 기체로 변해 코마를 형성하고 그 결과 뚜렷한 특징을 지닌 꼬리가 생긴다(코마, 혜성의 핵을 둘러싼 대기). 때때로 혜성은 지구의 밤하늘에 멋진 장관을 연출한다. 2007년에는 내 동료인 사이딩 스프링 천문대의 롭 맥노트(Rob McNaught)가 그 전 해 8월에 발견한 맥노트 혜성(C/2006 P1)이 밤하늘을 장식했다. 혜성은 태양에 가까이 갔다가 지구 근처를 지날 때 특히 밝게 빛난다(혜성이 태양에 가장 가까이 접근할 때 근일점에 도달했다고 한다).

오늘날 과학자들이 혜성에 큰 관심을 갖는 이유는 혜성이 태양계의 형성과 지구 생명체의 근원에 대해 알려줄지 모른다는 희망 때문이다. 대부분의 혜성이 갓 태어난 태양 주위를 돌던 원시 행성계 원반의 얼음 잔여물임이 분명하다면 혜성은 태초의 먼지 입자가 영원히 얼은 상태로 우주에 떠다니는 로제타석이라 할 수 있다. 그 속에는 살아 있는 세포의 선조가 될 유기 얼음이 들어 있을지도 모른다.

지구의 역사에 있어 혜성의 역할을 중요하게 생각하는 이유는 혜성이 충돌할 때 얼음과 메탄, 암모니아 등이 지구로 유입됐을 가능성이 있다고 보기 때문이다. 그런 물질들은 복잡한 유기 분자의 재료이기 때문에 지구의 생명체는 혜성에서 왔다고 보는 과학자들도 있다. 그 때문에 혜성의 얼음 층은 비상한 주목을 받고 있다.

그러나 대부분의 사람들에게 혜성은 어느 날 갑자기 찾아와 지구의 생명체를 종식시킬 수도 있는 방문객이다. 언제나 혜성에 대

공식 명칭	별칭	주기
C/1956 R1	아랑-롤랑 혜성	무한대
C/1965 S1	이케야-세키 혜성	800년
C/1969 Y1	베넷 혜성	1,680년
C/1975 V1	웨스트 혜성	500,000년
1P(1986년 출현)	핼리 혜성	76년
C/1996 B2	햐쿠타케 혜성	14,000년
C/1995 O2	헤일-봅 혜성	2,400년
C/2002 C1	이케야-장 혜성	341년
C/2006 P1	맥노트 혜성	무한대

표1 출처: 필립의 천문학 백과 사전

해 묻는 청취자가 있는 것도 바로 그 때문이다. 왜 그런지는 충분히 이해한다. 1957년 4월 말, 아랑 롤랑(Arend-Roland) 혜성(C/1956 R1)이 영국 북부 하늘에 나타난 사건도 프레드 왓슨이라는 사람이 천문학에 대한 열정을 불태우는 계기가 됐다. 흥미롭게도 20세기에는 몇 개 정도는 낮에도 보일 정도로 아주 밝은 혜성이 보였던 19세기에 비해 밝은 혜성의 방문이 적었다.

앞 페이지 표는 지난 50년 동안 우리 하늘을 밝게 빛낸 혜성들이다. 이 표가 내게 그랬던 것처럼 당신들에게도 이상향을 여행하는 즐거움이 되어 주기를…….

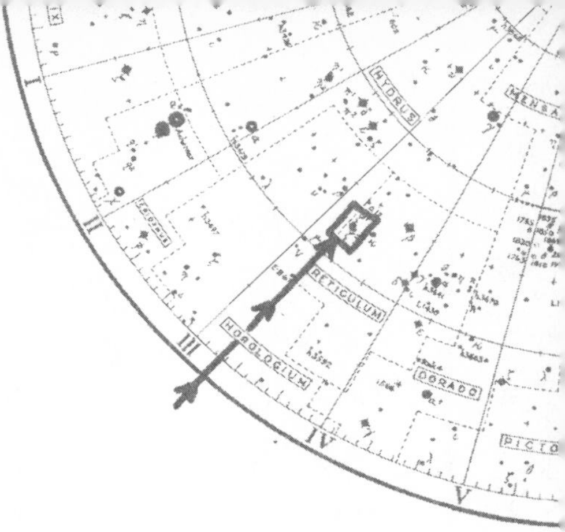

독특한 행성들
: 신기한 우리 태양계

● 다른 행성들도 자기장을 띠고 있을까?

정말 굉장한 질문이며 로봇이 행성을 탐사하는 오늘날에나 대답할 수 있는 유일한 질문이다. 로봇이 탐사할 수 없는 행성은 목성뿐이다. 1950년대 전파 천문학자들이 밝혀낸 바에 따르면 목성은 강력한 방사능대에 둘러싸여 엄청나게 강한 자성을 띠고 있다고 한다. 목성의 자기장은 태양계 내 어떠한 행성보다도 강하며 지구의 자기장보다 2만 배 정도 크다고 한다. 자기장이 가장 약한 행성은 금성으로 자기장을 측정할 수 없을 정도다. 나머지 행성들은 금성과 목성의 중간 정도이다.

3장 '지구의 자기장은 역전될까?'에서 살펴보았듯이 지구의 자기장은 고체와 액체 철로 이루어져 있는 핵이 움직이기 때문에 생긴다. 완벽하게 같지는 않아도 다른 행성들의 자기장도 지구와 비슷한 이유 때문에 생겼을 것이다. 어떤 과학자들은 목성의 내부에는 주위를 둘러싼 다량의 수소의 무게에 짓눌려 압축된, 전하를 띤 고체 수소 핵이 있을 것으로 추정하는 사람도 있다. 토성도 목성과 비슷할 것으로 추정된다. 천왕성과 해왕성의 경우에는 목성과 같은 일이 벌어지기에는 수소의 양이 적지만 지구보다는 강한 자성을 띠고 있다. 4개의 거대 행성의 자성을 띤 극지방에서는 오로라가 관측된다고 한다.

수성은 약한 자성을 띠고 있다. 지구의 날을 기준으로 58.6일이나 되는 가장 느린 자전 주기를 생각해 볼 때 약간 의외이다. 화성의 자성은 거의 화석화되어 표면 여기저기 영구적으로 자성을 띤 암석이 남아 있을 뿐이다. 달의 자성도 화성과 비슷하다. 아마도 두 천체 모두 한때는 활발하게 움직이는 핵을 가지고 있었지만 내부가 식으면서 핵의 활동도 멈춘 것으로 보인다. 따라서 화성과 달에 갈 때는 나침반은 가져가지 않아도 된다.

● 화성에서 온 운석임을 어떻게 알 수 있나?

이 글을 쓰고 있는 현재 화성에서 온 운석으로 밝혀진 것은 34개이다. 운석의 성분을 분석해 본 결과 희한한 이름을 붙인 세 가지 종류로 구분됐다. 첫 번째는 세르고타이트(shergottite, 화성 현무암), 두 번째는 나크라이트(nakhlite, 투휘감람무구립운석), 세 번째는 차시그나이트(chassignite, 감랍무구립암)이다(정말로 맹세하는데, 내가 지은 이름이 아니다).

이 세 종류의 운석들은 지구가 아닌 화성에서 볼 수 있는 화학구조와 동위원소를 가지고 있었다. 이 운석들이 화성에서 왔음이 밝혀진 것은 1980년대 미국 항공 우주국의 바이킹 호가 화성의 대기 표본을 가지고 돌아온 후였다. 그 후 이 운석들이 화성에서 왔음을 알려주는 또 다른 단서들이 계속해서 발견됐다. 현재 우리는 운석이 떨어져 나온 암반의 나이와 운석이 우주를 떠돌던 시간을 추정해 낼 수 있다(보통 화성에서 온 운석은 2백만 년에서 3백만 년 정도 우주를 떠돌았다). 또한 우리는 운석 연구를 통해 운석이 떨어져 나온 암석 위에 물이 흘렀었는지도 알 수 있다.

화성 운석들은 어떻게 해서 지구까지 오게 됐을까? 화성 운석이 지구까지 오게 된 것은 아마도 소행성이나 거대한 운석이 화성 표면과 부딪쳤기 때문일 것이다. 그 충돌은 파편이 화성의 탈출 속도를 넘어 우주로 튀어나가 작은 행성체가 될 정도로 강했을 것이다. 화성은 적어도 세 번의 소(小) 천체 충돌을 겪어 세 가지 다른 종류의 운석을 만들어 낸 것으로 보인다. 충돌 후 몇백만 년 동안 떠돌던 화성 운석들은 결국 지구로 방향을 돌려 우리 행성 표면에 쌓이게 됐다. 판촉용 경품이라고 할 수 있는 화성 운석은 아주 드물게 발견되기 때문에 일단 발견됐다 하면 자세한 연구가 진행된다.

그중에서도 가장 잘 알려져 있는 화성 운석은 감자만 한 크기의 세르고타이트인 ALH84001이다(1984년 남극에서 찾아낸 이 운석은 찾아낸 곳의 지명을 따 앨런 힐스(Allan Hills) 운석이라고 부른다). 이 운석 속에는 토양에 사는 세균과 비슷하게 생긴 작은 구조물이 들어 있었다. 그 구조물이 화성의 생명체 화석이라고 생각하는 과학자들도 있다. 그러나 대부분의 과학자들은 그런 생각은 너무 극단적이며 터무니없다고 생각한다.

● 천왕성은 왜 거꾸로 있을까?

사실 천왕성은 거꾸로 뒤집힌 게 아니다(그 사실이 천왕성을 기억하기 쉽게 만든다 해도!). 자전축이 공전 궤도면과 거의 수직을 이루는 대부분의 행성들과 달리 천왕성의 자전축은 옆쪽으로 기울어져 있다. 천왕성의 자전축은 공전 궤도면에서 8도 내려간 곳에 있다. 자전축이 북쪽보다는 남쪽에 가까이 있기 때문에 여차하면 행성이 거꾸로 뒤집혔다고 말할 수도 있는 것이다(역방향으로 자전하고 있다고 말할 수도 있겠다).

천왕성의 자전축이 다른 행성들과 다른 이유에 대해서는 아직 밝혀지지 않았지만 가장 그럴듯한 추측은 태양계 탄생 초기에 커다란 충돌이 일어나 행성이 크게 흔들렸다는 것이다('태양계의 기원' 참고). 천왕성처럼 큰 천체의 자전축을 변화시킬 정도로 큰 에너지가 발생하려면 현재 지구와 비슷한 크기의 원시 행성체가 부딪쳐야 했을 것이다.

● 지구를 향해 날아오고 있는 소행성을 발견하면 어떻게 해야 할까?

유능한 정치가들이 늘 이야기하는 대로 이 질문에 대한 가장 근사한 답은 "아직 정해진 것은 없지만……"일 것이다. 하지만 몇몇 질문 전으로 돌아가 보자. 1979년 내 동료들인 에든버러 왕립 천문대의 빅터 클루비(Vitor Clube)과 빌 네이피어(Bill Napier)는 지구는 지질학 시대뿐 아니라 최근까지도 주기적으로 소행성과 혜성체와 충돌한다는 설득력 있는 천문학 가설을 내놓았다. 두 사람의 주장은 미국의 물리학자 루이스 앨버레즈(Luis Alvarez)가 공룡이 멸종할 무렵 쌓인 지층—흔히 백악기와 제3기의 경계로 대략 6천5백만 년 전쯤—에서 이리듐이 많이 들어 있는 점토를 찾아냄으로서 힘을 얻었다. 앨버레즈는 공룡의 멸종 사건이 클루비와 네이피어가 주장한 충돌 때문에 일어났다고 주장함으로써 관심을 한 몸에 받았다.

이 '지구 격변론(terrestrial catastrophism)'은 현재 일반적으로 근거 있는 주장으로 받아들여져 지구가 여전히 소행성이나 혜성처럼 공전 궤도의 일부가 지구 궤도와 겹치는 지구 주변 물체와 충돌할 위험에 노출되어 있다는 믿음을 낳았다. 지구 주변 물체를 감지하고 연구할 책임 기관으로 선정된 미국 항공 우주국의 다양한 천체 관측 프로그램 덕분에 현재 지름이 1킬로미터가 넘는 지구 주변 물체가 90퍼센트 정도 파악됐다. 이 장의 앞에서도 언급했듯이 지름이 250미터만 되어도 한 나라를 완전히 파괴할 수 있다. 따라서 작은 물체도 파악해 두려는 시도가 진행 중이다.

지구 주변 물체를 찾았을 때 그 물체의 위험 정도를 파악하기 위해서 제일 먼저 하는 일은 최대한 예측할 수 있는 만큼 그 물체의 예상 공전 궤도를 파악하는 일이다. 그러기 위해서는 그 물체를 아주 오랫동안 관측해야 한다. 실제로 충돌 위험이 있다는 판단이 서면 그 밖에 다른 요소들도 파악해 내야 한다. 그중에서도 가장 정확하게 판단해 내야 하는 요소는 시간이다. 그 때문에 "아직 정해진 것은 없지만……"이라는 대답이 나오는 것이다. 20년 내지 30년 전에 충돌 위험을 감지하면 그 물체의 궤도를 살짝 바꾸는 것만으로도 무시무시한 재앙을 피할 수 있다. 빨리 예측하지 못했다는 것은 그만큼 재앙을 피하기 위해 드는 노력이 커진다는 뜻이다.

지구를 향해 날아오는 천체의 궤도를 바꾸기 위해서 제일 먼저 해야 할 일은 그 못된 소행성을 향해 우주선을 보내 소행성 위에 무선 표지를 다는 일이다. 그래야만 소행성의 정확한 궤도를 알아낼 수 있다. 충돌 위험이 있는 지구 주변 물체들의 궤도는 지구의 궤도와 크게 다르지 않다. 그러니 그다지 멀리 있는 천체가 아니라는 점을 기억해야 한다. 만약 시간이 충분하다면 그때는 로켓이나 폭발물을 터트려—태양 항법을 이용하자고 주장하는 사람들도 있다— 천체의 진행 궤도를 살짝 바꾸면 된다. 시간이 부족하다면 보다 더 강력한 수단이 필요하다. 따라서 지구를 향해 날아오는 천체가 수천 개의 작은 천체로 나누어지는 한이 있더라도 최악의 경우에는 핵무기를 사용해야 한다.

지난 몇 년 동안 혜성과 소행성의 구조를 좀 더 명확하게 파악하기 위한 우주 탐사가 여러 차례 진행됐다. 니어 슈메이커(NEAR-Shoemaker) 호는 2001년 2월 소행성 에로스에 착륙했으며 하야부사 호는 2005년 9월 소행성 이토카와(Itokawa)의 표본을 채취했다. 2006년 스타더스트 호는 와일드 2 혜성의 표본을 채취해서 보내왔고, 딥 임팩트 호는 2005년 7월 템펠 1(Tempel 1) 혜성에 미사일을 발사했다. 2014년이 되면 유럽 우주 기구의 로제타 우주선이 츄르유모프-게라시멘코(Churyumov-Gerasimenko) 혜성의 화학 조성을 탐사하기 위해 작은 탐사선을 착륙시킬 것이다. 누가 알겠는가! 언젠가 우주 탐사선이 보내온 정보들이 우리의 생명을 구하게 될지.

● 태양계 안에 지구 말고도 생명체가 사는 곳이 또 있다고 생각하는지?

솔직하게 말하면 나는 그렇다고 생각한다. 그리고 아마도 내가 살아 있는 동안 그런 곳을 찾아낼 가능성도 있다고 말이다. 이 질문에 대한 상세한 답은 아마도 지구가 아닌 다른 곳에 살고 있는 생명체를 연구하는 우주 생물학자들의 몫일 거라고 생각하지만 어쨌든 다음 장에서 좀 더 다룰 생각이다. 여기서 말해 두고 싶은 것은 아직까지는 우리 지구 외에 우주에서 생명체가 존재하는 곳

●●● 태양 항법 : 태양 광선을 받아서 우주선이나 우주탐사기의 추진력을 얻는 장치 - 옮긴이

을 찾아내지 못했다는 것이다. 그 말은 아직까지 우리가 적당한 환경이 갖추어지면 생명체가 쉽게 발생하는지, 다시 말해서 생명체의 탄생이 어디에서나 일어날 수 있는 보편적인 일인지에 관한 정확한 단서를 찾지 못했다는 뜻이다.

그런데 실용적인 관점을 가진 대부분의 우주 생물학자들은 지구는 한 번 생겨난 생명체는 끈질기게 생명을 이어나간다는 사실을 보여주는 아주 좋은 예라고 생각한다. 우리는 극한미생물(extremophiles) 군을 알고 있다. 극한 환경 속에서만 살아가기 때문에 붙여진 이름이다. 이 세균들은 해저 깊은 곳에서 뿜어져 나오는 100도가 넘는 열수공에서 살거나 영하의 남극 얼음이나 바위 속에서 살아간다. 더구나 방사능으로 가득 찬 진공 상태의 우주에서 살아가는 세균도 있다.

생명체들은 물을 좋아한다. 건조한 화성 대지를 침식시킨 것이 물인지, 달의 남극에서 찾아낸 해리된 수소 원자가 물에서 나온 것인지, 토성의 위성 엔켈라두스에서 뿜어져 나온 것이 얼음 간헐천인지 등, 최근 태양계를 탐사하는 많은 로봇 탐사선들의 주요 임무가 물의 흔적을 찾는 것에 집중된 이유도 바로 그 때문이다. 엔켈라두스의 두꺼운 얼음 맨틀 밑에 물이 있을 가능성이 있기 때문에—목성의 위성 가니메데(Ganymede)와 유로파(Europa)도 마찬가지다— 우주 탐사를 계획하는 사람들은 두툼한 얼음 층을 뚫고 들어가 살아 있는 유기체가 있을지도 모를 바다로 추정되는 곳에서 표본을 채취할 방법을 알아내기 위해 고심하고 있다. 차세대 화성 로버를 개발하는 사람들도 지표면에서 몇 미터 아래 있는 영구 동토층을 검사할 방법을 찾기 위해 노력하고 있다.

태양계 안에서 생명체가 살고 있는 곳을 찾아낸다면 지구에 살고 있는 유기체들의 공동 기원을 알아낼 수 있을 것이다. 몇 가지 자연 단계만 거치면 세균이 한 행성에서 다른 행성으로 이동할 수 있다니, 정말 놀랍지 않은가! 외계 생명체의 발견은 또한 지구의 생명체가 더 이상 외로운 존재가 아님을 알려주는 과학계가 이룩한 가장 획기적인 업적 가운데 하나가 될 것이다. 진화사적인 측면에서 봤을 때 태양계에서 외계 생명체가 발견된다면 그 형태는 아주 원시적일 가능성이 크다. 그러나 누가 알겠는가! 초기 단계의 생명체가 다양한 생명체로 진화하는 비약적인 도약 과정이 인류에게 이득을 줄지.

그보다 더 신나는 상상은 지구 어딘가에 우리와 비슷한 생명체가 살고 있을지도 모른다는 것이다. 하지만 아마도 그런 생명체를 찾으려면 태양계 밖을 살펴봐야 할 것 같다. ET를 만나고 싶다면 외부 항성에 눈을 돌리자.

Space 08

매혹적인 별들

내부에서 보는 우리 은하

소위 말해서 항성 간의 거리가 아주 멀다는 사실만 깨달으면 그렇게 거리가 먼 항성들이 좀 더 많아지는 것뿐이니, 우주의 크기에 대해서는 별 무리 없이 이해할 수 있다. 우리의 항성 태양을 기점으로 바깥쪽으로 시선을 확대하면 가장 가까운 항성 프록시마 별을 시작으로 수많은 별들이 눈에 들어올 것이다. 반경 25광년까지의 우주 공간을 헤아려 보면 대부분이 희미하기는 해도 대략 30개 정도 되는 별들이 눈에 들어올 것이다. 그 범위를 넘어가면 별들의 수는 급격하게 증가한다. 그러다가 결국 하늘에 떠 있는 별들은 균일하게 퍼져 있지 않고 무리지어 뭉쳐 있을 때가 많음을 깨닫게 된다. 태양을 시작으로 계속해서 주변으로 시선을 넓혀 가다 보면 우주에 떠 있는 우리들의 보금자리의 모습을 알려주는 은하수를 발견하게 된다.

STARSTRUCK

"**우주는 커**. 정말 크다고! 정신을 쏙 빼 놓을 정도로 커서 믿기 어렵겠지만! 무슨 말인가 하면, 넌 우주가 화학자가 되기 위한 긴 여정이라고 생각할지도 모르지만 그건 우주에 비하면 땅콩에 불과해. 잘 들어봐……"

그리고 신사 숙녀 여러분, 이 조그만 책의 8장에서는 여러분을 『은하수를 여행하는 히치하이커를 위한 안내서 *The Hitch Hiker's Guide to the Galaxy*』의 세계로 초대합니다! 더글러스 애덤스의 재치 있는 만화의 최대 장점은 그 간결한 문장의 촌철살인에 있을 것이다. 아리송한 첫 문장이 바로 그런 예이다. 그가 더 이상 우리와 함께 하지 않는다니, 정말 애석하다. 비참한 우리 행성은 그가 창조했던 독특한 인생관과 우주관을 비롯한 그의 모든 생각과 등장인물들을 잃어버린 고통을 감수해야 한다.

더글라스가 세상을 떠난 후 우주가 얼마나 큰지를 알려주는 일은 전적으로 나 같이 별로 중요하지 않은 사람들의 임무가 되어버렸다. 사실 어려운 일은 아니다. 그저 상상력을 조금만 더 키우면 되니까. 그러면 화학자가 되는 길과 그리 다르지 않음을 알게 될 것이다.

출발점은 우리가 태양이라고 부르는 작은 항성으로 정하자. 물론 태양은 우리 지구보다는 크다. 지름만 해도 지구 지름의 100배나 된다. 하지만 전 우주로 봤을 때 태양은 아주 작은 항성일 뿐이다. 항성들 중에는 지름이 태양의 몇백 배에 이르기 때문에 지구의 공전 궤도로는 한 바퀴를 도는 것도 불가능한 항성들이 많다. 그렇다면 그렇게 큰 항성들은 무엇이라고 부를까? 거성이라고 부른다. 정말 이름 한 번 그럴듯하게 지었다.

7장 '태양은 언제 핵융합 반응을 멈출까?'에서 살펴보았듯이 거성들 가운데 많은 수를 차지하는 항성 중에는 적색 거성이 있다. 적색 거성의 지름은 어마어마하게 크지만 구성 물질은 태양보다도 훨씬 적다. 적색 거성의 희박한 외부 층은 뜨겁고 붉은 진공 상태에 가깝다.

우주의 크기는 항성들의 크기가 아닌 항성 간의 거리로 결정된다. 사람들은 이것을 조금 의아하게 여긴다. 태양에서 가장 가까운 항성은 켄타우루스자리에 있는 눈에 보이지도 않는 작은 프록시마 별이라는 사실을 많은 사람들이 알고 있다. 프록시마 별은 태양계에서 4.22광년 떨어진 곳에 있다. 그 말은 오늘 보는 프록시마 별의 빛은 4년 2개월 19일 전에 빛났다는 뜻이다. 사실 빛의 속도는 1초당 30만 킬로미터나 갈 만큼 놀라울 정도로 빠르다(좀 더 정확한 수치를 원한다면 299,792.458km/s라고 하겠지만). 그러니까 1시간에 10억 킬로미터나 가는 셈이다. 그러니 4.22년이라면 프록시마 별까지 40조 킬로미터나 떨어져 있다는 뜻이다. 얼마나 먼 거리인지 알겠는가? 사실 나는 잘 모르겠다.

그렇다면 이제 이렇게 한 번 생각해 보자. 태양을 지름이 1센티미터 정도 되는 작은 구슬이라고 생각해 보자. 그 구슬을 손에 쥐어라. 프록시마 별도 태양과 똑같은 크기의 구슬이라고 생각하자. 두 구슬 사이의 거리는 300킬로미터가 될 것이다. 300킬로미터라면 시드니와 캔버라까지의 거리 혹은 런던에서 리버풀, 뉴욕에서 보스턴까지의 거리이다. 태양에서 가장 가까운 항성은 그토록 멀리 떨어져 있다. 우주가 정말 크게 느껴지지 않는가?

그러나 정말 프록시마 별까지의 거리를 절실하게 느끼게 해 주는 방법이 있다. 당신은 지구인들이 쏘아 올린 우주선 가운데 가장 빠른 우주선을 타고 여행 중이다. 뉴 호라이즌 호라고 하는 그 우주선은 현재 초속 23킬로미터라는 경이로운 속도로 명왕성을 향해 돌진하고 있다. 그러나 뉴 호라이즌 호의 크기를 앞 문단에서 말한 태양과 같은 비율로 줄이면 뉴 호라이즌 호의 속도는 그저 풀이 자라는 속도로 줄어든다. 태양이라는 구슬에서 프록시마 별이라는 구슬까지 도달하려면 6만 년이 걸린다는 뜻이다. 정말 여행다운 여행 아닌가! 말이 나와서 하는 말인데, 이 이야기를 쿠나바라브란에 있는 초등학생들에게 해 준 적이 있다. 그때 아이들은 "와, 정말 멋져요. 그런데 어떤 풀이 자라는 걸 말하는 거예요?"라고 되물어 왔다. 시골에서 자라는 아이들이라 풀마다 자라는 속도가 다르다는 걸 알고 있었던 것이다. 그때는 아이들 때문에 도리어 내가 놀라고 말았다.

소위 말해서 항성 간의 거리가 아주 멀다는 사실만 깨달으면 그렇게 거리가 먼 항성들이 좀 더 많아지는 것뿐이니, 우주의 크기에 대해서는 별 무리 없이 이해할 수 있다. 우리의 항성 태양을 기점으로 바깥쪽으로 시선을 확대하면 가장 가까운 항성 프록시마 별을 시작으로 수많은 별들이 눈에 들어올 것이다. 반경 25광년까지의 우주 공간을 헤아려 보면 대부분이 희미하기는 해도 대략 30개 정도 되는 별들이 눈에 들어올 것이다. 그 범위를 넘어가면 별들의 수는 급격하게 증가한다. 그러다가 결국 하늘에 떠 있는 별들은 균일하게 퍼져 있지 않고 무리 지어 뭉쳐 있을 때가 많음을 깨닫게 된다. 태양을 시작으로 계속해서 주변으로 시선을 넓혀 가다 보면 우주에 떠 있는 우리들의 보금자리의 모습을 알려주는 은하수를 발견하게 된다.

하늘을 둘러싸고 있는 희미하고 불규칙한 빛의 띠인 은하수는 우리가 별들로 이루어진 평평한 원반의 일원임을 알려주는 단서라고 생각하는 사람들이 많다. 은하수는 고대부터 우유의 길(Milky

Way)이라고 불려 왔다. 그러나 1609년 말, 갈릴레오는 은하수가 우유의 길이 아닌 별들의 집단임을 밝혀냄으로써 오랫동안 논쟁거리를 제공해 왔던 철학 문제가 명쾌하게 해결됐다. 오늘날 은하수를 볼 수 있는 사람은 거의 없다. 대부분 광공해로 얼룩진 대도시에서 생활하기 때문에 현란한 빛에 묻힌 은하수는 거의 보이지 않는다.

20세기 초반만 하더라도 천문학자들은 태양계가 은하의 중심 부근에 있을 것이라고 생각했다. 그런데 1919년 할로 섀플리(Harlow Shapley)라는 미국 과학자가 우리 은하의 실제 길이를 측정해 냈다. 섀플리는 멀리 있는 성단을 기준으로 은하수가 거대한 별무리 중에서 그저 태양계 가까이 있는 별들의 모임임을 알아냈다. 현재 우리는 희미한 별들의 모임인 은하수가 오리온 나선 은하의 팔이라고 하는 태양과 가장 가까운 별들의 모임임을 알고 있다.

그렇다면 정말 은하란 무엇일까? 거의 1세기 동안 연구해 온 결과에 의하면 은하의 외부에서 봤을 때 은하는 별과 기체, 먼지 등이 원반 형태로 모여 있는 가운데 어린 별들이 놀라울 정도로 아름다운 나선 팔을 만들어 내고 있다고 한다. 불타오르며 회전하고 있는 거대한 바퀴 한가운데는 거대한 질량을 가진 신기한 블랙홀이 은밀하게 숨어 있다. 사실 그곳에는 그 밖에도 많은 것이 있다. 그중 대부분은 우리 눈에 보이지 않는다. 은하의 80퍼센트는 눈에 보이지 않는 암흑 물질로 되어 있는데, 중력을 감지할 수 있기 때문에 존재 여부를 알 뿐 암흑 물질의 본질에 대해서는 밝혀진 것이 거의 없다(암흑 물질에 대해서는 다음 장에서 좀 더 다룰 예정이다). 태양계가 속한 은하는 다른 은하와 구별하기 위해 편협하기는 하지만 '우리 은하'라고 부른다(영어로는 Milky Way Galaxy라고도 하지만 정관사와 대문자를 써서 The Galaxy라고도 한다).

우리 은하의 규모는 놀라울 정도로 크지만, 다시 한 번 말하고 싶은 것은 은하의 크기를 결정하는 것은 별의 수가 아니라는 점이다. 태양과 가장 가까운 별도 시속 10억 킬로미터 속도로 4.22년을 가야 하는 우리 은하는 한쪽 끝에서 다른 쪽 끝까지 빛의 속도로 달렸을 때 10만 년을 가야 한다. 원의 경계를 둘러싼 태양과 비슷한 별만 해도 거의 4천억 개가 넘는다.

거대한 별들의 도시에서 태양은 사실 아주 미비한 존재이다. 태양은 은하 가장자리에서 중심까지에 이르는 길 중간 정도에 위치해 있다. 태양계와 중심까지의 거리는 대략 2만 5천 광년이다. 그것까지는 좋다. 하지만 우리 은하의 실제 크기를 어떻게 하면 정확하게 가늠해 볼 수 있을까? 몇 해 전 아무래도 그런 내용을 잘 알고 있어야만 할 것 같은 과학 저널가로 활동하는 친구가 한 가지 질문을 해 왔다. 그 질문이 그에 대한 단서가 될 수 있을 것으로 생각한다. 당시 시드니에서 발행되는 한 신문이 한 면을 모두 할애해 한 화가가 그린 우리 은하 그림을 싣고 태양이 있는 곳에 화살표를 그린 후 굵은 글씨로 '태양'이라고 적어 놓았다. 그 그림을 본 내 친구는 "왜 지구의 위치가 아니라 태양의 위치라고 한 걸까? 이 정도 크기면 태양이나 지구나 거기서 거길 텐데 굳이 구별할 필요가 있나?"라고 했다.

맞는 말이다. 친구의 말을 들은 나는 한 가지 계산을 해 보았다. 우리 은하의 크기를 신문의 한 면이 아니라 지구만 한 크기라고 생각해 보자. 그 정도 크기라면 지구와 태양의 거리는 어느 정도 떨어져 있을까? 믿기지 않겠지만 태양과 지구의 거리는 불과 2밀리미터밖에 되지 않았다. 이 정도 예면 우리 은하에서 태양계가

그림12 이 아름다운 나선 은하는 공작자리에 있다. NGC 6744라는 멋없는 이름으로 불리는 이 은하는 우리 은하와 상당히 닮았다. 별과 기체와 먼지로 이루어져 있는 이 거대한 원반은 태양계로부터 2천 5백만 광년 떨어진 곳에 있다. 반짝이는 우리 은하의 별들 사이로 이 은하의 모습이 보인다(앵글로 오스트레일리안 천문대 데이비드 말린 제공. S. 리, C. 티니, 데이비드 말린 영상).

차지하고 있는 놀라울 정도로 작은 규모를 대략 알 수 있을 것이라고 생각한다.

또 한 가지 기쁜 소식은 태양이 가까이 있는 이웃 별들과 함께 은하의 중심을 가운데 두고 빙글빙글 돌고 있다는 것이다. 태양이 한 번 도는 데 걸리는 시간은 1은하년에 해당하는 2억 년이다. 2억 년마다 한 번씩 원주를 완주하기 위해서 현재 태양은 백조자리를 향해 초속 250킬로미터라는 놀라운 속도로 달리고 있다. 태양뿐 아니라 태양계에 속한 모든 천체들, 행성, 소행성, 혜성들도 모두 함께 손을 잡고 무리 지어 경주에 참가하고 있다. 느껴지지는 않겠지만.

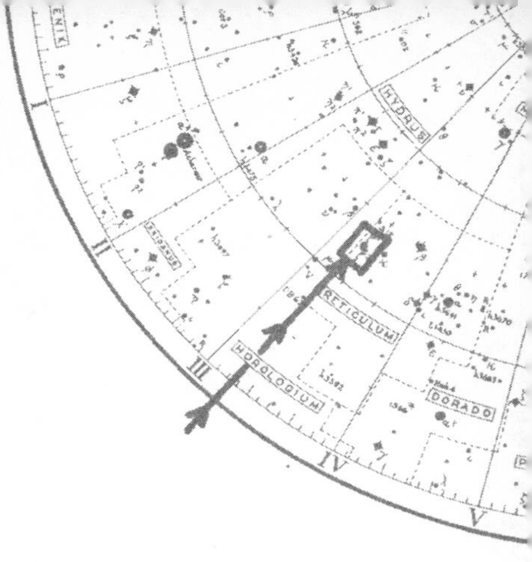

별 바라기

: 지구에서 보는 풍경

● 직접 눈으로 보면 별은 몇 개나 보일까?

무조건 많은 수를 생각하면 되지 않을까? 달이 없는 밤, 도시에서 멀리 떨어진 곳이라면 3천 개 정도 볼 수 있을 것이다. 우리 은하만 해도 엄청난 수의 별들이 있으니 망원경을 이용하면 훨씬 많은 수의 별들을 볼 수 있을 것이다. 하지만 육안으로 보이는 별의 개수를 말하라면 지평선 위로 올라온 별들을 세어 보면 된다. 대략 3천 개 정도다. 뭐, 정 믿기 어려우면 직접 세어 보든지!

● 남십자성을 이루는 별의 개수는?

호주의 국기에는 별이 다섯 개 있는데 그것은 바로 남십자성이다. 그것만 알고 있으면 남십자성을 찾는 것은 일도 아니다. 그런데 이 질문에 대답하기 전에 먼저 알아야 할 것이 있다. 도대체 무얼 보고 별자리라고 하는 걸까? 사전을 찾아보면 별자리란 "하늘에 떠 있는 별을 임의로 무리 지은 것"이라고 적혀 있다. 그러나 지금 서방에서 쓰는 별자리에는 적어도 4천 년 동안 이어져 내려온 역사가 숨어 있다. 별들을 지금과 같이 무리 지은 것은 초기 수메르인들의 별자리를 차용한 고대 그리스인들이다. 고대 민족들은 저마다 자신들만의 별자리와 신화를 만들었다. 그중에는 서방의 별자리와 사뭇 다른 것들이 많다. 나는 그중에서도 가장 신기한 별자리는 하늘의 별을 283개의 작은 별자리로 나눈 기원후 3세기 무렵의 중국 별자리라고 생각한다.

현대 천문학에서 정한 별자리는 88개로 1928년 국제 천문 연맹에서 제정됐다. 각각의 별자리 위치는 지표면 상의 경도와 위도에 상응하는 고유한 좌표로 표시하지만 그보다는 일반적으로 근처에 있는 어떤 특정한 물체를 기준으로 이야기할 때가 많다. 마을이나 도시를 찾을 때 그곳이 속한 나라를 기준으로 하는 것과 비슷한 이치다.

남십자성은 규모는 작지만 전체 하늘을 통틀어 가장 밝고 쉽게 찾을 수 있는 별 가운데 하나이다. 남십자성의 긴 축은 정확히 천구상의 남극을 가리키고 있다. 천구 상의 남극은 남십자성의 끝에서 남십자성 길이의 4.5배 정도 떨어진 곳에 있다(3장 '동심원을 그리는 별 사진은 어떻게 찍을까?' 참고). 사실 남극 하늘에는 북극성처럼 빛나는 남극성이 없기 때문에 이런 자투리 정보가 크게 도움은 되지 않지만.

별자리의 공식적인 이름은 라틴어로 표기한다. 남십자성의 라틴어 표기명은 크룩스 오스트랄리스(Crux Australis)로 간단히 줄여서 크룩스라고도 한다. 별자리 명명법은 별자리를 이루는 각 별의 밝기를 표기할 때 특히 중요하게 작용한다. 각 별의 밝기는 별자리 라틴어 명의 소유격 앞에 그리스 문자를 적어 나타낸다. 가령 예를 들어 남십자성에서 가장 작은 밝은 별은 알파 크루키스(α Crucis)라고 부른다. 의미는 '남십자성의 알파 성(가장 밝은 별)' 이라는 뜻이다. 정말 논리적인 방법 아닌가! 대체로는 말이다. 알파

크루키스는 남십자성의 가장 끝에 있는 별이다.

망원경을 사용하지 않아도 육안으로 보이는 남십자성의 다섯 별은 모두 라틴어 별자리명 소유격 앞에 그리스 문자 다섯 개를 차례로 사용해서 표기하지만 두 번째로 밝은 베타 크루키스는 보통 미모사라고 부른다. 왜 그런지는 묻지 말기를! 베타 크루키스는 남십자성을 똑바로 세웠을 때 왼쪽 팔에 있다. 최근 베타 크루키스는 희미하게 빛나는 동료 별이 있음이 밝혀졌다. 별이 쌍성으로 존재하는 경우는 흔하지만 미모사의 작은 동료는 독특하게도 가시광선은 희미하게, X선은 아주 강하게 방출하고 있다('쌍성이란?' 참고).

다시 원래 질문으로 돌아가 보자. 남십자성이 있는 곳만 해도 망원경으로 보면 수십만 개에 달하는 별이 있다(성능이 아주 좋은 망원경으로 본다면 수백만 개가 넘을 것이다). 하지만 이 질문을 한 사람은 망원경 없이 육안으로 볼 때 별이 몇 개나 보이는지, 그것도 호주의 도시에서 보면 얼마나 보이는지 궁금했을 것이다. 광공해가 하늘을 인공적으로 빛나게 해 별을 제대로 볼 수 없게 만드니, 아마도 남십자성의 엡실론(ε) 성은 보이지 않을 것이다(남십자성에서 다섯 번째로 밝은 이 별은 십자가 중앙에서 오른쪽 아래에 있다). 최근에 시드니 오페라 하우스 테라스에서 관찰해 보니 델타(δ) 성도 보기 힘들었다(남십자성에서 네 번째로 밝은 이 별은 십자가 오른쪽 팔 끝에 있다). 호주 사람들이 하늘에서 국가의 상징인 십자가가 아니라 삼각형을 보게 될 날이 얼마나 남았을까? 아무도 모를 일이다.

● 1년 내내 볼 수 있는 별이 있나?

물론 있다. 3장 '동심원을 그리는 별 사진은 어떻게 찍을까?'를 보면 그 이유를 알 수 있을 것이다. 천구 상의 극—남극이건 북극이건 상관없다— 가까이 있는 별들은 뜨는 법도 지는 법도 없이 지구가 자전하는 동안 극 주위를 빙글빙글 돌기만 한다. 이런 별들을 주극성(circumpolar star)이라고 하는데 어떤 별이 주극성이 될 것인지는 관찰자가 서 있는 위도에 따라 달라진다. 3장에서 살펴보았듯이 천구의 극(남극이건 북극이건)의 고도는 관찰자가 서 있는 곳의 위도와 같다. 적도에 서 있는 관찰자라면 양 극이 지평선 상에 놓이기 때문에 주극성은 하나도 없다. 반대로 관찰자가 서 있는 장소가 극지방이라면 눈에 보이는 모든 별들이 주극성일 것이다.

호주에서 남십자성이 주극성이 되는 모습을 보려면 아주 남쪽으로 내려가야 한다. 시드니 정도의 위도라면 남십자성을 주극성의 형태로 볼 수 있다. 그러나 북쪽 지방으로 갈수록 남십자성이 극 주위를 도는 경로가 짧아져 점점 남쪽 지평선 가까이에서 왔다 갔다 하거나 아예 지평선 아래로 내려가 버린다. 11월이나 12월이 되면 남십자성이 초저녁에만 잠깐 떴다가 사라지는 것은 그 때문이다. 물론 산이나 건물도 주극성의 출현을 결정하는 중요한 요인이다.

주극성 말고도 1년 내내 볼 수 있는 별들이 있다. 이런 별들은 하늘의 적도 근처에 뜬다. 1970년대 말 처음으로 호주를 방문했을 때다. 하늘에서 가장 멋진 별자리 가운데 하나인 오리온자리가 남쪽 지방에서는 이런 별자리에 속한다는 사실을 알고 얼마나 놀랐는지 모른다. 오리온자리는 유럽뿐 아니라 대부분의 나라에서 하늘의 사냥꾼으로 알려져 있다. 아마도 그 이유는 사냥꾼의 벨트라고 부르는 가운데 직삼각형 별 세 개가 대부분의 사람들에게 비슷한 느낌을 주기 때문인 것 같다.

오리온자리는 천구 상의 적도에 위치해 있다. 그 때문에 오리온자리는 지구 전역에서 볼 수 있다. 북반구의 경우 오리온자리는 겨울철에는 밝게 빛나지만 여름이 되면 태양과 너무 가까이 있어 잘 보이지 않는다. 다행히 지구의 자전축은 23.5도 기울어져 있기 때문에—더구나 특정 방향에서 보면 자전축은 거의 수직에 가까운 것처럼 보이기 때문에— 호주는 거의 1년 내내 오리온자리를 보는 호사를 누릴 수 있다. 천구 상의 태양이 오리온자리에 가장 가까워지는 한겨울이면 오리온자리가 가장 북쪽으로 올라가기 때문에 오리온자리가 떴다가 지는 동안 태양은 지평선 아래에 머문다. 그 덕분에 북반구에서는 오리온자리가 보이지 않는 동안에도 남반구에서는 새벽이나 초저녁에 오리온자리를 볼 수 있다.

남반구에서 오리온자리를 가장 잘 볼 수 있는 시기는 북쪽 하늘에서 밝게 빛나야 할 달이 없는 여름밤이다. 멋진 오리온자리를 감상하고 싶다면 일단 도시를 벗어나야 한다. 호주에 정착한 유럽인들은 오리온의 벨트를 이루는 세 개의 별 끝에 있는 부분을 냄비 손잡이라고 부른다. 오리온자리에서 가장 멋있는 그 부분을 천문학자들은 오리온의 칼(the Sword of Orion)이라고 부르지만, 칼이 됐건 냄비 손잡이가 됐건 간에 그 부분은 하늘에 있는 성간 기체 구름 중에서도 가장 밝은 축에 속한다. 오리온 대성운이라 부르는 그곳은 활발하게 별이 탄생하는 곳으로 지구에서 1,500광년 정도 떨어져 있다. 얼마나 밝은지 아주 작은 망원경이나 쌍안경으로도 쉽게 찾아낼 수 있다. 그러나 그런 망원경을 이용해서 눈으로 관찰할 수 있는 부분은 오리온 대성운의 극히 일부에 지나지 않는다. 적외선 망원경이나 밀리미터 파(전파) 망원경으로 관찰하면 거대하고도 어두운 기체와 먼지 구름이라고 생각한 부분이 밝게 빛나는 움푹 파인 지형임을 알 수 있다. 밝게 빛나는 움푹 파인 지형은 트라페지움(Trapezium, 부등형 사변형, 사다리꼴)이라고 알려져 있는데 활발하게 별이 태어나고 있는 지역이다. 이곳도 작은 망원경으로 봐도 잘 보인다. 거의 1년 내내 보이는 건 말할 것도 없고.

● 시리우스가 특별한 이유

오리온의 벨트(오리온 별자리의 삼태성)가 있는 곳에서 양쪽 방향으로 시선을 옮겨 보면(그러니까 냄비 자루 끝 부분을 기준으로 양쪽 편을 보면) 하늘의 사냥꾼과 조금 떨어진 곳에 아주 밝은 별이 하나씩 있음을 알게 된다. 두 별은 오리온자리를 기준으로 놀라울 정도로 정확하게 대칭을 이루고 있다. 두 별 중 북서쪽에 있는 별은 황소자리의 눈이자 황소자리의 1등성별인 붉은색 알데바란(Aldebaran)이다. 신화에 따르면 사냥꾼 오리온이 몽둥이를 힘껏 휘둘러 황소를 때렸다고 한다. 그 때문에 황소의 눈이 그렇게 빨갛다는 것이다. 애석하게도 신화는 그 뒤에 어떤 일이 있었는지는 말해주지 않는다.

반대쪽 편인 남동쪽에는 견성(Dog Star)이라고도 하는 아주 밝은 흰색 별 시리우스가 있다. 시리우스는 큰개자리에서 가장 빛나는 별이다(큰개자리와 대응되는 별은 작은개자리다. 정말이다. 농담이 아니다). 천문학자들은 이 시리우스를 알파 캐니스 메이저리스(α Canis Majoris)라고 부른다. 태양을 제외하면 하늘에서 가장 빛나는 항성이다.

지구에서 보이는 별의 밝기를 결정할 때는 기본적으로 두 가지를 고려해야 한다. 한 가지는 항성 고유의 지름과 물리적인 특성이고 또 다른 한 가지는 항성과 지구와의 거리이다. 거리가 멀수록 빛의 밝기는 약해진다는 사실은 물리학의 법칙으로 잘 설명되어 있다. 별의 밝기에 영향을 주는 요소는 또 있다. 지구와 별 사이를 가리고 있는 먼지가 바로 그것인데, 먼지가 별을 가로막고 있을 경우에는 실제 위치보다 먼 곳에 있는 것처럼 보인다. 물론 천문학자들은 그에 대한 대비책도 마련해 놓았다.

천문학자들은 별들의 밝기를 어떻게 비교할까? 기원전 2세기에 살았던 히파르코스 시대부터 천문학자들은 별의 등급이라는 신기하긴 하지만 틀릴 때도 있는 측정 방법을 고안해 놓았다. 별의 등급에 따르면 육안으로 볼 때 가장 빛나는 별들은 1등급, 그 다음으로 빛나는 별들은 2등급, 이런 식으로 모든 별을 6등급으로 나눈다. 그런데 망원경이 발명되면서 6등급에 속하지 않는 별들이 발견됐다. 19세기 들어 측광학이 발전하면서 별의 밝기를 좀 더 정밀하게 측정할 수 있었다. 현재의 등급 체계는 앞 등급이 뒤 등급보다 2.512배 밝다고 정해져 있다. 그저 임의대로 정한 숫자 같지만 2.512는 100의 5제곱근으로 1등급별은 6등급보다 정확히 100배 밝다는 사실을 생각해 보면 그렇지도 않다.

별들의 밝기를 6등급으로 나눈 후에 발견된 별(혹은 행성 같은 천체들도 포함해서) 중에서 1등급보다 더 밝은 별들은 음의 기호를 붙여서 표시한다. 시리우스도 그런 별 가운데 하나로 시리우스의 등급은 −1.44이다. 시리우스 다음으로 밝으며 남쪽 하늘에 떠 있는 카노푸스(α Carinae 용골자리 1등성별)의 등급은 −0.62이다. 앞에 나온, 하늘에서 열네 번째로 밝은 알데바란의 등급은 0.87이다.

시리우스가 하늘에서 가장 밝은 이유는 무얼까? 태양보다 22배나 밝은 원래 밝기도 그 이유이기는 하지만 또한 8.6광년밖에 떨어져 있지 않은 가까운 거리도 그 이유가 된다. 시리우스는 사실 태양과 일곱 번째로 가까운 항성이다. 시리우스가 특별한 또 다른 이유는 희미한 쌍성을 가지고 있는 것이다(사실 쌍성이야 특별한 현상은 아니지만). 그 쌍성의 이름은 친밀하게 강아지(The Pup)라고도 부르는 시리우스 B이다. 시리우스 B는 밀도가 높고 아주 뜨거운 생명이 다해가는 백색 왜성이다. 시리우스 B는 또한 제일 처음 발견된 백색 왜성이기도 하다.

● 별도 색이 있을까?

물론 있다. 밤하늘의 별을 무심히 올려다보기만 해도 희미한 흰색 항성 사이로 붉은색 별 또는 주황색인 별을 몇 개 볼 수 있고 한두 개 정도는 시리우스처럼 가장자리가 푸르스름한 별들도 볼 수 있다. 측광학 덕분에 다양한 색의 유리 필터를 이용해 별의 밝기는 물론이고 별의 색도 아주 정확하게 측정할 수 있게 됐다. 현재 우리는 별의 색은 별의 온도가 결정한다는 사실을 알고 있다. 비교적 낮은 온도인 3,500℃ 이하인 별은 붉은색을 띠고 가장 뜨거운 별인 50,000℃가 넘는 별은 푸르스름한 흰색을 띤다. 표면 온도가 5,500℃인 태양은 노란색을 띤다.

● 우리가 보고 있는 별은 지금도 존재하는 별인가?

이런 지적인 질문을 한 청취자는 우리가 바라보는 우주는 과거의 우주라는 사실을 알고 있는 사람일 것이다. 지금 쳐다보고 있는 달도 사실 지금의 달이 아닌 과거의 달이다. 달빛이 지구까지 오는 데 걸리는 시간이 1.3초에 불과하다 해도 분명 과거의 달인 셈이다.

육안으로 보이는 별들 중 대부분은 지구와 몇백 광년 정도 떨어져 있다. 인간의 기준으로 보면 아주 긴 시간이지만 우주가 진화해 온 시간을 생각해 보면 아주 짧은 시간이다. 막대한 에너지를 내는 수명이 짧은 뜨거운 거성들도 몇천만 년 이상 빛을 낸다. 따라서 육안으로 보이는 별들 중 지구에 빛이 도달하기 전에 수명이 다한 별은 거의 없을 것으로 생각된다. 그런데 우리 은하의 우리 지역에 있는 아주 불안정한 별 중에 에타 카리나(η Carinae)라는 거대한 천체가 있다. 이 천체의 질량은 태양의 백 배 정도 된다. 괴상하게 행동하는 이 천체를 천문학자들은 초신성의 폭발 지점일지도 모른다고 추정하고 있다. 에타 카리나와 지구의 거리가 8천 광년 떨어져 있다는 사실을 생각해 보면 에타 카리나는 이미 우주에서 사라진 별일지도 모른다. 그러나 아직 막대한 양의 방사선 파동과 소립자가 도착하지 않았으니 초신성이 맞는지는 확인할 방법이 없다.

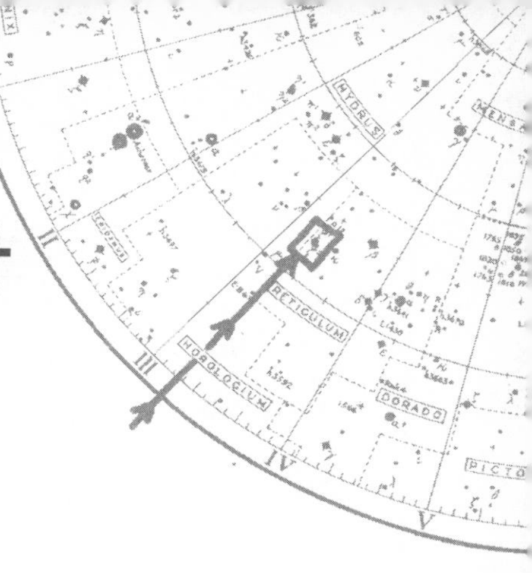

무도회의 주인공들

: 별들의 여흥

● 쌍성이란?

이름에서도 알 수 있듯이 쌍성이란 두 개가 하나의 쌍을 이룬 별을 말한다. 놀랍게도 밤하늘에 반짝이는 별들 중 절반 이상이 같은 종류이거나 다른 종류인 쌍성으로 되어 있다. 구성 성분이 두 개 이상인 복잡한 쌍성계도 있다. 따라서 쌍성은 아주 중요한 우주의 일원이다. 쌍성의 1차 조건은 두 별의 중력장이 서로에게 밀접하게 영향을 미쳐야 한다는 것이다. 쌍성은 서로가 서로의 공전 궤도에 영향을 미친다. 무슨 말인가 하면 두 별의 질량비에 따라 결정되는 공통 질량 중심의 둘레를 돌고 있다는 뜻이다. 쌍성을 구성하는 두 별의 질량이 정확하게 같다면 공통 질량 중심은 두 별 사이의 한가운데 생긴다. 진짜 쌍성은 중력장을 공유하고 있다. 그것이 그저 육안으로 보기에는 쌍성 같지만 천구의 같은 방향에 있기 때문에 그렇게 보일 뿐 실제로는 멀리 떨어져 있어 아무 상관이 없는 광학적 이중성(optical double star, 겉보기 쌍성)과 다른 점이다.

각각의 쌍성들이 공통 질량 중심을 도는 시간은 쌍성계마다 달라 적게는 몇 시간 많게는 몇백만 년에 이른다. 쌍성들의 공전 시간이 그렇게 크게 차이가 나는 이유는 쌍성 간의 거리가 다양하기 때문이다. 주기가 아주 짧은 쌍성은 서로 맞닿을 정도로 가까이 붙어 있다. 이런 독특한 천체를 접촉 쌍성(contact binary)이라고 하는데, 접촉 쌍성은 질량과 에너지를 교환하며 같은 물질을 공유하고 있다.

쌍성들은 보통 관찰되는 모습에 따라 이름을 붙인다. 예를 들어 식쌍성(Eclipsing binary)은 한 별이 다른 별을 가려 별빛을 어둡게 만들기 때문에 쌍성임을 식별하기 어렵다. 식쌍성이 모습을 드러내는 경우는 가려진 쪽의 가장자리가 보이거나 가리고 있는 별이 옆으로 비켜났을 때뿐이다. 식쌍성은 아주 멀리 있기 때문에 두 별이라는 사실을 쉽게 알아낼 수 없다. 두 별이 각각 다른 별이라는 사실은 광도곡선(light curve)이라는 시간에 따른 빛의 변화를 이용해 알아낸다. 또다시 하는 말이지만 천문학자들이 식쌍성을 알아낼 수 있었던 것은 모두 측광학 덕분이다('시리우스가 특별한 이유' 참고).

또 다른 쌍성의 이름은 쌍성임을 밝혀낸 기술에서 따왔다. 천문학자들이 가장 유용하게 쓰는 기구 중에는 분광기가 있다. 분광기는 항성을 비롯한 천체들의 빛을 가시광선을 포함한 구성성분으로 분해하는데, 상품의 바코드처럼 이 분해된 스펙트럼을 보면 그 천체의 특성을 파악할 수 있다. 분광기를 통과한 후 갈라진 빛의 선들은 항성의 대기를 구성하는 화학 성분을 나타낸다. 원소들은 저마다 독특한 스펙트럼 영역이 있다. 또한 항성이 움직이고 있다면 도플러 효과 때문에 송수신되는 속도에 비례해 선의 위치가 바뀌는데, 이 같은 사실을 쌍성을 찾는 데 응용할 수 있다.

두 개의 별이 같은 공통 질량 중심을 가지고 가까이서 돌고 있다면 먼 지구에서 볼 때는 한 개의 별처럼 보일 것이다. 두 별이 움직이는 동안 지구를 기준으로 봤을 때 지구와 나란한 방향으로 시선속도가 0이 되고 스펙트럼이 겹치는 순간이 한 바퀴 돌 때마다 두 번씩 일어난다. 그러나 스펙트럼 겹침 현상이 일어난 후 궤도의 4분의 1만큼을 더 간 지점에서는 한 별은 지구와 가까워지는 쪽으로 다른 별은 지구와 멀어지는 쪽으로 움직이게 된다. 그럴 경우 두 별의 스펙트럼선은 도플러 효과에 의해 서로 반대 방향으로 약간 이동한다. 이 스펙트럼의 변화로 쌍성임을 확인할 수 있다. 그렇게 확인되는 쌍성을 분광쌍성(spectroscopic binary)이라고 한다. 이 강력한 기술을 이용하면 한쪽 별의 빛이 너무 희미해 스펙트럼으로도 잘 잡히지 않는 쌍성도 앞뒤로 움직이는 스펙트럼의 선 변화로 찾아낼 수 있다.

쌍성은 천문학과 천체 물리학에 있어 아주 중요한 존재이다. 쌍성을 이루는 두 별의 궤도를 분석하면 두 별의 질량을 정확하게 추론해 볼 수 있기 때문이다. 또한 쌍성은 항성을 연구하는 기준자로 활용되기도 한다.

● 항성도 흔들릴까?

물론 흔들린다. 오죽하면 고요하고 예의 바른 우리의 태양도 내부 상태를 알려주려는 듯 흔들리고 있을까. 기본적으로 항성은 거대한 기체 덩어리이기 때문에 내부에서 음파가 생성되는데, 이 음파가 표면으로 올라오면서 미세한 떨림이 생긴다. 진동하는 악기의 줄이 그렇듯이 여러 가지 음을 지닌 음파가 동시에 발생해 한꺼번에 여러 가지 형태의 진동을 발생시킨다. 각 음파가 만드는 진동을 측정하고 분석하는 놀라운 학문을 천체 지진학

(asteroseismology)이라고 한다. 바로 천체의 지진을 연구하는 학문이다.

지구에서 발생하는 지진에 대해서는 비교적 많은 사람들이 잘 알고 있다. 고성능 지진계로 우리 지구를 관통하는 음파를 측정해 지구 내부 구조를 알아낼 수 있었다. 음파를 이용하면 천연 가스나 석유가 묻혀 있는 장소를 알아낼 수 있고 아직 걸음마 단계이기는 하지만 화산 활동이나 지진의 징후를 미리 알아낼 수도 있다. 그렇다면 항성에, 아니 외부 항성까지는 아니더라도 우리 태양에 지진계를 설치하는 일이 가능할까?

아니, 불가능하다. 그렇다면 항성의 진동은 어떻게 관측할 수 있을까? 그에 대한 답은 앞에서 이야기했다. 분광기를 이용하면 된다. 도플러 효과를 이용하면 항성의 표면이 앞으로 다가오고 있는지, 뒤로 물러나고 있는지를 알아낼 수 있으며 그 속도도 측정할 수 있다. 시간에 따른 항성의 이동 속도를 측정하면 그 항성의 다양한 진동 형태를 측정할 수 있고 그 결과 항성의 내부 구조를 추정해 볼 수 있다. 항성의 내부 구조를 측정하는 데 성공하면 항성의 온도나 중력, 나이와 같은 항성의 다른 특성들을 알아낼 수 있다.

당연한 말이지만, 앞으로 나왔다가 뒤로 물러나는 속도를 정확하게 측정해 내면 항성의 특징을 보다 분명하게 알아낼 수 있다. 최근 시드니 대학의 팀 베딩과 그의 연구팀이 항성의 진동을 놀라울 정도로 정확하게 측정해 냈다. 베팅 팀은 천천히 걷는 속도인 초당 1미터까지의 속도를 측정해 냈다. 앵글로 오스트레일리안 망원경으로 그 같은 일을 해냈다는 사실이 정말 기쁘다. 'www.physics.usyd.edu.au/~bedding/animations/'을 방문하면 정확히 어떤 일이 벌어지는지 알려주기 위해 아주 느리게 재현한 평범한 항성들의 다양한 진동 모습을 볼 수 있다.

태양의 진동을 연구하는 학문을 보통 태양 지진학(helioseismology)이라고 부른다. 태양 지진학은 다양한 천체를 연구하는 천체 지진학과 구별되는 학문으로 태양 표면이라는 소규모 공간에 한정되어 연구를 하기 때문에 보다 더 정확한 결과를 얻을 수 있다. 태양의 경우 다양한 깊이에서 발생하는 다양한 속도를 가진 음파들이 보통 5분 정도의 주기를 가지고 수천만 개가 넘는 진동을 만들어 내고 있다. 세계 곳곳에 태양 망원경을 설치해 계속해서 태양을 관찰하고 있는 세계 진동 네트워크 그룹(The Global Oscillation Network Group: GONG)은 현재 우리 태양의 내부 구조를 놀라울 정도로 정확하게 관측해 내고 있다.

항성은 진동(oscillation)의 형태 말고도 맥동(pulsation)의 형태로도 흔들리고 있다. 대규모로 일어나는 맥동은 대부분의 항성들의 수명이 다했을 때 발생한다. 천체 지진학자들이 측정한 평범한 별의 진동과 달리 수명이 다한 별들의 맥동은 항성 지름의 30퍼센트에 이를 정도로 아주 크다. 항성의 맥동은 항성의 대기가 크게 불안정해지기 때문에 생기는 현상으로 보통 몇 시간에서 몇 년에 이를 정도로 다양한 주기를 갖는다. 맥동 현상임을 확인할 수 있는 방법으로는 항성의 정기적인 색 변화를 들 수 있는데, 이 역시 측광학을 이용해서 파악할 수 있다. '맥동 변광성(pulsating variable star)'의 종류는 항성의 질량에 따라 다양하게 나뉜다. 이 맥동 변광성들은 앞으로도 오랫동안 우리 은하와 더 넓은 우주를 탐사하는 데 있어 표준 촛대(standard candle)가 되어 줄 것이다.

● **갈색 왜성도 행성이 있을까?**

이에 대한 답은 잠깐만 미루어 두자. 갈색 왜성이라니? 도대체 무슨 말인가? 7장에서 우리는 중력 때문에 수소 기체 구름이 붕괴되면서 내부 압력과 온도가 증가해 핵반응이 일어나면 항성이 된다고 했다. 그러니까 원시 항성이 빛나기 시작하면 에, 그러니까……그 결과 별이 된다고 말이다. 그런데 붕괴된 기체 구름이 핵반응이 일어날 정도로 많지 않을 때는 어떤 일이 일어날까? 그럴 때 생기는 천체가 바로 갈색 왜성이다. 한마디로 갈색 왜성은 목성처럼 거대한 기체 행성과 태양처럼 빛나는 수소 항성의 중간쯤 되는 천체다. 대부분 내부 에너지를 가시광선의 형태로 발산하는 일반적인 항성과 달리 갈색 왜성은 대부분 적외선의 형태로 소량의 에너지를 방출한다.

갈색 왜성의 질량은 우리 태양의 1퍼센트에서 8퍼센트 정도이다. 따라서 국제 천문 연맹의 정의에 의하면 갈색 왜성은 '중수소 열핵반응이 가능한 최소한의 질량 이상을 가진 물체'이다(현재 밝혀진 바에 의하면 중수소 열핵반응이 일어나려면 목성 질량의 13배 정도가 되어야 한다). 갈색 왜성은 질량이 큰 항성은 아니다. 그러나 우주 전역에 걸쳐 많은 수가 분포하고 있는 이 작고 희미한 천체는 아주 중요한 우리 은하의 일원이다.

그렇다면 갈색 왜성 주위를 행성이 도는 일이 가능할까? 가능한 것은 물론이고 실제로도 돌고 있을 것이다. 현재 외계 항성 주위를 도는 행성을 찾는 연구 가운데 적어도 하나는 갈색 왜성 주위를 집중적으로 관측하는 것이다. 거기에는 그럴 만한 이유가 있다. 외계 행성을 찾을 때 가장 크게 문제가 되는 것은 행성의 빛이 항성에 비해 아주 어둡다는 것이다. 태양과 같은 항성 주위를 지구와 같은 행성이 돈다고 할 때, 외부 은하에서 보는 행성의 밝기는 중심 항성의 밝기보다 100억 배 정도 어둡다. 관측 거리마저 엄청나게 멀다면 지구처럼 항성 가까이 돌고 있는 행성은 항성의 빛에 묻혀 거의 보이지도 않을 것이다.

그러나 희미한 빛을 내는 갈색 왜성 주위를 도는 행성은 이야기가 다르다. 갈색 왜성과 행성의 크기 차이는 생각보다 크지 않아 빛의 밝기 차이도 그리 크지 않다. 그렇기 때문에 외계 행성을 찾기 위해 갈색 왜성을 집중적으로 관찰하는 것이다. 현재 유력한 후보를 한 개 찾았다. 조금만 기다리면 어떤 성과가 나올 것이다.

● 별들의 평균 거리는?

내 계산이 옳다면 태양과 가장 가까이 있는(다시 말해서 12광년 정도 되는 거리에 있는) 항성들의 밀도는 1세제곱 광년당 0.004개이다(250세제곱 광년당 한 개씩 있는 셈이다). 따라서 두 항성 간의 평균 거리는 8광년 정도가 된다. 그러나 이 같은 수치는 이 정도 부피에 들어 있는 29개의 항성 중 절반 이상이 한 개 이상의 쌍으로 이루어져 있기 때문에 정확한 수치라고 보기 어렵다. 무리 지어 있는 별들 때문에 부피당 들어 있는 별들의 수는 좀 더 늘어나게 된다. 태양과 가장 가까이 있는 항성인 프록시마 별은 항성 간 평균 거리보다 가까운 4.22광년 정도 떨어져 있다(프록시마 별은 켄타우루스자리의 세 개의 알파성 중 하나이다).

한 가지 기억해야 할 점은 우리의 태양은 별의 밀도가 비교적 높은 우리 은하 원반 안쪽에 있다는 것이다. 은하와 은하 사이에 있는 우주 공간의 별의 밀도는 거의 0에 가깝고 수십만 개에서 수백만 개의 별이 모여 있는 구상 성단의 중심부에는 1세제곱 광년

당 다섯 개가 넘는 별들이 있다.

● 우주에 분자가 있을까?

분자란 원자들의 모임이다. 분자라면 사실 물리학이나 천체 물리학이 아닌 화학의 영역이라는 느낌이 든다. 사실 대부분의 화학자들은 우주라는 환경이 분자가 존재하기에는 너무도 황량한 장소라고 생각한다. 그도 그럴 것이 항성이 내뿜는 자외선이 분자를 산산이 분해해 원자로 만들어 버릴 테니 말이다. 그러나 현재 천체 화학은 생명체의 기원에 관한 중요한 단서를 제공해 줄 의미 있는 연구 분야로 자리매김하고 있다.

산화 티타늄(TiO)이나 시아노겐(CN) 같은 분자는 온도가 낮은 항성의 대기 속에서도 충분히 살아남을 정도로 강인하기 때문에 항성의 가시광선 스펙트럼에 나타난다. 그보다 약한 분자들이 버텨내려면 방사능을 피해 숨어 있어야 한다. 그런데 우주에는 스스로의 힘으로 방사능을 피해 살아남는 분자들이 있다. 그럴 수 있는 이유는 분자들끼리 뭉쳐서 구름을 형성하기 때문이다. 경우에 따라서는 구름의 크기가 태양의 1만 배가 넘을 때도 있다. 그런 구름을 공식적으로 '거대 분자 구름(Giant Molecular Cloud: GMC)'이라고 부른다. 우주 속에서 분자는 기체나 고체 상태로 존재하는데, 고체 상태로 존재하는 분자를 성간 먼지라고 부른다.

우주에 있는 먼지를 자세하게 조사하려면 고감도 전파 망원경(sensitive radio telescope)을 사용해야 한다. 1963년 천문학자들은 고감도 전파 망원경을 가지고 첫 번째로 발견한 성간 분자인 수산기(OH) 분자를 찾아냈다. 그 뒤로 찾아낸 성간 분자는 전체 우주에서 수소(H_2) 분자에 이어 두 번째로 가장 많은 일산화탄소(CO)

분자이다. 그 다음으로 수증기(H_2O) 분자와 암모니아(NH_3) 분자를 찾아냈다. 알코올 분자(C_2H_5OH)를 찾아낸 천문학자들은 환호성을 질렀다. 최근에는 지구 생명체의 기본 단위인 아미노산을 발견해 냄으로써 지구의 생명체가 우주에서 왔을지도 모를 가능성에 힘을 실어 주었다. 현재 100여 종류가 넘는 우주 분자들이 발견됐으며 연구를 계속해 나가는 동안 그 수는 계속해서 늘어날 것이다.

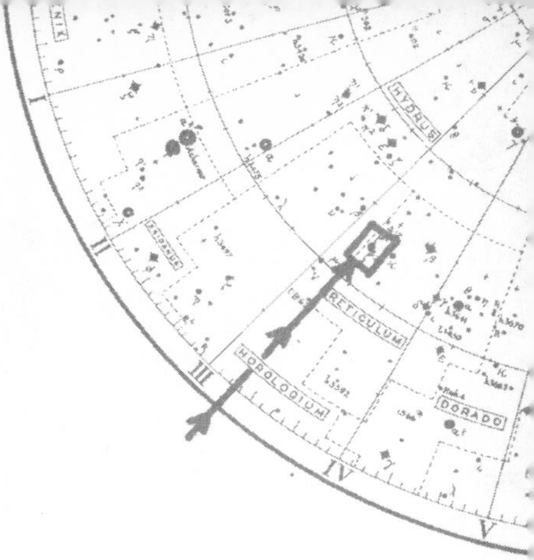

신비한 은하 세계
: 지식의 한계를 넘어서

● 중성자별은 어떻게 만들어지며 펄서란 무엇인가?

정말 이 질문이 언제 나오나 궁금했다. 사실 이 문제에 대해서는 앞에서 잠깐 언급했었다. 7장에 나오는 '태양은 언제 핵융합 반응을 멈출까?' 에서 우리는 태양 같은 천체의 핵이 붕괴되면 백색 왜성이라는 작은 천체가 된다고 했었다. 태양 주변에 있는 항성 중에는 백색 왜성이 많은데, 그 이유는 우리 은하에 속한 항성 중 95퍼센트가 결국 백색 왜성이 될 운명이기 때문이다. 아주 평범한 존재들이기는 하지만 이 늙은 천체들은 아주 독특한 특성을 지니고 있다. 백색 왜성은 태양처럼 무거운 천체가 지구처럼 조그만 크기로 압축된 것이다. 그 때문에 1세제곱센티미터당 평균 질량은 지구처럼 몇 그램이 아니라 몇 톤 혹은 몇십 톤이 넘게 된다.

사정이 이러니 백색 왜성의 물질은 아주 독특한 상태에 있지 않을까? 실제로 백색 왜성을 구성하는 물질은 아주 독특한 상태에 처해 있다. 우리는 이 물질을 조금 통명스럽게도 축퇴 물질(degenerate matter) 또는 보다 명확하게 전자 축퇴 물질(electron degenerate matter)이라고 부른다. 전자 축퇴 물질이란 전자가 원자 핵 주위를 정상적으로 돌지 않고 한데 모여 압축되어 있다는 뜻이다. 자체 중력으로 물질이 압축되는 것을 막아 주는 유일한 힘은 전자들 간에 작용하는 자연스러운 척력뿐이다. 백색 왜성의 온도는 점점 올라가 아주 뜨거운 천체가 되는데 몇백억 년이 지나 점차 온도가 내려가 완전히 식으면 활동을 멈춘 흑색 왜성이 될 것으로 추정하고 있다.

1931년, 위대한 인도계 미국인 천체 물리학자 수브라마니얀 찬드라세카르(Subrahmanyan Chandrasekhar)가 찬드라세카 질량한계(Chandrasekhar Limit)라고 부르는 태양 질량의 1.4배 이상 되는 백색 왜성이 백색 왜성 상태를 유지하지 못하는 모습을 발견했다. 이 백색 왜성의 중력은 전자의 반발력을 이겨낼 정도로 컸기 때문에, 원자의 형태를 유지하는 유일한 힘이 원자 핵 속에 들어 있는 중성자의 반발력이 될 때까지 붕괴를 계속해 나갔다. 눈치 챘겠지만 그렇게 해서 만들어진 별이 바로 중성자별이다.

중성자별은 1세제곱센티미터당 질량이 몇십억 톤에 이르는 아주 독특한 별이다. 10~20킬로미터밖에 안 되는 지름에 태양만 한 무게를 가진 별이다. 백색 왜성과 달리 중성자별은 초기 질량이 태양의 10배 정도 되는 별이 격렬한 초신성 폭발을 일으킨 후 몇 시간도 되지 않아 만들어진다. 이런 고온의 격렬한 핵반응이 진행되는 동안 무거운 원자들이 만들어진다. 이 책을 읽는 당신의 손에 금반지가 끼어져 있는지도 모르겠다. 그 금은 우주에서 거대한 물체가 폭발할 때 만들어진 것이다. 정말 근사하지 않은가!

그렇다면 중성자별은 어떻게 해서 펄서가 될까? 펄서라는 용어는 1967년 캠브리지 대학의 조셀린 벨(Jocelyn Bell)과 앤터니 휴이시(Antony Hewish)가 빠른 속도로 진동하는 전파물질을 발견하고 붙인 이름이다. 초기 가설 중 하나는 그 천체가 '작은 녹색인(Little green men, 우주에서 온 외계인)'이라는 것이었다. 그러나 이 천체의 정체는 빠르게 회전하고 있는 밀도가 크고 놀라울 정도로 강력한 중성자별임이 확인됐다. 강력한 자기장을 형성하고 있는 이 중성자별은 많은 양의 전파를 극지방에서 뿜어낸다. 지구 옆에서 중성자별이 회전하면서 등대처럼 전파를 지구로 뿜어낸다면 우리는 펄서를 직접 목격할 수 있다.

현재 1,000여 개 이상이 펄서로 밝혀졌으며 전파를 내는 주기는 밀리초 단위로 아주 짧은 것도 있지만 대부분은 1초 정도라고 알려져 있다. 펄서가 전파를 내는 주기는 시계처럼 정확해서 강한 자기장의 제동 효과에 따라 일정한 비율로 속도가 느려지고 있다. 시간을 정확하게 예측할 수 있었던 덕분에 펄서 주위를 도는 행성을 발견할 수 있었다(정말로 섹시하게도 그 펄서의 이름은 PSR B1257+12이다). 또한 독특한 이중 펄서의 발견으로 아인슈타인이 일반 상대성 이론에서 예측했던 포착하기 힘든 중력파의 존재도 확인했다(10장 '중력도 속도가 있을까?' 참고).

● 태양계에서 가장 가까운 블랙홀은 어디에?

사실 나는 이 질문에 대한 답을 모른다. 주변에서 벌어지는 일들을 근거로 블랙홀의 위치를 추정해 볼 수 있을 뿐 아직 발견되지 않은 블랙홀이 더 많을 테니 정확하게 단정할 수 있는 천문학자들은 한 명도 없을 것이다. 하지만 내게 발언 기회를 준다면 먼저 블랙홀의 특성에 대해서 몇 가지 설명하고 넘어가고 싶다.

바로 앞 질문을 읽은 사람은 어떤 거대한 별은 생애 마지막 순간에 붕괴되어 원자핵이 붕괴되는 것을 막으려는 중성자의 척력으로 간신히 버티는 중성자별로 변하는 것도 있다는 것을 알 것이다. 그런데 질량이 태양의 10배가 아니라 그보다 훨씬 더 크다면 중성자도 별이 붕괴되는 것을 막지 못한다. 질량이 아주 큰 별은 중성자의 척력을 이기고 계속해서 줄어들어 마침내 하나의 점이 되고 만다. 밀도가 무한대인 한 점이 되는 것이다. 1915년, 아인슈타인의 일반 상대성 이론의 발표로 수학자들은 그 점의 성질에 대해서 알고 있었지만, 1967년 그 점에 블랙홀이라는 이름을 붙여 준 사람은 존 휠러(John Wheeler)였다. 블랙홀의 가장자리인 '사상의 지평선' 안에서 빠져나올 수 있는 것은 아무것도 없다. 빛조차도 예외가 아니어서 블랙홀 근처에 가까이 간 불행한 희생자는 머리와 다리의 중력 차로 인해 엿가락처럼 길게 늘어나고 만다.

블랙홀을 직접 눈으로 볼 수는 없기 때문에 주변에 미치는 영향력을 감지해 블랙홀의 존재를 알아내야 한다. 1960년대에 처음으로 X선을 다량 방출하고 있는 블랙홀로 감지되는 부분을 관측해 시그너스 X-1(Cygnus X-1)이라는 이름을 붙여 주었다. 시그너스 X-1은 쌍성의 한쪽 구성원으로 눈에는 보이지 않지만 질량이 태양의 열 배임은 분명했다. 그것이 바로 블랙홀이다. 다량으로 방출되는 X선은 어떤 물체가 블랙홀 속으로 빠르게 회전하면서 빨려 들어가는 동안 발생한 고온의 기체 때문에 생긴다고 보고 있다. 시그너스 X-1은 태양계에서 6,000광년 정도 떨어져 있다. 그 후 X선을 방출하는 비슷한 장소가 여러 곳 발견되었다.

항성의 질량을 가진 블랙홀 외에 블랙홀로 구분되는 경우는 두 가지가 더 있다. 하나는 전적으로 가설상의 블랙홀로, 빅뱅 후에 탄생했을 것으로 추정되는 다량의 소형 블랙홀이다. 사실 그런 원시 블랙홀은 지금쯤은 '호킹 복사(Hawking radiation, 블랙홀이 방출하는 열복사)'에 의해 질량을 상실해 거의 사라져 버렸을 것이다. 블랙홀을 만든 천체의 질량이 적을수록 호킹 복사는 더 빨리 진행된다(눈치 챘겠지만 호킹 복사란 스티븐 호킹이 세운 가설에 나오는 용어다. 원시 블랙홀이 존재한다는 것도 역시 그렇고!).

세 번째 블랙홀은 초중량블랙홀(super-massive black hole)이다. 이런 블랙홀은 보통 은하의 중심에서 생긴다. 이런 블랙홀들은 태양의 수백만 배가 넘는 질량을 가지고 있으며 활동 은하와 퀘이사의 중심에 숨어 있는 블랙홀은 그보다 수백 배는 더 큰 질량을 가지고 있을 것으로 추정하고 있다(9장 '퀘이사(준항성체)란 무엇이며 우주 전역에 균일하게 퍼져 있나?' 참고). 우리 은하에도 태양계로부터 2만 5천 광년 떨어져 있는 은하의 중심에 태양 질량의 2백 7십만 배나 큰 블랙홀이 있다는 아주 좋은 증거를 발견했다. 블랙홀의 질량은 주변을 돌고 있는 별의 궤도를 관찰하면 정확하게 측정할 수 있다. 블랙홀 자신은 별들이 발산하는 적외선을 발산하지 않기 때문에 그 주위를 도는 별들은 마치……그러니까 이상하게도 아무것도 없는 것 주위를 돌고 있는 것처럼 행동한다. 현재 블랙홀의 특성이 자세히 밝혀짐에 따라 태양보다 훨씬 큰 질량을 가진 블랙홀이 있음을 확신하게 된다.

천문학자들은 태양과 비슷한 질량을 가진 블랙홀도 있고 태양의 몇백만 배에 달하는 질량을 가진 블랙홀도 있는데, 왜 그 중간 정도의 질량을 가진 블랙홀은 없는지 의아해하고 있다. 이 의문은 아직까지 풀리지 않고 있지만 보다 최근에 이루어진 관측에 의하면 수많은 은하가 생성되던 고대에 함께 형성된, 수십만 개의 별들로 이루어진 구상 성단 중에는 그 중심에 중간 규모의 블랙홀을 가진 것들이 있을 가능성이 있다고 한다. 그 말이 사실로 확인된다면 중간 규모의 블랙홀의 생성 원리를 밝혀내기 위해 노력하는 이론 천문학자들에게 희소식이 될 것이다.

● 우리 태양계와 똑같은 항성계가 있을까?

쌍둥이처럼 완벽하게 똑같은 항성계가 또 있으랴 마는 우리 은하만 해도 항성의 수가 4천 억 개가 넘는다. 그러니 우리와 아주 닮은 행성계를 가진 항성은 또 있지 않을까 싶다. 게다가 전 우주에 존재하는 은하의 수가 천억 개가 넘는다는 사실을 생각해 보면 우리 태양계와 완벽하게 같은 항성계도 어쩌면 존재할지도 모른다.

어느 정도 확신을 가지고 이렇게 말할 수 있는 이유는 1995년 행성이 돌고 있는 항성의 존재를 확인했기 때문이다. 1995년 전까지만 해도 행성이 있는 항성은 가설일 뿐 정확한 증거가 없었다. 행성이 도는 항성을 찾기 위한 몇 년에 걸친 천문학자들의 노력은 결국 결실을 맺었고 2007년 중반인 현재 모두 250개 정도 되는 외계 행성계를 찾아냈다(물론 호주 천문학자들도 함께 노력을 모았다).

외계 행성을 찾아내는 방법은 몇 가지가 있지만 거의 대부분이 행성을 직접 관찰한다기보다는 행성이 돌고 있는 항성의 빛을 정밀하게 분석해서 행성의 존재를 확인한다. 왜냐하면 지구에서 보는 항성과 행성의 각도는 거의 차이가 없는데다 항성의 강렬한 빛에 행성이 묻히기 때문이다('갈색 왜성도 행성이 있을까?' 참고). 그 중에서도 가장 효과적인 행성 관측 방법은 뉴사우스웨일스 북서부에 위치한 쿠나바라브란의 3.9미터짜리 앵글로 오스트레일리안 망원경을 사용해서 관측하는 앵글로 오스트레일리안 행성 탐사 프로그램에서 채택한 방식이다. '도플러 흔들림(Doppler wobble)' 이라고 하는 이 기술은 멀리 떨어져 있는 항성의 반동을 관측해서 보이지 않는 행성을 찾아낸다. 그 주위를 행성이 돌고 있는 항성이 반동을 일으키는 이유는 행성과 항성의 공통 질량 중심이 항성의 중심이 아니라 두 질량에 비례한 두 천체 사이의 어느 한 지점이기 때문이다.

쌍성을 확인하기 위해서 사용했던 분광기 기술을 이용하면 행성의 존재 여부를 좀 더 분명하게 확인할 수 있다. 행성이 항성 주위를 도는 동안 항성의 스펙트럼선은 앞뒤로 이동한다. 그런데 행성은 항성에 비해 아주 작기 때문에 행성이 항성의 속도에 미치는 영향력은 아주 미비하다. 예를 들어 목성 때문에 태양이 앞뒤로 이동하는 속도는 12.5m/s에 불과하다. 이 속도를 천문학자들이 즐겨 사용하는 km/s로 바꾸면 6년 동안 변하는 태양의 속도 변화 폭은 정말로 미비하다(6년 동안의 속도 변화를 언급한 이유는 목성의 공전 주기가 11.86년이기 때문이다).

앵글로 오스트레일리안 천문대에서는 현재 항성의 속도 변화를 1m/s 정도로 정확하게 파악할 수 있다. 따라서 외계인이 앵글로 오스트레일리안 천문대와 똑같은 장비로 우리 태양계를 관측하면 목성의 존재를 쉽게 파악할 수 있다. 그러나 아직까지 지구만 한 크기의 행성은 관측이 불가능하다. 지구 질량의 10배 내지 20배나 큰 초특급 지구형 행성도 아직까지는 감지하지 못한다.

현재 다양한 외계 행성 관측 프로그램으로 수많은 항성 주위를 회전하는 목성형 행성들을 많이 찾아냈다(목성형 행성이란 목성의 질량과 비슷하거나 큰 질량을 가진 행성으로, 항성 주위를 긴 타원형 궤도를 그리며 회전하는 경우도 있다). 한 항성 주위를 여러 개의 행성이 돌고 있는 경우도 여러 차례 발견됐다. 복잡하게 얽힌 여러 행성의 주기 현상은 푸리에 급수라는 복잡한 수학 풀이법을 이용하면 풀 수 있다. 우리 태양계와 똑같은 항성계가 있는가 하는 문제는 아직껏 풀리지 않는 문제로 남아 있지만 태양과 가까운 곳에 있는 항성 중에 행성을 가진 항성이 적어도 10퍼센트 혹은 그보다 훨씬 많을 수도 있다는 사실에 위안을 받는다.

● 고등 생물체가 살고 있는 곳이 지구 외에 또 있을까?

우주 생명체의 진화에 대해서는 이미 전부터 조금씩 언급해 왔다. 6장에서 지구의 자전을 안정화시키는 달의 역할을 이야기할 때도 7장에서 태양계에 세균과 같은 생명체가 살고 있는 곳이 또 있을까 하는 문제를 다룰 때도 이 문제에 대해서 조금 생각해 보았다. 아직까지는 지구를 제외한 어떠한 곳에서도 우리와 같은 고등 생물체를 찾아내지 못했다. 비교적 최근에 활동을 시작한 우주 생물학자들이 다양한 분야와 협력해서 이 문제를 해결하기 위해 노력하고 있다. 고등 생물을 찾으려면 생물학, 천문학, 행성 과학 연구가 기본이겠지만 화학, 지구 물리학, 고생물학, 기후학 같은 관련 과학과의 연계도 필요하다.

태양계와 똑같은 항성계라는 성배를 찾아내는 순간 우주 생물학자들의 관심은 고등 생물체라는 성배를 찾는 데 쏠릴 것이다. 따라서 고등 생물체를 찾고 싶다면 먼저 다른 항성 주위를 돌고 있는 행성을 연구해야 한다. 8장 도입부에서 현대 기술로 태양에서 가장 가까운 항성까지 날아가려면 수십만 년이 걸린다고 했었다. 따라서 현재로서는 커다란 망원경을 이용해 외부 행성을 연구하는 수밖에 없다.

아주 안정적이고 커다란 망원경을 설치하면 그저 단순히 행성의 유무를 예측하는 데서 끝나지 않고 외계 행성의 실제 모습을 관측할 수 있을지도 모른다. 그러려면 오늘날 가장 큰 망원경보다 두 배는 큰, 지름이 20미터가 넘는 망원경이 등장해야 할 것이다. 그런 망원경이 있다면 행성의 빛을 찬란한 빛을 내는 항성의 빛에서 분리해 분광기로 분석해 볼 수 있을 것이다. 6장 '지구 반사광이란?' 에서 언급했듯이 분광기를 이용하면 행성의 대기에 포함되어 있는, 생명체가 살아가는 데 필요한 성분 물질들을 감지해 낼 수 있다. 대기 속에 생물 지표가 포함되어 있으면 유기체가 살고 있을 확률도 높아진다.

행성에 살고 있는 유기체가 고등 생물임을 밝혀내려면 고등 생물체의 활동임이 분명한 증거를 찾아내야 한다. 행성의 대기 속에 대기 오염물질일 가능성이 있는 이산화탄소나 무거운 화학 분자가 들어 있다면 고등 생물체가 살고 있을 가능성은 높아진다. 외계 고등 생명체의 발견은 정말 경이로운 일로, 만약 그런 생명체를 찾아낸다면 우주에서의 우리 자신과 우리들이 살고 있는 공간에 대한 개념이 크게 바뀔 것이다. 새로 찾아낸 생명체들도 우리가 우리 세계에 그렇게 하듯이 마구잡이로 자신들의 행성을 파헤치고 있다는 사실을 알게 된다 해도 발견의 기쁨이 크게 줄어들지는 않을 것이다.

외계 고등 생물 연구의 일환으로 진행되는 지구 외 지성 탐사 계획인 SETI(the Search for Extraterrestrial Intelligence)에 대해서는 많은 사람들이 알고 있다. 거의 반세기가 넘는 세월 동안 SETI는 거대한 전파 망원경을 이용해 외계 종족이 보내고 있는지도 모를 전파 신호를 찾기 위해 노력해 왔다. 그러나 아직까지 그런 신호는 잡히지 않았다.

드레이크 방정식(Drake Equation)으로 유명한 프랭크 드레이크(Frank Drake)도 SETI의 초기 창립 멤버 중 한 명이다. 드레이크 방정식은 우리 은하에 지적 생명체가 살고 있을 가능성을 판단할 수 있는 모든 필요조건을 명시해 두었다. 드레이크 방정식이 발표됐을 때만 해도 방정식에 들어 있는 모든 매개 변수는 그저 추측일 뿐이었다. 그러나 현재 우리는 그중에 한 가지는 알고 있다. 행성이 주위를 돌고 있는 항성은 독특한 존재가 아니라는 사실 말이다. 지금은 아닐지 몰라도 시간이 흐르면 항성은 행성을 갖게 되어 있다.

우주에 우리 말고도 고등 생명체가 산다고 생각하느냐고? 솔직하게 말하면 없다고 믿는 게 더 어렵다고 해야겠다. 하지만 언제 그런 생명체를 찾을 수 있을까에 대해서는 솔직히 장담 못하겠다.

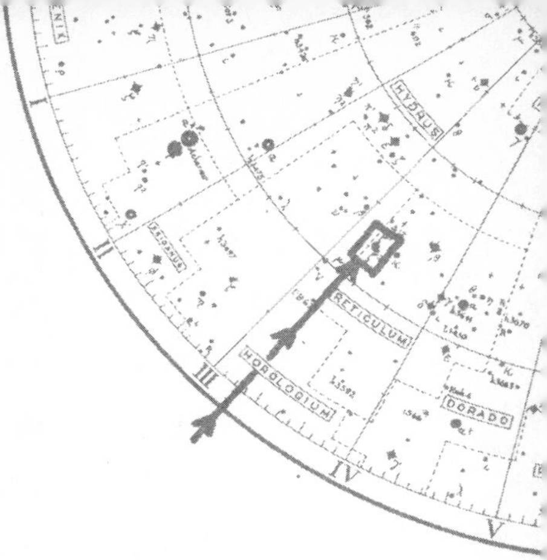

마지막으로……

● **광년을 측정하는 방법**

정말 멋진 질문이다. 천문학자들이 스톱워치를 가지고 광선을 쏘아 우주로 날아가는 시간을 측정하면 되지 않을까? 물론 그럴 수는 없다. 그렇다면 광년은 어떻게 측정해야 할까? 사실 측정할 방법이 없다. 솔직하게 말하자면(혹시 기절할지도 모르니 마음의 각오를 단단히 하기를!) 우리 인류는 광년을 사용할 수도 없다.

7장 도입부에서 소개한 광년은 사실 거리의 단위이다. 1광년이란 빛이 진공 속을 1년 동안 이동할 수 있는 거리로 대략 9조 4천 6백억 킬로미터를 뜻한다. 정말 끔찍하게 긴 거리다! 광년과 달리 천문학자들이 즐겨 사용하는 거리의 단위 중에는 직접 측정할 수 있는 단위가 있다. 바로 파섹(pc)이다. 천문학자들이 적절한 이름을 짓는 경우가 거의 없는데, 파섹은 정말 절묘하게 잘 지은 이름이다. 파섹(parsec)은 지구에서 볼 때 연주 시차가 1초인 천체까지의 거리를 뜻한다(시차의 영어명은 parallax, 1초의 초는 second이다. 시차에서 par를 초에서 sec을 따와서 지은 명칭이 파섹이다).

그게 무슨 말이냐고? 기하학의 각도 표기법에서 1초란 1도의 3,600분의 1이라는 아주 작은 각도를 뜻한다. 좀 더 이해하기 쉽게 설명해 보자면 한 사람이 5킬로미터 정도 떨어진 곳에서 500원짜리 동전을 하나 손에 들고 있다고 생각해 보자. 그때 보이는 동전의 지름 정도가 연주 시차 1초에 해당한다. 맨눈으로 보기는 어려울 테니 분명 아주 큰 망원경이 있어야 할 것이다. 그럼 이제 태양 주위를 돌고 있는 지구를 상상해 보자. 지구의 위치가 바뀌면 지구에서 보이는 천체의 각도도 바뀔 것이다. 지구의 공전 때문에 위치가 바뀌어 보이는 현상이 바로 시차이다. 어떤 천체가 지구에서 1파섹 떨어져 있다고 한다면, 그것은 연주 시차가 1초라는 뜻이다. 이제 알겠는가?

사실 파섹이란 지구의 지름이 아닌 공전 궤도면의 반경 때문에 생기는 시차 상의 거리를 뜻한다. 별의 시차를 처음 측정한 사람은 1838년 쾨니히스베르크의 프리드리히 베셀이었다. 현재 연주 시차의 측정은 특별한 임무를 띤 위성에 장착하는 자동화 장치에 활용할 정도로 일상적으로 활용하고 있다. 그러나 연주 시차를 이용한 거리 측정은 몇천 파섹 정도의 별까지만 가능하고 그 이상이 되면 다른 단위를 이용해 거리를 측정해야 한다.

사실 파섹과 광년은 아주 동떨어진 단위는 아니다. 1파섹은 3.262광년이다. 그렇다면 천문학자들이 거리를 말할 때 고집스럽게도 실제 거리가 아닌 광년으로 바꾸어 말하는 이유는 무엇일까? 그 편이 이해하기 쉽기 때문이겠지만, 그보다는 광년이라는 용어가 광활하고 텅 빈 우주를 좀 더 분명하게 나타내 준다고 생각하기 때문이 아닐까?

Space 09

우주를 가로질러

은하의 세계

수많은 국부 은하군 중에서도 가장 유명한 것은 안드로메다은하이다. 안드로메다은하는 맨눈으로 볼 수 있는 가장 멀리 떨어진 천체라는 명성을 얻고 있다. 11월 밤에 보이는 안드로메다은하는 2백 5십만 년 전에 우리를 향해 출발한 빛이다. 호모 사피엔스가 지구 위를 걸어온 시간보다도 훨씬 긴 시간 동안 우주를 여행한 셈이다. 천문학자들은 우리 은하의 상대 속도와 안드로메다의 상대 속도를 손쉽게 계산해 낼 수 있는데, 이 계산에 따르면 우리 은하와 안드로메다은하는 100km/s라는 속도로 가까워지고 있다고 한다. 그러니까 30억 년 정도 후면 우리 은하와 안드로메다은하가 부딪칠지도 모른다는 뜻이다. 저런, 그렇다고 놀랄 것까지야!

ACROSS THE UNIVERSE

우리 은하 저 너머에는 무엇이 보일까? 은하 밖의 세계가 보고 싶다면 두꺼운 우리 은하의 원반을 형성하고 있는 별과 먼지 구름이 시야를 가리는 은하수를 쳐다보면 안 된다. 우리 은하의 원반 위나 아래쪽을 쳐다보자. 우리는 그곳에서 또 다른 은하를 볼 수 있다. 그것도 아주 많이 말이다.

사실 우리 은하는 국부 은하군(Local Group)—또다시 지역주의를 조장하는 전문 용어의 등장이다—이라고 하는 40개의 은하가 모여 있는 소규모 은하단의 일원이다. 이 작은 공동체의 규모는 5백만 광년 정도로, 대마젤란운과 소마젤란운이라는 작은 두 은하(성운)를 포함한 여러 개의 아주 작은 은하들로 이루어져 있다. 경계가 모호한 마젤란운은 남반구 하늘에서 크게 눈에 띄는 존재로, 끊어져 있기는 하지만 은하수와 상당히 닮은 모습을 하고 있다.

수많은 국부 은하군 중에서도 가장 유명한 것은 안드로메다은하이다. 안드로메다은하는 맨눈으로 볼 수 있는 가장 멀리 떨어진 천체라는 명성을 얻고 있다. 11월 밤에 보이는 안드로메다은하는 2백 5십만 년 전에 우리를 향해 출발한 빛이다. 호모 사피엔스가 지구 위를 걸어온 시간보다도 훨씬 긴 시간 동안 우주를 여행한 셈이다. 천문학자들은 우리 은하의 상대 속도와 안드로메다의 상대 속도를 손쉽게 계산해 낼 수 있는데, 이 계산에 따르면 우리 은하와 안드로메다은하는 100km/s라는 속도로 가까워지고 있다고 한다. 그러니까 30억 년 정도 후면 우리 은하와 안드로메다은하가 부딪칠지도 모른다는 뜻이다. 저런, 그렇다고 놀랄 것까지야!

국부 은하군 너머에는 은하들이 수없이 펼쳐져 있다. 처녀자리나 머리털자리(Coma Berenices)에서 볼 수 있듯이 수백 개가 넘는 은하들이 모인 은하단도 있다. 은하단 자체도 멋진 모습을 연출하지만 사실 우주에는 수많은 은하단들이 모여 무리를 짓고 있는 곳도 많다. 이런 은하단의 모임을 초은하단이라고 한다. 처녀자리에 있는 은하단은 우리가 속한 국부 은하단의 중심에 위치해 있다(국부 은하단이라니, 정말 지역주의를 조장하는 용어 아닌가!).

은하단과 초은하단은 우주에서 가장 큰 물질들의 모임으로 지구와 마찬가지로 주변 물질을 끌어당기는 중력이 존재한다. 처녀자리의 은하단이 강력한 중력으로 주변에 있는 국부 은하군을 중심으로 끌어당기고 있는 것이 좋은 예이다. 그러나 처녀자리 은하단의 끌어당김은 좀 더 세력이 큰, 팽창하는 우주와 함께 밖으로 멀어지려는 작용에 상쇄되기 때문에 처녀자리 은하단의 중력이 팽창력을 뛰어넘어 우리를 안쪽으로 끌어당기려면 좀 더 시간이 흘러야 할 것이다. 이쯤에서 유명한 미국 아마추어 천문학자 존 돕슨의 충고를 소개하고 넘어가야겠다. 언젠가 존 돕슨은 우주를 상상해 보려면 우리가 하늘을 쳐다본다고 생각하지 말고 하늘을 내려다본다고 생각하라고 했다. 하늘 위로 올라가는 것보다는 처녀자리 은하단이 있는 곳으로 뛰어내리는 편이 더 쉬울 테니까.

처녀자리 은하단과 우리는 6천 5백만 광년 떨어져 있다. 그러니 벌써부터 야단법석을 떨 필요는 없다. 우리 은하가 처녀자리 은하단과 충돌하려면 아직 수백억 년이라는 여유가 있다. 하긴 은하와 은하단 사이에는 아주 넓은 텅 빈 공간이 있으니 충돌이라는 표현은 잘못됐다. 충돌이라기보다는 '조석 붕괴(tidal disruption)'라고 하는 편이 낫다. 아무튼 지금 걱정할 일은 아니다. 지금은 라디오 청취자들이 물어 온 넓은 우주 공간과 은하들 사이에서 벌어지는 일에 집중하자.

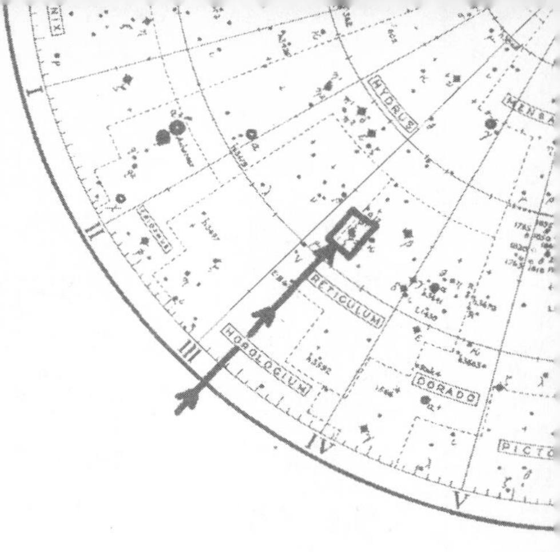

망망대해
: 무지무지하게 많은 은하들

● 우주에 있는 별의 수가 지구의 해변에 있는 모래 알갱이를 모두 합한 것보다 많다는데?

이 질문에 대한 답을 알아보기 위해서 먼저 당신이 알고 있는 가장 큰 수를 머릿속에 떠올려 보자. 아마도 별의 숫자를 세는 일에 모래알이 나오는 이유는 텔레비전 다큐멘터리 시리즈 〈코스모스〉로 큰 인기를 끈 유명한 천문학자 칼 세이건 때문임이 분명하다.

나로 말하면 큰 숫자 뒤에 수많은 0을 쭉 나열하는 방식을 좋아하지만 수학자들이 하는 대로 10의 거듭제곱을 이용해 표기하는 것이 보다 더 이성적일 것이다. 그러니까 100은 10^2으로 27,000,000은 27×10^6으로 표기해야겠다. 8장에서 우리 은하를 구성하는 별의 수는 4천억 개가량 된다고 했다. 사실 우리 은하는 규모가 아주 큰 경우로 보통 은하를 구성하는 별의 수는 천억 개가량 된다. 그러니까 10^{11}개 정도인 셈이다.

그렇다면 우주에는 얼마나 많은 은하가 있을까? 허블 우주 망원경으로 관측한 은하의 수는 대략 8백억 개 정도였다. 천문학자들 대부분이 그보다는 훨씬 많은 수의 은하가 있다고 생각한다. 실제 우주에 존재하는 은하의 수는 천억 개, 즉 10^{11}개 정도일 것이다.

전체 은하의 수에 각 은하마다 존재하는 별의 수를 곱하면 전체 별의 수는 얼추 10^{22}개 정도가 된다.

그렇다면 지구의 해변에는 모래 알갱이가 몇 개나 있을까? 이 문제를 푸는 방법은 별의 수를 구하는 것보다 더 까다롭다. 도대체 입자의 크기가 얼마나 커야 모래로 볼 수 있을까? 대략 모래의 평균 크기를 0.5밀리미터라고 하고, 해변의 평균적인 가로 세로 길이를 구해야 하며, 지구 전역에 해변이 얼마나 펼쳐져 있는지도 생각해야 한다(지구의 해안가는 얼추 백만 킬로미터 정도라고 한다. 사실 그중에 모래 해변은 30퍼센트밖에 없다는 사실도 생각해야겠지만). 그렇게 해서 모래의 전체 개수를 계산해 보면……잠깐만 재촉하지 말고 기다려라! 계산하는 데 시간이 걸린다……나왔다! 대략 10^{21}개다. 이렇게 계산해 보니 정말 모래의 수보다 별의 수가 많다. 칼 세이건이 옳았다.

이 같은 결과는 두 가지 면에서 흥미롭게 느껴진다. 거의 비슷한 숫자를 보니 칼 세이건이 우주의 별을 비교하는 대상으로 모래를 택한 건 탁월한 선택이었다고 생각한다. 그런데 여러 연구를 통해 우주의 구성 성분 중 별이 차지하는 비율은 0.5퍼센트밖에 되지 않는다는 사실이 밝혀졌다. 따라서 우주 전체로 보면 별은 그다지 중요한 존재가 아니다.

그렇다면 우주를 구성하고 있는 나머지 주인공들은 누구일까? 대략 분류해 보면 빠른 속도로 우주를 날고 있는 중성미립자들이 0.5퍼센트 정도를 차지하고 있으며 빅뱅 때 만들어진 수소와 헬륨이 4퍼센트 정도, 암흑 물질이 놀랍게도 20퍼센트를 차지하고 있다고 한다. 나머지 75퍼센트를 차지하고 있는 것은 무엇일까? 바로 암흑 에너지이다. 어떤 특성을 가지고 있는지 알려진 바가 거의 없는 암흑 물질과 암흑 에너지는 현대 천문학자들이 풀어야 할 가장 큰 과제이다. 암흑 물질과 암흑 에너지에 관해서는 9장과 10장에서 좀 더 다룰 예정이다. 그런데 우리에게 친숙한 행성이나 산맥, 도시, 사람들을 만드는 산소, 규소, 탄소, 질소, 철 같은 원소들은 도대체 얼마나 있는 걸까? 우리가 알고 있는 원소들을 모두 합해 봐야 전체 우주 구성 물질의 0.03퍼센트 정도밖에 되지 않는다. 우리 자신이 정말 보잘것없게 느껴지지 않는가!

● 은하만 해도 수백만 개가 넘는 우주에서 빛은 어떤 식으로 나아갈까?

이 질문에 대한 대답은 바로 앞 질문의 연속선상에 있다 하겠다. 우주는 대부분 우리가 아무 장애 없이 똑바로 앞을 볼 수 있는 물질로 이루어져 있다. 대부분의 구성 성분이 암흑 물질과 암흑 에너지인 우주는 사실상 거의 투명한 공간이라고 생각해도 된다. 그러니까 우주는 은하와 같은 물질이 아주 소량 군데군데 박혀 있는 진공 상태라고 해도 과언이 아니다. 한 줄기 광선이 수백만 아니 수십억 년을 여행해도 단단한 물체에 부딪칠 확률은 놀라울 정도로 낮다는 이야기다.

이 질문은 또한 19세기 독일의 아마추어 천문학자 빌헬름 올베르스(Wilhelm Olbers)의 이름을 딴 올베르스 패러독스(Olbers' Paradox)와도 관계가 있다(빌헬름 올베르스가 이 패러독스를 처음 제안한 사람은 아니지만). 올베르스 패러독스란 우주가 별로 가득 찬 무한한 공간이라면 어느 방향을 보든 별이 보여야 한다는 것이다. 그러나 밤하늘은 어둡지 않은가! 올베르스 패러독스의 해답은 우주를 통과하는 동안 파장이 늘어난다는 사실에서 찾아야 한다. 가장 먼 거리에 있는 천체에서 오는 빛의 스펙트럼은 적색 편이(적색 이동)라 하여 스펙트럼선이 가시광선의 붉은색 영역을 지나 적외선 지역으로 이동하는 현상이 나타난다. 다음 장에서 보게 될 테지만 하늘은 여전히 빅뱅 후에 남은 눈부신 잔광들로 가득 차 있는 것 같다.

● 암흑 물질이 있다는 건 어떻게 알까?

언젠가 미국의 아마추어 천문학자 존 돕슨은 우주는 "대부분이 수소와 알아내지 못한 사실들로 가득 찬 곳"이라고 말했었다. 하지만 돕슨은 틀렸다. '우주에 있는 별의 수가 지구의 해변에 있는 모래 알갱이를 모두 합한 것보다 많다는데?' 에서 우리는 전 우주의 구성 물질 가운데 수소가 차지하는 양은 4퍼센트에 불과하다는 사실을 알았다. 실제로 우주의 대부분을 차지하고 있는 것은 암흑 물질과 암흑 에너지, 그리고 알아내지 못한 사실들이다. 천문학자와 친하게 지내는 사람이라면 천문학자들이 암흑 물질과 암흑 에너지에 대해서 알아낸 것이 거의 없다는 사실에 당혹스러워한다는 걸 잘 알고 있을 것이다.

여러 가지 면에서 암흑 물질이 암흑 에너지보다는 이해하기 쉽다. 암흑 물질은 물체에 작용하는 중력 효과로 확인할 수 있다. 그러나 여러 가지 방법을 동원해 암흑 물질의 특성을 알아내려고 했지만 중력 효과 외에는 알아낸 것이 없다.

대부분 암흑 물질은 비교적 최근에 발견한 현상이라고 생각하지만 사실 1933년에 미국계 스위스 천문학자 프리츠 츠비키(Fritz Zwicky)가 뭔가 말이 되지 않는 물질이 있음을 처음으로 발견했다. 당시 그는 많은 양의 물질이 한데 모여 있는 은하단을 관찰하고 있었다. 그가 특히 흥미롭게 생각했던 은하단은 북반구 하늘에서 볼 수 있는 머리털자리에 모여 있던 은하단이었다.

시선과 일치하는 항성의 속도를 관측할 수 있게 해 준 분광기의 발달은 은하의 관측에도 유용하게 쓰였다(8장 '쌍성이란' 참고). 츠비키는 분광기를 이용해 은하단에 속한 은하들의 속도를 측정했다. 그런데 은하들의 이동 속도가 은하단에 묶여 있다고 보기에는 너무나 빨랐다. 깜짝 놀란 츠비키는 비리얼 정리(virial theorem)를 이용해 항성, 기체, 먼지 같은 눈으로 확인되는 은하단 물질들이 서로를 끌어당기고 있는 인력을 계산해 보았다. 결과는 눈에 보이는 물질들의 인력만으로는 은하단을 견고하게 유지할 수 없다는 것이었다.

각 물질들의 속력을 생각해 보면 은하단은 벌써 오래전에 완전히 해체됐어야 했다. 츠비키는 은하단 속에는 빛을 방출하지도, 천체들이 방출하는 방사선을 흡수하지도 않는 눈에 보이지 않는 물체가 있다고 생각했다. 그 물체의 정체가 무엇이건 간에 그 물체는 은하단이 해체되지 않을 정도로 강력한 인력을 가지고 있음이 분명했다. 그의 추측은 옳았지만 당시에는 크게 주목받지 못했다.

그로부터 40년 후, 위대한 미국 천문학자 베라 루빈(Vera Rubin)이 은하의 회전 속도를 정확하게 측정해 내면서 암흑 물질이 존재한다는 사실을 증명해 보였다(베라 루빈은 내 영웅이다. 바로 전에 출간한 내 책의 서평을 근사하게 써 줘서 하는 말은 절대 아니다!). 모든 은하는 회전하고 있다. 지구에서 볼 때 거의 측면이 보일 정도로 기울어진 원반형의 나선 은하들을 선택함으로써, 은하의 회전 속도가 은하 중심으로부터의 거리에 따라 어떻게 변하는지 측정할 수 있다. 이 관계를 그래프로 나타낸 것이 회전 곡선(rotation curve)이다.

은하단을 지탱하는 물질이 사람들이 생각하는 것처럼 빛나고 있는 항성들이 있는 곳에 모여 있다면 지구 궤도를 도는 위성들이 그렇듯이 은하의 중심에 가까운 항성의 속도는 빠르고 중심에서 멀어져 갈수록 속도가 느려지는 회전 곡선이 나와야 한다(5장 '인공위성이 땅에 떨어지지 않고 우주에 머물 수 있는 이유는?' 참고). 그러나 베라 루빈의 관측 결과는 그렇지 않았다. 은하의 중심에서 가장 멀리 떨어져 있는 항성조차도 회전 곡선은 중심에 있는 항성과 거의 다르지 않았다. 그래서 이번에는 항성이 아닌 기체 구름을 가지고 계산해 보았다. 결과는 마찬가지였다. 이 같은 결과는 은하가 암흑 물질이라는 헤일로에 둘러싸여 있다는 가정 하에서만 나올 수 있었다.

그 후 암흑 물질에 대한 몇 가지 연구가 진행되면서 암흑 물질의 성질이 조금씩 밝혀지고 있다. 암흑 물질의 존재를 알아내는 방법은 크게 세 가지다.

1. 중력 렌즈 효과

지금까지는 중력장 이론 가운데 가장 탁월하다 할 수 있는 아인슈타인의 일반 상대성 이론의 결론 중 하나는 중력은 공간을 일그러트린다는 것이다. 우리는 공간의 미묘한 비틀림을 중력으로 느끼는(혹은 감지하는) 것이다. 광선도 마찬가지다. 그 때문에 은하나 은하단을 통과하는 빛은 중력 렌즈 현상이라고 알려져 있는 편향 현상을 나타낸다. 중력 렌즈라고 하는 이유는 편향을 일으킨 물체가 유리로 만든 렌즈처럼 작용하기 때문이다. 그런데 눈에 보이는 물체뿐 아니라 암흑 물질도 이런 렌즈의 역할을 한다. 따라서 렌즈 효과를 관측하면 어떤 물질이 우주에 퍼져 있는지 알 수 있다. 중력 렌즈 효과는 은하에 다량의 암흑 물질이 있음을 말해 주고 있었다. 베라 루빈의 계산 결과와 정확히 맞아떨어지는 결과였다.

2. 은하 연구

수만 개가 넘는 은하들의 거리를 측정해 보면 눈에 보이는 물체들이 전 우주에 얼마나 광활하게 퍼져 있는지 알 수 있다. 1990년대 앵글로 오스트레일리안 천문대는 2dF 은하 적색 편이 연구라는 선구적인 연구를 진행해 25억 광년 범위에 있는 221,000개의 은하를 관측했다(2도 시계(2-degree field)를 뜻하는 2dF라는 명칭은 연구를 진행할 때 사용한 3.9미터짜리 앵글로 오스트레일리안 망원경 위에 장착한 기구의 이름에서 따왔다. 그 기구는 한꺼번에 400개의 은하수를 관찰할 수 있는, 시계가 2도인 분광기였다). 은하 관측으로 가장 처음 알아낸 사실이자 가장 중요한 사실은 은하가 우주에 균일하게 퍼져 있지 않고, 마치 거품처럼 3억 광년 정도 되는 거대한 빈 공간의 가장자리에 몰려 있다는 것이다. 보이는 물체건 보이지 않는 물체건 간에 우주 공간 상의 모든 물체는 우주의 기하학 구조에 영향을 미치기 때문에—일반 상대성 이론에서 예측한 비틀림 현상 때문에— 두 물질의 상대적인 분포 상태를 통계학적으로 분석해 낼 수 있다. 그 결과 우주 전역에 퍼져 있는 보이는 물체와 보이지 않는 물체의 비율은 약 1대 4이었고 두 물질은 함께 모여 있었다. 2dF 은하 적색 편이 관측을 이끈 매슈 콜리스(Matthew Colless)는 두 물질의 분포 상태를 '암흑 물질의 산 위에 놓인 봉화'라고 표현했다.

3. 항성 속도 연구

암흑 물질이 항성들이 모여 있는 곳에 함께 모여 있다는 사실을 알게 된 과학자들은 암흑 물질을 찾아낼 또 한 가지 방법을 고안해 냈다. 우리 은하는 기체와 먼지, 암흑 물질이 한데 뒤섞인, 항성만 4천억 개가 되는 거대한 나선 은하이다. 그러니 우리 주변은 암흑 물질로 꽉 차 있다고 하겠다. 그렇다면 암흑 물질은 어떻게 분포되어 있을까? 한데 모여서 커다란 덩어리를 이루고 있을까? 크기는 얼마나 될까? 어떻게 해야 크기를 알 수 있을까? 수십만 개씩 모여 있는 항성의 속도를 측정해서 공통 속도를 찾아내면 이 같은 의문에 답할 수 있다. 항성의 움직임은 중력에 영향을 받는다(중력의 근원지가 보이는 물체인지 보이지 않는 물체인지는 상관없다). 따라서 항성의 움직임을 분석해서 중력 지도를 그리면 암흑 물질의 위치와 규모를 알아낼 수 있다. 이런 방법을 이용해서 암흑 물질로 추정되는 아주 작은 덩어리를 찾아냈다. 현재 그 덩어리의 지름은 1,000광년 정도로 추정하고 있다. 이 물질이 암흑 물질이라면 지금까지의 예상대로 암흑 물질의 온도는 1도의 몇십 분의 1이 아니라 절대 온도보다 몇천 도가 높다는 뜻이므로 열역학적 논쟁이 벌어질 것으로 보인다.

도대체 암흑 물질이 무엇일까? 지금으로서는 일반 물질과는 거의 반응하지 않는 거대한 소립자들의 모임이 아닐까 하는 가설이 제일 근사하다. 이런 소립자들을 약하게 반응하는 거대한 소립자라는 뜻으로 WIMP(Weakly Interacting Massive Particles)라고 한다. 이에 맞서는 가설로 MACHO(Massive compact halo objects, 갈색 왜성처럼 압축된 무거운 헤일로형 천체)설이 있지만 지금으로서는 그다지 신통한 생각 같지는 않다.

암흑 물질이 은하의 진화에 중요한 역할을 한다고 생각하는 과학자들도 있다. 초기 우주를 설명하는 가설 중에는 빅뱅으로 생긴 수소가 한데 모여 있던 암흑 물질의 중력에 이끌려 압축되면서 항성과 은하가 됐다는 가설도 있다. 이 가설이 옳다면 멀리 있는 암흑 물질, 다시 말해서 아주 오래전 과거의 암흑 물질은 가까이 있는 암흑 물질, 즉 보다 최근 과거의 암흑 물질보다 덩어리의 크기가 작아야 한다. 허블 우주 망원경으로 관찰한 중력 렌즈 효과는 실제로도 그렇다는 사실을 알려주었다.

● 뉴턴의 만유인력의 법칙을 수정하면 암흑 물질이라는 존재는 없어도 되지 않을까?

이 질문을 한 청취자는 분명히 암흑 물질에 대해 회의적인 사람들과 입장을 같이 하고 있는 게 분명했다. 암흑 물질에 대해 회의적인 사람들은 몇 명 있다. 1978년 베라 루빈이 변화가 없는 은하의 회전 곡선을 발표해서 사람들을 놀라게 했을 때 암흑 물질이 아닌 다른 대안을 찾기 위해 노력한 사람들이 있었다. 그중에서도 가장 큰 성공을 거둔 사람은 이스라엘 바이츠만 연구소(Weizmann Institute)의 몰데하이 밀그롬(Mordehai Milgrom)이었다. 그가 들고 나온 주장은 수정 뉴턴 역학, 즉 MOND(Modified Newtonian Dynamics)였다.

수정 뉴턴 역학은 은하의 중심을 도는 항성들의 경우처럼 가속도가 아주 작은 경우에는 뉴턴의 운동 제2법칙-물체에 작용하는 힘과 가속도의 관계에 대한 법칙-이 성립하지 않는다고 주장한다. 그 때문에 뉴턴의 유명한 만유인력의 법칙이 바뀌어 일정한 회전 곡선이 나타나는 것일 뿐 암흑 물질이 있기 때문에 그런 것은 아니라고 했다. QED(quod erat demonstrandum, 이제 증명 끝!).

새로운 가설이 나왔을 때 과학자들이 가장 먼저 해야 하는 일은 가설을 검증하는 것이다. 그런데 수정 뉴턴 역학은 검증하기가 쉽지 않다. 추와 도르래, 줄 같은 도구를 가지고 실험함으로써 수정 뉴턴 역학이 옳은지 그른지만 검증하면 되는 거 아니냐고? 태양계에 있는 어느 곳을 가더라도 수정 뉴턴 역학의 타당성을 입증하기 위한 실험을 수행하기에는 물체의 가속도가 너무 크다. 결국 수정 뉴턴 역학은 태생부터 한계를 지니고 있는 셈이다.

수정 뉴턴 역학이 암흑 물질 가설을 대체할 주류 가설이 될 수 없는 이유는 그 외에도 몇 가지가 더 있다. 그중에 하나는 가속도가 극단적으로 작은 경우에도 뉴턴의 운동 법칙이 성립한다는 믿을 만한 근거가 있다는 점이다. 예를 들어 빅뱅 때 있었던 불덩어리의 밀도 분포와 오늘날 우주의 밀도 분포를 비교해 보면, 137억 년이라는 시간 동안의 진화가 필요한데 이 진화 과정은 현재 우리가 알고 있는 중력 법칙에 의해 아주 잘 설명된다.(빅뱅에 대해서는 10장에서 좀 더 자세하게 살펴볼 생각이다). 또한 최근 앵글로 오스트레일리안 천문대에서 진행한 대규모 항성 속도 관측 같은 연구 결과도 우리 은하의 별들의 흐름이 수정 뉴턴 역학이 아닌 기존의 뉴턴 역학대로 움직이고 있다고 분명히 제시한다.

뭐니 뭐니 해도 수정 뉴턴 역학의 가장 큰 문제점은 정확한 근거도 없이 물리학의 기본 법칙을 자기 마음대로 바꾸었다는 것이다. 암흑 물질을 연구하는 천체 물리학자들이 제시하는 근거는 자명할 뿐 아니라 앞 질문에서 설명했던 세 가지 연구 방법을 포함한 다양한 연구들을 진행한 후에 얻은 결과물이다. 지금으로서는 암흑 물질 가설이 널리 인정받고 있는 이유다.

● 은하에 나선 팔이 생기는 이유

사실 모든 은하에 나선 팔이 있는 것은 아니다. 타원형 은하(elliptical galaxy)라고 하는 럭비공처럼 생긴 거대한 은하에는 나선 팔이 존재하지 않는다. 원반처럼 생긴 은하라면 당연히 우아한 나선 팔을 가졌다고 생각하기 쉽지만 사실 나선 팔이 없는 원반형 은하도 있다.

나선 팔의 기원에 관한 수수께끼는 불과 몇십 년 전부터 풀리기 시작했다. 나선 은하의 팔이라면 돌고 있는 은하를 따라 끈에 매달려 질질 끌려가고 있는 별들의 모임이라고 생각하기 쉽다. 그러나 조금만 생각해 보면 그런 일은 불가능하다는 것을 깨닫게 된다. 은하의 중심에서부터 끝까지의 거리에서 중간 정도쯤에 위치한 항성들이 한 번 공전하는 데 걸리는 시간이 2억 년이라면 은하의 생애 동안 몇 번이나 공전하게 될까? 은하의 평균 수명이 120억 년이니 대충 60번 정도를 공전하게 된다. '암흑 물질이 있다는 건 어떻게 알까?' 에서 살펴보았듯이 은하의 가장자리에 있는 별들의 공전 속도도 중심에 있는 별들의 공전 속도와 같아야 한다. 그렇다면 가장자리 별들이 중심을 한 번 도는 데 걸리는 시간은 중심 별들보다 훨씬 길 것이다. 그 말은 한 바퀴를 도는 데 걸리는 시간차 때문에 별들의 움직임은 원반을 따라가는 나선 팔의 형태가 아니라 시계태엽 같은 회전 형태여야 한다는 뜻이다.

끈에 매달린 별들이라는 생각을 반박하는 증거는 또 있다. 나선 은하를 붉은 등(red light)이나 적외선 등(infrared light)으로 관찰하면 나선 팔은 사라지고 그저 밋밋한 원반처럼 보인다. 그 이유는 나선 팔이 푸르스름한 흰색을 띤 뜨거운 젊은 별들로 이루어져 있기 때문이다. 푸른색 광선은 붉은색 등으로 보면 보이지 않는다. 나선 은하의 원반을 만드는 별들은 푸른 별보다 작고 오래된 황색 별이나 붉은색별이다.

이 같은 사실은 나선 팔의 속성에 대한 단서를 제공해 준다. 우리가 보고 있는 나선 팔이 별들이 물리적인 끈으로 묶인 것이 아니라 별이 왕성하게 생성되는 장소라면 그 형태는 은하의 나이와는 관계가 없다는, 다시 말해서 굳이 태엽의 형태일 필요는 없다는 뜻이다. 더구나 별들의 생성 속도는 자전 속도에 크게 영향을 받지 않을 것이다. 새로 생기는 별들은 거센 파도 더미 위에서 까닥까닥 움직이며 헤엄치는 사람들처럼 항성과 먼지, 기체로 구성된 원반 사이를 자신들만의 속도로 옮겨 다닐 것이다.

나선 팔의 기원을 밝혀내기 위해서 천문학자들은 수많은 가설을 세웠다. 그중에 유명한 가설 한 가지는 1970년대에 나왔다. 그 가설에서 나선 팔은 SSPSF이라고 하는 것의 산물이었다. (혀가 꼬일 것 같은, 게다가 라디오 방송용 마이크 앞에서는 특히 발음하기 어려운 SSPSF는 확률적 자가 증식 항성 생성(stochastic self-propagating star formation)의 약자이다.) 가설의 요점은 엄청나게 사치스러운 젊은 별이 수소 연료를 빠른 시일 내에 마구 소비한 후 초신성으로 폭발해 항성 생성의 충격파면(shock front)을 따라 새로운 항성들이 태어나는 기폭제 역할을 했다는 것이다.

SSPSF설의 문제는 그런 일이 있을 것 같지 않다는 것으로 결국 훨씬 더 정교한 '밀도파(density wave)' 가설에 밀려나고 말았다. 밀도파 가설은 1960년대 말 치아 치아오 린(Chia Chiao Lin)과 프랑크 슈(Frank Shu)가 처음 제안한 것으로, 기체와 먼지가 희박한 은

반 사이를 돌아다니는 한 종류의 단일 음파가 지나갈 때마다 별이 왕성하게 생성된다는 가설이다. 구부러짐이 발생하는 것은 은하가 회전하기 때문이며 밀도파가 생기는 이유는 은하들 사이에 작용하는 중력 때문이라고 추정하고 있다.

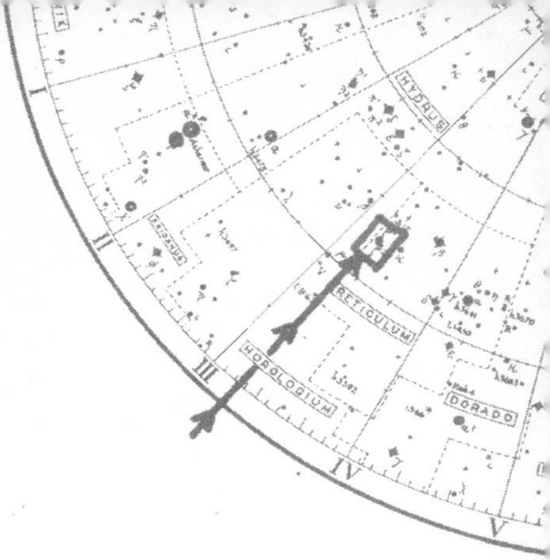

허블 소동
: 우르르 몰려가는 은하들

● 과거의 시간을 측정하는 방법

과거의 시간을 측정한다는 것은 우주에 떠 있는 특정한 천체를 봤을 때 지금 보고 있는 천체가 과거의 어느 때 존재했는지를 알아낸다는 뜻이다. 일정한 빛의 속도 때문에 생기는 과거의 시간은 먼 거리에 있는 천체를 볼 때 특히 중요하다. 빛의 이동 속도는 은하의 생애를 알려주는 단서이기 때문이다. 훨씬 먼 곳에 있는 천체들을 본다는 것은, 다시 말해서 초기 우주의 천체들을 본다는 것은 은하에서 일어난 진화의 역사를 탐구하는 단서를 얻게 된다는 뜻이다.

그렇다면 과거의 시간은 어떻게 측정할까? 기본 원리는 놀라울 정도로 간단하다. 은하가 발산하는 빛은 자신이 언제 우주여행을 시작했는지를 정확히 알려주는 날짜를 찍는 일일 스탬프와 같다. 이 말이 무슨 말인지 이해하려면 먼저 우주 전역을 관찰한 후에 알아낸 가장 기본적인 원리부터 살펴봐야 한다. 바로 우주는 팽창하고 있다는 사실 말이다. 우주가 팽창하고 있다는 놀라운 주장은 1920년대 말에 나왔다. 당시 미국인 천문학자 에드윈 허블은 자신의 관측과 다른 사람들의 관측을 분석해 은하가 위치한 거리에 비례하는 속도로 멀어지고 있다는 결론을 내렸다. 이것이 바로 유명한 '허블의 법칙(Hubble's Law)'이다. 자신의 결론에 대해 '이게 말이 되나?' 라고 생각해 버리는 대신 허블은 우주 전역이 팽창하고 있으며 팽창하는 우주에서는 관찰자가 어디에 있건 간에 은하가 모두 멀어져 가고 있는 것처럼 보일 테니 그런 현상을 관찰하기 위해서 굳이 지구가 우주의 중심일 필요는 없음을 깨달았다.

허블의 팽창하는 우주론은 우주가 아주 작은 한 점에서 시작했을 거라는 추론을 가능하게 했다. 오늘날 빅뱅 가설로 불리는 이 같은 생각을 제일 처음 주장한 사람은 벨기에의 사제 조르주 르메트르(Georges Lemaître)였다.

허블의 법칙이 무엇인지 알겠는가? 실제로 우리가 보고 있는 것은 은하를 멀리 데리고 가는 팽창하는 우주이다. 은하의 빛이 시간을 알려주는 일일 스탬프 역할을 하는 것은 바로 이 때문이다. 우주가 어떠한 크기에 도달한 과거의 어느 때, 어떤 은하의 별들이 성실하게 빛을 발산했다고 생각해 보자. 그 빛이 우리가 있는 지구를 향해 날아오는 동안 우주는 더 커지고 빛의 파장은 여행하는 동안 팽창한 우주와 함께 점차적으로 늘어났을 것이다. 파장이 길어졌다는 것은 빛이 점점 붉은색 계열로 바뀌어 간다는 뜻이다. 은하의 가시광선 정보를 바코드 같은 선으로 분해시켜 주는 분광기 상에 나타나는 이런 변화를 '적색 편이'라고 한다. 적색 편이 현상은 모든 이론적 가설과는 별도로 현재 우주의 크기와 빛이 발산됐을 때의 우주의 크기를 비교해 주는 척도이다.

과거의 시간을 측정할 때는(사실 거리라고 하는 편이 더 효과적이겠지만) 외부 은하 거리척도(extragalactic distance scale)라는 계산법을 사용한다. 우리 은하 너머의 거리를 재는 방법이다. 외부 은하 거리척도에는 연주 시차 측정을 비롯해 맥동형 변광성을 찾는 표준 촛대를 비롯한 여러 가지 방법이 포함되어 있다('광년을 어떻게 측정하는가?' 와 8장 '항성도 흔들릴까?' 참고). 이 계산법을 사용하면 적색 편이와 거리의 관계를 좀 더 정확하게 알아낼 수 있다.

● 팽창하는 우주에서 은하들은 자신만의 고유 속도대로 움직이고 있을까?

바로 앞 질문을 읽었다면 우주는 그 속에 있는 모든 성분들을 가지고 팽창하고 있다는 사실을 알 것이다. 우주가 마치 강물처럼 움직이고 있다는 사실을 표현하기 위해 보통 이를 '허블 흐름(Hubble flow)' 이라고 한다. 한 사람이 작은 배를 타고 강물 위에 떠 있다고 생각해 보자. 물의 흐름과 상관없이 노를 저어 상류나 하류 어느 쪽으로도 갈 수 있고 마음만 먹으면 강가를 향해 갈 수도 있다. 강 위에 떠 있는 배의 수가 많다면 각 배의 속도는 물살을 가르고 나갈 수 있는 노잡이의 기량에 따라 달라질 것이다.

은하의 상태도 마찬가지다. 허블 흐름에 몸을 맡긴 채 우리에게서 멀어지고 있는 은하는 저마다 고유의 움직임이 있다. 그런 고유의 움직임을 보통 '특이 운동 속도(peculiar velocity)' 라고 하는데 진짜로 특이하다는 의미가 아니라 각 은하마다 독특한 운동 속도가 있다는 뜻이다. '특이 운동 속도' 가 생기는 이유는 각 은하의 중력장의 크기가 다르기 때문이다. 따라서 조금 어려운 일이기는 하지만 각 은하의 속도를 측정하면 은하가 가진 중력장의 크기도 알아낼 수 있다. 특이 운동 속도는 보이건 보이지 않건 간에 인력을 가진 물체가 있으면 달라지기 때문에 암흑 물질의 연구에도 중요한 역할을 한다.

● 오늘 은하들끼리 충돌할 가능성은?

분명히 있을 것이다. 우리 은하에서도 지금 적어도 한곳에서는 충돌이 일어나고 있을 것이다. 이는 우주를 쳐다볼 때면 보이는, 서로에게 영향을 미치고 있는 은하 사이에서는 흔히 벌어지는 일이다. 그중에서도 가장 잘 알려진 예는 흔히 '더듬이들(The Antennae, 안테나)'이라고 부르는 은하쌍이다(두 은하의 공식 명칭은 고약하게도 NGC4038과 NGC4039이다). 사실 두 은하는 단순히 서로에게 영향을 미치고 있는 게 아니다. 실제로 두 은하는 거대한 장물 자동차들이 반대쪽에서 있는 힘껏 돌진해 부딪치는 것처럼 충돌하고 있다. 두 은하가 곤충의 더듬이처럼 보이는 이유는 충돌의 결과 항성과 기체, 먼지로 이루어진 나선 팔이 반대방향으로 발산하고 있기 때문이다. 6천만 광년이라는 비교적 가까운 거리에서 벌어지는 정지해 있는 화면처럼 보이는 두 은하의 충돌 현상은 비교적 자세한 연구가 진행되고 있다.

그렇다면 우리 은하는 어떨까? 현재 우리 은하는 가까운 이웃들 몇을 집어삼키고 있다. 구역 내 최고 건장아인 우리 은하는 주변 환경을 제압하면서 수상한 왜소 은하들을 집어삼켜 막강한 조석력(tidal force)으로 갈가리 찢어 버리고 있다. 은하의 중심을 기준으로 우리 태양계의 반대편 끝에 있는 궁수자리 왜소 은하(Sagittarius Dwarf Galaxy)는 최근에 희생된 은하이다. 궁수자리 왜소 은하의 붕괴는 이 은하가 죽음의 함성을 외치며 우리 은하의 중심으로 말려들어 갈 때 남긴 항성의 흔적 덕분에 알아냈다. 이 항성의 흔적을 궁수자리 흐름(Sagittarius Stream)이라고 한다.

컴퓨터를 이용한 은하 생성 가상 모델에 의하면 이런 작은 은하의 흡수가 큰 은하의 진화와 성장에 중요한 역할을 했다. 궁수자리 왜소 은하가 우리 은하의 첫 번째 희생자는 분명 아닐 것이며 최근 몇십 년 사이에 발생한 유일한 희생자도 아닐 것이다. 컴퓨터 가상 모델이 갖고 있는 문제점 가운데 하나는 우리 은하 같은 거대한 나선 은하 주변에 있는 작은 은하들의 수를 실제보다 더 많게 예측한다는 점이다. 이런 차이가 발생하는 이유는 은하의 붕괴 속도가 예상보다 빠르기 때문일 수도 있지만 그보다 더 그럴듯한 이유는 항성의 생성으로 모습을 드러내는 작은 은하의 수소를 빨아들이는 수많은 소규모 암흑 물질의 존재를 예측하지 못했기 때문일 수도 있다.

● 퀘이사(준항성체)란 무엇이며 우주 전역에 균일하게 퍼져 있나?

나는 퀘이사를 비행 청소년 은하라고 생각할 때가 많지만, 사실 이 은하는 무절제하게 에너지를 뿜어내는 핵의 외부 구조에 지나지 않는다. 퀘이사는 바로 중심핵을 가리키는 말이다. 다행히 관측되는 퀘이사가 모두 멀리 있다는 사실을 생각해 보면 현재 퀘이사는 모두 사라진 것으로 보인다. 가장 가까운 곳이라고 해도 10억 광년 이상 떨어져 있다.

퀘이사가 처음 발견됐던 1960년대에는 모두 깜짝 놀라고 말았다. 아주 작은 천체가 낼 수 있는 것보다 훨씬 많은 양의 에너지를 방출하고 있었기 때문이다. 준항성체, 정확히 말해서 전파를 내는 준항성체(quasi-stellar radio source, 준항성체전파원)라는 이름은 퀘이사의 모습이 항성과 닮았기 때문에 붙여진 것이다. 그러나 사실 퀘이사는 항성과는 전혀 다른 천체이다. 퀘이사는 가시광선과 같이 특정한 주파수를 가진 복사선을 내는 것이 아니라 X선부터 전파까지 다양한 파장을 가진 복사선을 방출한다.

더구나 이 복사선의 시간 간격(복사 주기)은 에너지를 발산하는 지역의 크기에 따라 몇 시간에서 며칠까지로 아주 다양했다. 몇 광시에서 몇 광일보다 시간 간격이 큰 경우는 그 변이가 희미해지는데, 복사선이 앞에서 뒤로의 시간 여행을 하기 때문이다(여기서 광시란 10억 킬로미터를 뜻하며 광일이란 240억 킬로미터를 뜻한다).

현재 과학자들은 퀘이사 현상을 우리 은하 중심에 있을 것으로 추측되는 블랙홀보다 훨씬 큰 초거대 블랙홀을 만드는, 은하의 핵에서 일어나는 가장 장엄한 장례식 때문에 발생하는 현상이라고 생각한다(8장, '태양계에서 가장 가까운 블랙홀은 어디에?' 참고). 퀘이사가 되려면 태양보다 1억 배 정도는 큰 천체가 블랙홀로 변해야 한다. 그래야만 물질들이 빠르게 회전하면서 블랙홀로 빨려 들어가기 때문이다. 회전하면서 블랙홀로 빨려 들어가는 물체가 난기류를 만들기 때문에 다량의 에너지가 방출된다.

퀘이사 활동은 이제 막 탄생한 젊은 은하와 관계가 있다. 그 이유는 퀘이사는 아주 먼 거리에 있는 우주, 다시 말해서 초기 우주에서만 발견되기 때문이다. 퀘이사의 활동 기간은 어떤 은하에서 만들어졌건 간에 비교적 짧게 끝나기 때문에 발생 원인은 정확하게 밝혀지지 않았다. 은하처럼 퀘이사도 한데 모여 덩어리를 이루고 있어 물질이 대규모로 분포하는 것을 막고 있다. 그러나 퀘이사는 은하가 가지고 있지 않은 장점을 한 가지 가지고 있다. 우리 눈앞에서 반짝이고 있는 퀘이사는 머나 먼 과거에서 우주를 가로질러 우리에게 온 우주에서 가장 빛나는 천체이다. 그렇기 때문에 퀘이사는 우주를 탐사하는 우리에게 먼 옛날에 관한 이야기를 자세히 들려줄 중요한 손님이다.

Space 10

강력한 천문학

우주론과 기초 물리학

천문학자들이 우주의 탄생과 진화에 대해서 그토록 확신을 갖는 이유는 무엇일까? 거기에는 몇 가지 이유가 있다. 관측이라는 측면에서 보면 천문학 기술이 발달하면서 수많은 자료가 쌓였다는 점을 들 수 있겠다. 커다란 망원경, 성능이 향상된 장비들, 보다 더 발전된 우주 비행선들은 물론이고 기초 물리학의 눈부신 발전은 우주 모델을 만드는 데 힘이 되어 주었다. 그리고 이론적인 측면에서 보면 우주 모델은 이제는 전설이 되어 버린 우리 시대의 아인슈타인들이라 할 수 있는 기라성 같은 거물급 두뇌들 덕분에 훨씬 더 정교해졌다. 바로 호킹, 리스, 피블스, 샌디지, 실크, 롱에어 같은 물리학자들 덕분에, 이 모든 것이 완벽하게 조화를 이루어 우주의 역사에 대한 우리의 지식을 넓혀 주었다.

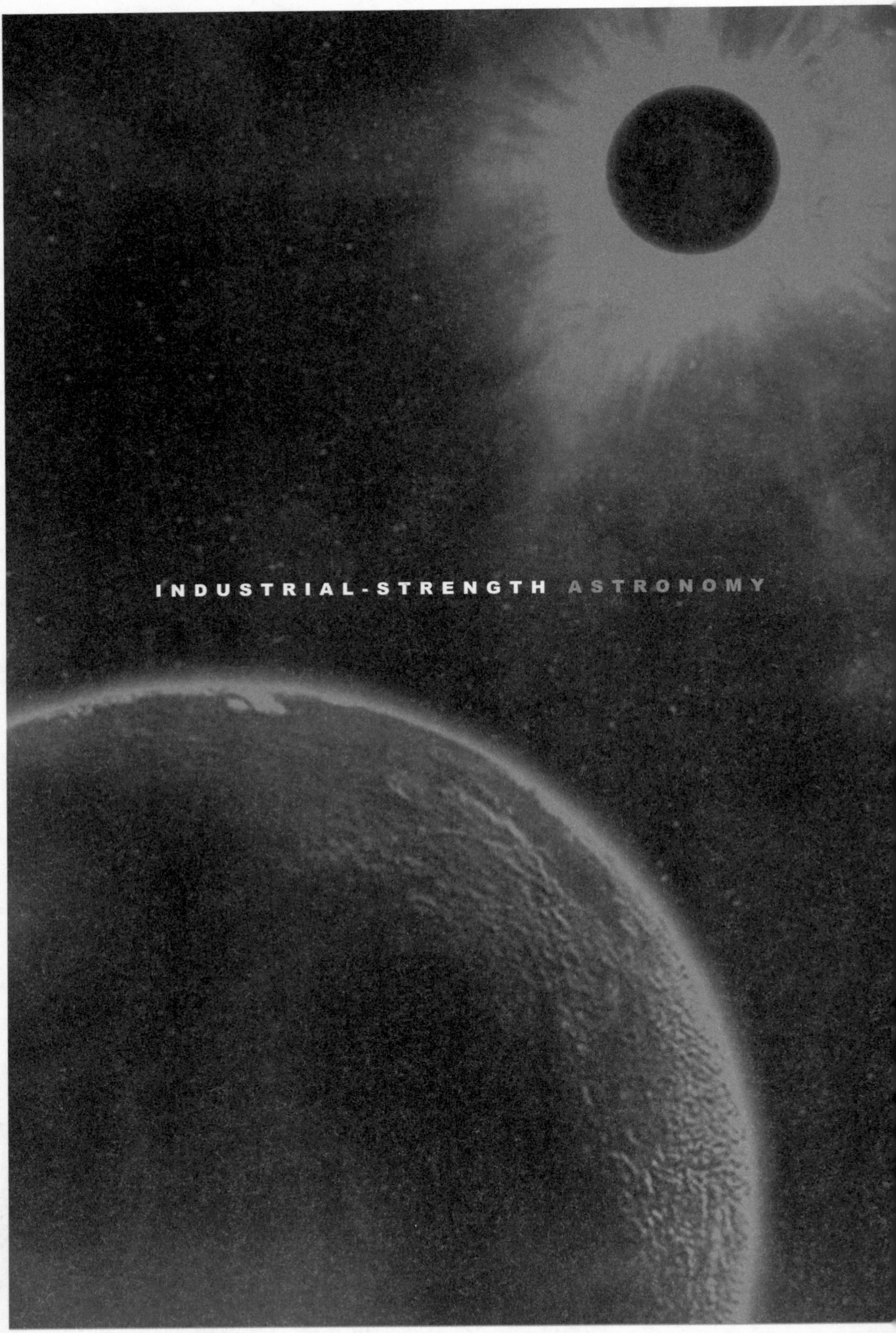

INDUSTRIAL-STRENGTH ASTRONOMY

당신에게 천문학은 어쩌면 정말 미친 학문일지도 모르겠다. 태양이 탄생하고 남은 부스러기의 표면에 살고 있는 미약한 우리들로서는 우주의 나이와 규모를 이해하려는 시도 자체가 —전체 우주에 비하면— 미생물처럼 연약하고 극도로 작은 우리들의 뇌를 괴롭히는 고문일지도 모르겠다. 실제로도 천문학자들은 괴상하다는 평을 많이 듣는다. 그중에서도 가장 이상한 것은 천문학자 스스로는 자신들이 우주에 대해서 잘 알고 있다고 생각한다는 점이다. 우주는 137억 년 전쯤에 빅뱅과 함께 시작되어, 은하의 형성, 초신성 폭발, 지구와 같은 행성의 탄생, 인류의 출현 같은 일이 미리 예정된 수순을 따라 차례로 진행됐다고 말이다. 우주에 대해서 알아내겠다는 생각은 미약한 인류가 해 왔던 그 어떠한 도전보다도 대담하다.

우리 인류는 이 대담한 과업에 이름까지 붙였다. 우주론이라고. 우주론은 '우주의 기원과 진화에 관한 전반적인 내용을 다루는 학문'이라고 정의한다. 우주론은 최첨단 천문학이라고 할 수 있다. 인류가 우주에서 극히 미약한 존재라는 사실을 생각해 보면 우리는 우주론을 아주 잘 풀어 나가고 있는 중이다.

천문학자들이 우주의 탄생과 진화에 대해서 그토록 확신을 갖는 이유는 무엇일까? 거기에는 몇 가지 이유가 있다. 관측이라는 측면에서 보면 천문학 기술이 발달하면서 수많은 자료가 쌓였다는 점을 들 수 있겠다. 커다란 망원경, 성능이 향상된 장비들, 보다 더 발전된 우주 비행선들은 물론이고 기초 물리학의 눈부신 발전은 우주 모델을 만드는 데 힘이 되어 주었다. 그리고 이론적인 측면에서 보면 우주 모델은 이제는 전설이 되어 버린 우리 시대의 아인슈타인들이라 할 수 있는 기라성 같은 거물급 두뇌들 덕분에 훨씬 더 정교해졌다. 바로 호킹, 리스, 피블스, 샌디지, 실크, 롱에어 같은 물리학자들 덕분에, 이 모든 것이 완벽하게 조화를 이루어 우주의 역사에 대한 우리의 지식을 넓혀 주었다.

9장에서 살펴보았듯이 우주의 기원과 진화에 관한 정보는 우리 은하를 비롯한 가까이에 있는 여러 은하들의 역사 같은 다양한 자료를 근거로 도출해 낼 수 있다. 가까이 있으니 비교적 자세하게 연구할 수 있고, 생성되고 소멸되기까지의 과정을 정확하게 추론해 낼 수 있는 이런 연구 분야를 '근거리 우주론(near-field cosmology)'이라고 부른다. 근거리 우주론은 먼 곳에 있는 천체의 진화 과정을 추론하는 근거를 제공하기도 한다.

그러나 보통 우주론이라고 하면 대부분은 멀리 있는 천체를 연구하는 학문이라고 생각한다. 멀리 있는 은하, 고에너지 퀘이사, 짧은 인생을 마치고 장엄하게 폭발하는 거대한 항성의 흔적이라고 여기는 감마선 폭발 등이 이에 해당한다. 정해져 있는 빛의 이동 속도와 머나먼 거리 때문에 우리 눈에 들어오는 빛은 수십억 년 전에 있었던 천체의 빛으로, 과거로 안내해 주는 안내자이다. 멀리 있는 우주를 연구할 때는 지난 장에서 이야기했던, 먼 곳에 있는 우주를 관측할 때 아주 유용한 중력 렌즈가 필요하며, 가장 멀리 있는 오래전 우주를 관찰할 때 나타나는 우주 (초단파) 배경복사(CMBR: the cosmic microwave background radiation)에 대해서도 연구해야 한다.

벨 전화 연구소의 두 기술자가 1965년에 우연히 발견한 우주 배경 복사는 빅뱅 모델의 결정적인 증거가 되었다. 두 사람은 우주 전역에서 오고 있는 것으로 보이는 라디오 스펙트럼의 전파 영역에 해당하는 약한 전파 신호를 감지했다. 2.7°K정도의 열을 띠고 우주 전역에 퍼져 있음이 확인된 이 복사선은 20여 년 전 물리학자 조지 가모브(George Gamow)가 예언한 그 무엇과 같았다. 현재 조금씩 비밀을 드러내고 있는 우주 배경 복사는 우주에 대한 지식을 넓혀 줄 중요한 단서로 평가받고 있다. 우주 배경 복사란 무엇이며 어떻게 생겨난 것일까? 우주 배경 복사가 중요한 이유는 무엇일까?

이런 질문에 답하려면 먼저 빅뱅 이론이 무엇인지부터 살펴보아야 한다. 빅뱅이라는 이름은 빅뱅 이론의 최대 라이벌인 정적 우주론의 대표 주자였던 고(故) 프레드 호일 경이 훗날 『우주의 본질 *The Nature of the Universe*』이라는 책으로 묶여 나올 1940년대 BBC 라디오 강연에서 그 이론을 깎아 내릴 의도로 한 말이다. 사실 빅뱅 이론은 1920년대 알렉산드르 프리드먼과 조르주 르메트르의 연구로부터 기인했다. 아인슈타인의 일반 상대성 이론을 수학적으로 풀어낸 프리드먼은 그 결과 우주가 팽창하고 있을 가능성이 있다고 생각했고 르메트르는 우주의 팽창은 우주의 탄생이 촉발한 일련의 사건일 가능성이 있다고 생각했다. 다시 말해서 먼 과거로 거슬러 올라가 보면 우주가 줄어들어 하나의 점이었던 시기가 있을 것이라고 생각했다.

오늘날 빅뱅 이론은 정교한 가설을 구축했다. 빅뱅의 표준 모델은 다음처럼 요약될 수 있다.

1. 137억 년 전 대규모 폭발이 일어나 물질뿐 아니라 공간과 시간이 탄생했다.
2. 10^{-35}초라는 극히 짧은 시간 안에 우주는 처음 크기의 10^{30}배가 넘게 증가하는 급팽창(인플레이션) 상태를 거쳐 현재까지

꾸준한 속도로 팽창해 오고 있다.

3. 빅뱅 후 많은 양의 입자가 모습을 드러내지 않는 상태로 존재한다(9장에서 살펴본 암흑 물질).
4. 우주에 존재하는 물질들이 끌어당기는 상호 인력 때문에 팽창 속도는 점점 느려진다.
5. 일반적으로 암흑 에너지라고 하는 보이지 않는 우주의 반발력이 인력을 이기고 우주의 팽창 속도를 가속화시키고 있다.

이 같은 결과는 아직 명확하게 밝혀낸 것이 거의 없던 우주론자들이 자신들의 생각을 증명하기 위해 다양한 관측을 하도록 부추겼다.

우주론자들은 빅뱅 이론을 뒷받침해 주는 결정적인 증거는 세 가지라고 말한다. 첫 번째 증거는 1929년 에드윈 허블이 발견한, 실제로도 팽창하고 있는 우주이다. 두 번째 증거는 빅뱅 모델이 예측했던 빛 원소인 헬륨과 중수소의 비율이 사실로 입증된 것이다. 세 번째이자 가장 결정적인 증거는 우주 배경 복사의 발견이다.

우주 배경 복사에 대해서 알고 싶다면 먼저 우주의 나이가 고작 몇십만 년 정도밖에 되지 않았을 때를 상상해 보아야 한다. 그때쯤이면 급팽창 같은 기이한 현상은 이미 오래전에 사라져 버렸겠지만, 그래도 오늘날의 우주와는 사뭇 달랐을 것이다. 몇십만 년 정도 된 우주는 지글지글 타오르는 불덩어리로 수많은 입자들 때문에 빛이 똑바로 나가지 못하고 여기저기서 빛나고 있었다. 이런 우주에서는 하나도 보이는 게 없었을 것이다.

우주의 나이가 38만 년 정도 됐을 때 우주는 갑자기 투명해지기 시작했다. 왜 그렇게 됐는지를 여기서 세세하게 이야기할 필요는 없을 것 같다. 아무튼 비교적 짧은 시기에 우주는 투명하게 변해 갔다. 우주가 여전히 투명하고 빛이 일정한 속도로 움직이기 때문에 현재 우리는 그 까마득한 과거에 우주가 투명해지기 시작했던 순간을 볼 수 있다. 어떤 모습이냐고? 그게 바로 우주 도처에 퍼져 있는 우주 배경 복사이다.

우리가 고대 우주의 화석을 이해하는 데 도움을 주는 잘 알려진 예가 있다. 사람들로 가득 찬 야외 콘서트 장에 와 있다고 생각해 보자(물론 연주되는 음악은 마음대로 상상하자!). 당신은 관객석 정중앙에 서 있다. 연주가 한 곡 끝나자 콘서트 장은 환희와 갈채로 가득 찼다. 관객들의 환호를 충분히 즐긴 밴드는—뭐, 밴드가 아닐 수도 있겠지만— 이제 조용히 해 달라는 신호를 보낸다. 그 순간 모든 사람들이 입을 다물었다. 자, 그렇다면 콘서트 장은 곧바로 쥐 죽은 듯이 조용해졌을까?

아니, 그렇지 않다. 당신을 포함한 모든 사람들이 한꺼번에 입을 다문 후에도 소리는 여전히 당신을 향해 오고 있다. 모든 사람들이 입을 다문 후에도 330미터 떨어진 곳에서 내지른 함성은 1초 후에 당신에게 들려온다. 또다시 1초가 흐르면 이번에는 660미터 떨어진 곳에서 내지른 함성이 들려온다. 그런 식으로 계속해서 소리가 들려올 것이다. 당신은 퍼져 나가는 침묵의 한가운데 있을 뿐 아니라 동시에 울려 퍼지는 소리의 한가운데 있는 셈이다.

마찬가지로 우리는 점차 투명해져가는 둥근 우주의 한가운데 있을 뿐 아니라 137억 년 전에 불타오르던 우주가 발산하던 빛도 보고 있는 것이다. 팽창해가는 둥근 우주를 '마지막 산란면(last scattering surface)'이라고 부르기도 한다. 콘서트 장에서 벌어지는 일을 생각하면 '마지막 환호성 원(last cheering circle)'이라고 불러도 되지 않을까?

그런데 콘서트 장의 비유에서 한 가지 짚고 넘어가야 할 중요한 문제가 있다. 콘서트 장에서 듣는 잡음은 사람들이 내지른 환호성과 음의 높이가 같다. 그러나 우주 배경 복사는 그렇지 않다. 우주 배경 복사가 처음 발산됐을 때 우주는 몇천 도나 되는 고온이었기 때문에 밝은 흰색이었다. 그러나 현재 우리가 감지하는 우주 배경 복사는 전파 신호가 아주 약한, 파장이 짧은 마이크로파이다. 그 이유는 우주가 팽창하면서 파장이 1,300배가량 늘어났기 때문이다. 음의 높이가 1,000배 이상 낮아진 것과 같은 일이다.

야외 콘서트 장의 잡음과 우주 배경 복사의 공통점은 또 있다. 연주를 보러 온 관객 중에 다른 사람들보다 시큰둥한 반응을 보이거나 좀 더 열광적인 반응을 보이는 사람들이 군데군데 모여 있다고 생각해 보자. 모든 사람이 입을 다물었을 때 다른 곳보다 특히 크거나 작은 소리가 들려오는 방향이 있을 것이다. 침묵이 퍼져 나감에 따라 그 방향은 달라지겠지만 기본 원리는 같다. 그 소리도 결국 '마지막 환호성 원' 안에 들어 있다. 우주 배경 복사 역시 그렇다. 우주 배경 복사는 우주 전역에 상당히 균일하게 퍼져 있지만 10만 분의 1정도로 우주 배경 복사가 약해지는 곳이 있다. 정말 다행스러운 일이다. 그렇지 않았으면 우리는 현재 없었을 테니 말이다.

우주 배경 복사가 희미해지는 지역은 초기 우주의 온도 분포에 따라 조금씩 달라진다. 원한다면 빅뱅이라고 해도 되는 폭발 때 만들어진 음파가 수십억 년 전에 불타오르던 우주를 뚫고 나가면서 밀도와 중력, 속도를 변하게 만들었기 때문에 그런 지역이 만들어졌을 것이다. 1980년 영국에서 미국으로 귀화한 제프리 버비지(Geoffrey Burbidge)는 우주 배경 복사가 은하의 중력 씨였을 거라고 했다. 그 씨가 없었다면 우리도 없었을 거라고 말이다(이때는 아직 우주 배경 복사가 약한 지역을 찾아내기 전이다).

1990년대 초반 COBE 위성(우주 배경 복사 탐사선: COsmic Background Explorer)이 실제로 우주 배경 복사가 약한 지역을 찾아낸 이야기는 아주 유명하다. 현재 호주 국립대학 천문학 교수로 있는 찰리 라인위버(Charley Lineweaver)가 속한 연구진이 COBE 위성의 자료를 가지고 우주 배경 복사의 비등방성(균일함에서 벗어난)을 자세하게 분석해 우주 배경 복사가 약한 지역에 관한 귀중한 정보를 발견했다. 몇 년 후 2001년 6월에 발사된 WMAP 위성(the Wilkinson Microwave Anisotropy Probe, 윌킨스 마이크로파 비등방성 탐사선)이 좀 더 정밀한 자료를 보내왔다. WMAP 위성은 전 하늘을 0.3도의 각 분해능으로 관찰하여 우주 배경 복사의 온도를 백만 분의 1 정도의 정밀도로 측정하고 있다. 그 뒤를 이어 보다 더 강력한 우주 배경 복사 탐사선이 출발한다. 2008년 7월 유럽 우주 기구는 플랑크 위성을 발사할 것이다.

우주 배경 복사의 열 분포 상태를 분석하면 우주의 나이, 불타오르던 불투명한 우주가 투명해지기 시작한 시기, 급팽창의 실체, 암흑 에너지의 효과, 불타던 우주의 상태와 같은 돈으로는 환산할 수 없는 귀중한 정보를 얻을 수 있다.

9장에서 살펴보았듯이 오늘날 천체는 은하단과 같이 무리를 이루고 있는데, 이는 우주 배경 복사가 약해지는 지역과 정확하게 일치한다. 다시 말해서 빅뱅 후 38만 년 정도 흘렀을 때 흩어진 생

●●● 플랑크 위성은 2009년 5월 14일에 발사되었다. - 옮긴이

명의 씨앗들이 지금도 여전히 같은 자리에 남아 우리를 둘러싼 은하의 형태를 결정했다는 것이다. 다양한 관측 결과가 변함없이 같은 결과를 말하고 있다는 사실은 우주론자들을 고무시켰다.

그러나 표준 빅뱅 모델 증거에 대한 우리의 해석에는 몇 가지 미심쩍은 면이 있다. 그중 한 가지는 최근에 발견한 것으로 '악의 축'이라는 도발적인 이름으로 부를 만하다. 비록 가설은 대규모 구조 없이도 완벽하게 맞아떨어져야 한다고 말하고 있지만, 우주 배경 복사의 약한 면은 한쪽으로 치우쳤음이 분명했다. 그 때문에 우주론자 중에는 자신들이 뭔가를 놓친 게 아닌가 하고 생각하는 사람들이 있다. 영국 천체물리학자 피터 콜레스(Peter Coles)는 2007년 『뉴 사이언티스트 *New Scientist*』지 2593호에서 "새로운 가설을 주장할 때는 과감한 진보주의자가 되어야 하지만 증거를 분석할 때는 신중한 보수주의자가 되어야 한다"고 했다.

의혹이 아직 다 가시지는 않았지만 불과 몇십 년 만에 우주론이 크게 발전해 학문의 한 영역을 이룬 것은 자명한 사실이다. 오늘날의 우주론은 널리 인정받고 있다. 아무튼, 미약한 인류가 이룬 업적 치고는 정말 대단하지 않은가!

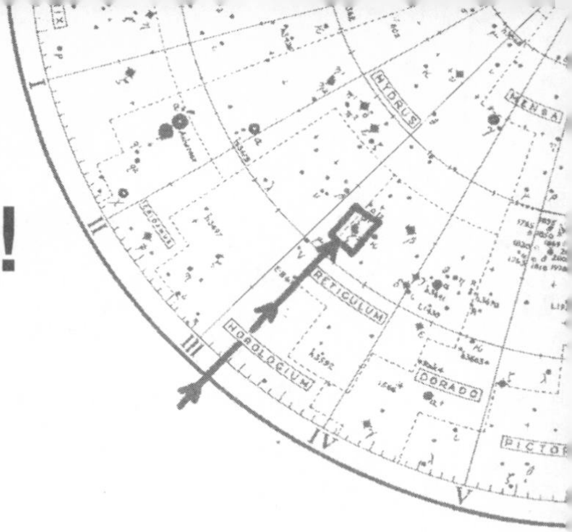

물리학의 세계로!
: 우주론의 도구들

● 빛보다 빨리 움직일 수 있을까?

단순하게 대답해 보자면 아니라고 해야겠다. 그런데 내 뇌가 아직 활동할 준비를 마치지 않은 이른 아침에 전화를 받았던 내용이 계속해서 머리에 남는다. 좀 더 자세히 이야기해 줘야겠지! 사실 진공 상태라면, 그러니까 텅 빈 공간이라면 빛보다 빨리 갈 수 있는 것은 절대로 없다. 8장에서 보았듯이 보통 *c*라고 표시하는 빛의 속도는 300,000km/s 정도이다. 아무리 빨리 간다 해도 뛰어넘을 수 없는 궁극의 한계 속도인 것이다.

광원이 어떤 속도로 움직이는가에 상관없이 진공 속에서의 빛은 언제나 일정한 속도로 움직이기 때문에 물리학에서 *c*는 가장 신비스러운 현상으로 간주되고 있다. 광원의 이동 속도에 상관없이 진공에서의 빛의 이동 속도가 같다는, 어딘지 모르게 불합리해 보이는 주장은 1870년대 제임스 클러크 맥스웰의 연구에서 처음으로 제기됐으며 1887년 앨버트 마이컬슨(Albert Michelson)과 에드워드 몰리(Edward Morley)가 실험으로 증명해 냈다. 빛의 속도가 일정하다는 사실은 1905년 알베르트 아인슈타인이 운동에 관한 가설인 특수 상대성 이론을 주장하는 계기를 마련해 주었다.

특수 상대성 이론에서 아인슈타인은 어떤 물체의 이동 속도를 빛의 속도까지 끌어올리려면 무한대의 에너지가 필요하다고 했다. 결국 불가능한 일이다. 따라서 우리들은 빛의 속도로는, 혹은 빛보다는 빨리 움직일 수 없는 셈이다. 드넓은 우주를 여행해야 하는 우리들로서는 정말 애석한 일이 아닐 수 없다.

그런데 소립자처럼 아주 작은 물체에 에너지를 공급해서 빛의 속도에 가까운 빠르기로 움직이게 할 수는 있다. 핵물리학자들이 가장 아끼는 입자 가속기가 하는 일이 바로 이것이다. 또한 끊임없이 우주에서 지구로 쏟아지고 있는 우주선도 거의 빛에 가까운 속도로 이동한다. 여기서 바로 조금 더 진지하게 생각해 볼 문제가 대두된다.

아침 일찍 전화를 걸어온 사람은 공기를 가르며 음속보다 빠르게 나는 제트기가 만들어 내는 소닉 붐과 같은 현상이 빛의 경우에도 있는지 물어 왔다. 나는 앞에서 이야기한 내용을 정리해 주면서 빛보다 빨리 움직이는 것은 없다고 대답하고 다음 사람의 질문을 받았다. 그런데 청취자 한 분이 이메일로 진공 상태라면 그렇겠지만 다른 매질 속에서는 그렇지 않다는 사실을 친절하게 가르쳐 주셨다. 그랬다, 정말로 소닉 붐과 빛의 속도가 같을 때가 있었다. 이런, 부끄러운 일이! 그 다음 주는 나보다 더 빈틈없는 청취자들이 나를 신뢰할 수 있도록 추가 설명을 하는 데 써야 했다.

빛의 속도에 가까운 속도로, 다시 말해서 상대론적인 속도(relativistic velocity)로 움직이는 우주선 입자가 지구 표면에 가까이 오면 대기를 만나게 된다. 따라서 더 이상 진공 상태를 움직일 수 없게 되는 것이다. 이때 중요한 것은 매질 속을 통과하는 빛의 속도가 진공 속을 통과할 때보다 느려진다는 사실이다. 예를 들어

물을 받아 놓은 욕조를 통과할 때 빛의 속도는 225,000km/s이다. 진공 속을 통과할 때의 4분의 3에 불과하다. 물론 어떠한 빛도 통과시키지 않을 각오가 되어 있는 악동 아들 녀석들이 없을 때 이야기지만, 뭐 그건 상관없는 이야기이고, 아무튼 대기 속을 통과하는 빛의 속도는 물을 통과할 때만큼은 아니더라도 진공 속을 통과할 때보다는 느려진다.

논리적으로 한 번 생각해 보자. 상대론적인 속도로 움직이던 우주선 입자가 대기를 통과하는 동안 빛보다 자신이 훨씬 빠르게 움직인다는 사실을 깨닫는다면 어떤 일이 벌어질까? 초음속 제트기가 그렇듯이 충격파를 방출할 것이다. 물론 소닉 붐의 형태가 아니라 스펙트럼의 가시광선 영역에 표시되는 방사선의 형태로 발생하는 것이지만. 그러니까 광선의 형태로 발생한다는 뜻이다. 이 희미한 광선은 1934년에 이 광선을 발견해서 우주선학의 지평을 연 러시아의 과학자 이름을 따 체렌코프(Cherenkov) 복사라고 부른다. 저 멀리 깊은 우주에 있는 기체 구름 같은 천체들이 빛을 발산하는 이유도 우주선 때문이다. 아무튼 이런 문제는 아직 뇌가 수면 상태에 있는 이른 아침에 함부로 다루면 안 된다.

● 시공간이란?

200년이 넘는 세월 동안 우리는 아이작 뉴턴이 말한 것처럼 3차원의 세계에 살고 있다고 알고 있었다. 그러나 아인슈타인은 그렇지 않다면서 또 다른 차원이 하나 더 있다고 했다. 시간을 네 번째 차원으로 본 사람이 아인슈타인이 처음은 아니지만 사람들의 뇌리에 4차원의 개념을 강하게 심어 준 것이 특수 상대성 이론이었기 때문에 4차원 하면 흔히 아인슈타인을 떠올린다. 실제로 4차원 우주라는 개념을 정교한 수학을 이용해서 완성한 사람은 1908년 헤르만 민코프스키(Hermann Minkowski)였다.

뉴턴의 우주와 아인슈타인의 우주의 차이점은 뉴턴의 우주에서는 시간이 절대적이라는 것이다. 다시 말해서 뉴턴의 시간은 정확하게 할당되어 있는 것이지 측정 대상이 아니라는 것이다. 두 사람 모두 동시성에 대해서는 이견이 없었다. 두 사람 모두 우주 공간에서 두 사건이 같은 시간에 벌어지는 것을 동시성이라고 보았다. 그러나 아인슈타인은 동시에 일어난 사건을 정지해 있는 사람과 움직이는 사람이 관찰하는 경우를 상상해 보라고 했다. 빛의 속도는 같기 때문에 이럴 경우 동시성이란 개념은 다소 모호해진다.

이 모순은 시간에 대한 개념을 공간에 대한 개념으로 바꾸어 보면 쉽게 이해할 수 있다. 네 개의 차원이 서로 교묘하게 치환될 수 있다는 것이 아인슈타인이 제시한 새로운 우주의 또 하나의 특성이다. 현재 당신이 시드니에서 런던으로 가는 최신식 콴타스 에어버스 A-380의 상갑판에 앉아 있다고 상상해 보자. 이제 막 오늘 아침 배달된 구겨진 『시드니 모닝 헤럴드 *Sydney Morning Herald*』를 다 읽고 수도쿠 퍼즐을 다 맞추자 저녁이 나왔다. 그로부터 30분 후 미적지근한 커피의 마지막 한 모금을 마시는 순간까지 한 번도 자리에서 일어난 적이 없으니 당신은 식사의 끝과 시작이라는 두 가지 사건을 정확히 한 장소에서 한 셈이다. 그러나 지상에서 당신을 바라보는 사람들의 시각에서 생각해 보자. 당신은 식사를 한 장소에서 500킬로미터나 떨어진 곳에서 식사를 마친 것이 된다. 이렇듯 어떤 사건에 대한 시간과 공간의 개념은 아인슈타인이 주장한 가설의 이름처럼 관찰자에 따라 달라지는 상대적인 것이다. 특수라는 명칭이 붙은 이유는 순항 고도에 이른 정기 여객기처럼 일정한 속도로 이동하는 물체에 적용되는 특별한 경우이기 때문이다.

시공간이라는 개념은 특수 상대성 이론의 세 가지 기본 조건 가운데 하나이다. 나머지 두 가지는 시속 1,000킬로미터가 넘는 속도로 날아가는 비행기 속에서도 잔에 담긴 커피가 출렁이지 않는 것처럼 '움직이건 정지해 있건 간에 작용하는 물리 법칙은 같다'와 '진공 속을 움직이는 빛은 광원이 움직이는 속도에 상관없이 똑같다'는 것이다. 앞에서 살펴보았듯이 이토록 놀라운 사실이 밝혀진 것은 1880년대이다.

자신의 생각들을 수학이라는 요술로 정리하고 있는 동안 아인슈타인은 물체가 빛에 가까운 속도로 움직일 때 아주 놀라운 일이 일어난다는, 시간과 공간에 대한 놀라운 결과를 밝혀냈다('속도가 빨라지면 시계가 느리게 갈까?' 참고). 그러나 뭐니 뭐니 해도 가장 놀라운 결과는—그것도 전혀 예상하지 못했던— 에너지와 질량의 관계를 밝혀낸 아주 놀라운 방정식을 알아냈다는 것이다. 어떤 방정식인지는 말하지 않아도 알겠지!

● $E=mc^2$의 의미는?

그래, 맞다. 사실 인용할 생각은 없었지만, 어쩔 수가 없었다. 이 방정식은 누가 뭐라 해도 세상에서 가장 유명한 방정식이다. 앞에서도 말했듯이 c는 빛의 속도를 가리킨다. 정말 큰 수이다. 그 c를 제곱하다니 정말 무지무지하게 큰 수다. m은 물체의 질량, E는 에너지를 가리킨다. 따라서 물체의 질량은 모두 에너지로 바꿀 수 있다.

물체의 질량에 빛의 속도를 제곱한 수를 곱해서 나오는 에너지의 양은 어마어마하게 크다. 질량을 모두 에너지로 바꿀 수 있는 확실한 과정이 있는데, 대부분 핵 단계의 원자를 다룰 때 그런 일이 가능하다. 아인슈타인의 방정식은 항성이 막대한 에너지를 방출할 수 있는 이유를 설명해 주는 동시에 핵무기의 파괴력을 세상에 알리는 계기가 되었다. 정말 양날의 검인 셈이다. 질량과 에너지는 본질적으로 같음을 알려주는 $E=mc^2$은 다양한 물리학 분야에서 널리 활용되고 있다.

● 빛도 질량이 있을까?

2장 '탁 트인 사막이 아니라 높은 산 위에 천체 망원경을 설치하는 이유는?' 에서 설명한 것처럼 빛은 파동의 형태를 띠고 있지만 현대 물리학은 빛은 파동인 동시에 광자라는 입자로 되어 있다고 설명한다. 또한 광자의 에너지는 파동과 관계가 있다. 에너지가 높은 광자일수록 파장이 짧다. 앞의 질문에서 본 것처럼 에너지와 질량은 본질적으로 같은 것이기 때문에 빛도 질량을 가지고 있다. 빛의 질량이 일반적인 물체의 질량과 다른 점은 정지해 있을 때의 입자의 질량인 정지 질량(rest mass)이 없다는 것이다.

● 속도가 빨라지면 시계가 느리게 갈까?

아주 이상하게 들리겠지만, 사실이다. 이것이 바로 아인슈타인의 특수 상대성 이론의 결론이다. 하지만 그 효과는 아주 적어서 최소한 빛의 속도에 가깝게 움직일 때만 간신히 그 차이를 감지할 수 있다. 시간 팽창(time dilation)이라고 하는 이 효과는 각각 다른 형태로 운동하고 있는 관찰자 두 명이 시계를 봤을 때 나타나는 효과를 설명하고 있다. 두 명 중 정지해 있는 관찰자로는 무슨 이유에서인지는 모르겠지만 나는 항상 안락의자에 앉아 커피를 마시는 사람을 상상한다. 그것도 아인슈타인을 약간 닮은 사람을.

그 사람 옆에는 시계가 하나 있다. 그런데 이 사람은 아주 빠른 속도로 지나가는 기차 안에 있는 시계도 동시에 볼 수 있다. 기차 속 시계는 이 사람 옆에 있는 시계와 똑같은 시계다. 커피를 홀짝이던 사람은 자기 옆에 있는 시계보다 기차 위에 있는 시계가 더 느리게 간다는 사실을 알게 된다. 다시 말해서 시간이 팽창된 것이다. 그런데 흥미롭게도 상대성 이론에서 가장 중요한 것은 운동의 상대성이다. 기차에 걸려 있는 시계 옆에는 한 여성이 앉아 있었다. 이 여성은 밖에 있는 남자의 시계를 쳐다보고 있었다. 이 여성은 시간을 어떻게 느낄까? 여성에게는 기차 안에 있는 시계보다 밖에 있는 시계가 느리게 가는 것처럼 보인다. 스티븐 호킹은 이 같은 현상에 대해 간결하게 설명했다. "상대성은 시간은 모든 시계로 측정할 수 있는 보편적인 양이라는 개념을 버릴 것을 요구한다. 사람들은 누구나 자신만의 시간을 갖고 있다고 봐야 한다."

시간 팽창 효과는 물리학에서 자주 관찰되는 현상이다. 1940년대까지만 해도 뮤온이라고 부르는 소립자의 수명은 100만 분의 2초에 불과하다고 알려져 있었다. 그러나 이 뮤온이 우주선의 형태로 지구 대기에 진입하면 그 수명이 아주 길어진다는 사실이 밝혀졌다('빛보다 빨리 움직일 수 있을까?' 참고). 뮤온의 수명이 길어진 이유는 이동 속도가 엄청나게 빨라졌기 때문이라고 보는 것이 타당하다.

또 한 가지! 특수 상대성 이론에 의하면 정지해 있는 관찰자가 움직이는 물체를 쳐다보면 실제보다 크기가 줄어든 물체를 보게 된다고 한다. 물론 이동 속도가 빛의 속도에 가까워야 그 차이를 실감할 수 있겠지만. 아무튼 날씬하게 보이고 싶은 사람이라면 한 번 시도해 보시길!

● 중력은 공간을 휘게 할까?

정말로 중력은 공간을 휘게 한다. 왜 그런지를 이해하려면 중력에 관한 유명한 가설을 살펴보아야 한다. 그러니까 또다시 아인슈타인을 불러와야 하는 것이다. 이 모든 것은 아인슈타인이 스물여덟 살이던 1907년에 시작됐다. 그때를 회상하며 아인슈타인은 "데어 글뤽리히체 게당케 마이네스 레벤스(der glücklichste Gedanke meines Lebens)"라고 했다. '내 인생의 가장 행복한 생각'이라는 뜻이다. 아인슈타인의 가장 행복한 생각이라니, 도대체 그게 뭘까?

사실 그 무렵 아인슈타인의 생각은 지구 위가 아닌 지구 밖으로 벗어나 있었다. 당시 아인슈타인은 왜 자신의 특수 상대성 이론이 유명한 뉴턴의 만유인력의 법칙에 어긋나는지를 놓고 고민하고 있었다. 만유인력의 법칙은 태양계의 천체들의 움직임을 세세한 부분까지 자세하게 설명하는 획기적인 가설이었다. 수성의 궤도에 대해서만 조금 설명이 안 되는 부분이 있었지 나머지는 모두 맞아떨어졌다. 곰곰이 생각해 보던 아인슈타인은 뉴턴의 만유인력의 법칙과 자신의 상대성 이론이 어긋나는 이유는 뉴턴이 시간을 고려하지 않았기 때문임을 알았다. 그러자 시간과 공간이 밀접한 관련을 맺고 있는 것은 아닌가 하는 생각이 들었다.

왜 그런 생각을 했는지는 아인슈타인만이 아는 이유로 그는 자신이 지붕에서 밑으로 떨어진다는 상상을 해 보았다. 그 결과 만약 그런 불쾌한 경험을 하게 된다면 분명히 중력을 느끼지 못할 거라는 결론에 도달했다. 진짜로 지붕에서 떨어져 봤다면 땅에 닿는 순간 굉장히 불쾌한 기분을 느꼈겠지만 상상에서야 고통을 느낄 리가 있나! 아인슈타인은 자신이 자유 낙하를 하는 동안 입에서 담뱃대가 떨어지거나 주머니에서 동전이 튀어나오면 중력이 없을 때처럼 자신 주변에서 떠다니는 것처럼 보일 거라고 생각했다. 21세기를 사는 우리들이야 무중력 상태에서 움직이는 우주 비행사들을 알고 있으니 어떤 모습일지 쉽게 상상이 되지만 아인슈타인이 살았던 시대에는 아주 기이한 생각이었음이 분명하다.

여기까지 생각이 미치자 또 다른 생각이 아인슈타인의 뇌리에 떠올랐다. 중력과 가속도의 효과가 같다는 사실이. 잠깐 동안이기는 하지만 지붕에서 떨어지면 중력과 가속도가 같아져 무게가 없어진다. 우주에 나가 창문이 없는 우주선 내부에 앉아 있다고 생각해보자. 누군가가 기폭 장치를 점화시켜도 그때 느껴지는 힘이 중력의 힘인지 가속도의 힘인지는 알 수 없을 것이다. 적어도 좁은 의미에서는 같은 현상이기 때문이다.

아인슈타인의 이 행복한 생각은 정말 획기적이었다. 오늘날 우리는 이 생각을 등가 원리(the Principle of Equivalence)라고 부른다. 사실 1912년이 될 때까지 아인슈타인은 중력의 힘에 반응하는 결과인 중력 질량과 로켓의 추진력 같은 힘에 반응하는 관성 질량이 같음을 밝히는 등가 원리에 대해 발표하지 않았다. 그 후 아인슈타인의 사고는 가속된 기준틀(accelerated reference frames)이라는 개념을 바탕으로 새로운 중력 이론을 발전시키는 데 필요한 수학 도구의 도움을 얻어 급속도로 발전했다('시공간이란?' 에서 이야기한 에어버스에 타고 있다고 상상해 보자. 거대한 터보 엔진 네 개를 점화시켜 출발하는 순간이 바로 가속된 기준틀 속에 있는 것이다. 기분이 정말 끝내줄 것이다). 아인슈타인은 등가 원리의 문제가 결국 기하학의 문제가 되리라는 사실을 금방 깨달았다. 상대성 이론을 유클리드 기하학이라고 부르는 일반 기하학에 적용시키면 공간의 문제를 설명할 수 없다. 그러나 4차원적인 리만 기하학에 적용시키면 가속된 기준틀이라는 개념은 새끼 고양이처럼 유순해진다. 그렇다 해도 등가 원리를 수학적으로 풀어내기란 쉬운 일이 아니다. 내가 한때 그랬듯이 당신도 잊어버렸겠지만, 리만 기하학은 차의 보닛만 열어도 그 진수를 맛볼 수 있다. 사실 리만 기하학은 1850년대 독일의 뛰어난 수학자 베른하르트 리만(Bernhard Riemann)이 복잡한 우주 모델을 설명하기 위해 도입한 기하학 원리이다.

아인슈타인은 자신의 생각을 한층 발전시켜, 이번에는 일반 상대성 이론이라는 아주 놀라운 중력 가설을 발표했다. 물체가 시공간을 휘게 만든다는 얼토당토않은 것 같은 주장이었다. 게다가 물질도 뒤틀린 시공간의 영향을 받아 움직이게 된다고 했다. 일반 상대성 이론은 또한 가속도가 증가할 때 시간이 느리게 간다고 했다. 그러니까 중력이 강할 때 시간이 느려진다는 뜻이다. 중력에 의한 시간 팽창도 특수 상대성 이론에서 말하는 시간 팽창과 같은 현상이다.

새로운 가설이 불러일으킬 파장은 어마어마할 게 분명했다. 1915년 11월 자신의 이론을 발표하기 직전에 아인슈타인은 자신의 가설이 수성 궤도의 특이 현상을 명확하게 설명해 준다는 사실을 깨달았다. 훗날 그는 "그 며칠 동안 너무나 기뻐서 어찌할 줄을 몰랐다"고 썼다. 아인슈타인의 가설은 지금은 전설이 된 1919년 5월 25일에 일어난 개기 일식 관측 때 입증됐다. 실제로 태양의 중력이 광선을 휘게 했던 것이다. 1919년 11월 7일자 『뉴욕 타임스』는 "과학계의 혁명—우주에 관한 새로운 가설 등장! 뉴턴의 주장 뒤집히다"라고 선언했다. 어느 구절 하나 과장된 게 없었다.

일반 상대성 이론이 발표된 지 90년이 넘게 흐른 지금도 우리는 중력에 관한 법칙 가운데 으뜸은 일반 상대성 이론이라고 말한다. 일반 상대성 이론은 수많은 실험을 통과하면서 블랙홀의 존재, 우주 팽창, 중력 렌즈, 중력파 같은 여러 우주 현상을 예측해 냈을 뿐 아니라 우주론의 토대를 마련했다. 현재 시공간이 휜다는 사실은 널리 알려져 있으며 아인슈타인은 20세기 최고의 천재로 각광받고 있다. 20세기뿐 아니라 다른 세기를 둘러봐도 마찬가지지만.

일반 상대성 이론이 설명하지 못하는 한 가지는 미시적 세계에서 작용하는 중력이다. 그 이유는 일반 상대성 이론이 뚜렷이 구별된 양자화된 시공간이 아닌 연속적인 시공간에 기반을 두고 있기 때문이며, 미시 세계는 뉴턴 역학이 아닌 양자 역학의 지배를 받기 때문이다. 현재 양자 중력에 대한 연구가 진행 중이다. 여기서 할 이야기는 아니지만.

● 중력도 속도가 있을까?

물론 있다. 그것보다 더 놀라운 사실은 최근 중력의 속도를 측정하는 실험에 성공했다는 사실이다. 앞 질문에서 살펴보았듯이 공간은—정확하게 말하면 시공간은— 물질 때문에 휘어져 중력을 만든다. 그렇다고 해서 쉽게 구부러지는 인형이나 담뱃대 사이를 마음대로 왔다 갔다 하는 청소 도구처럼 마음대로 구부러지는 모습을 생각하면 안 된다. 사실 시공간의 단단함은 강철의 몇십억 배가 넘을 정도로 믿기 어려울 만큼 단단하다. 그런데도 일반 상대성 이론은 중력파가 그물 같은 우주 공간을 아주 단단한 우물에서 일어나는 잔물결처럼 움직이게 만든다는 사실을 예측해 냈다.

이런 파동은 초신성 폭발이나 항성 충돌 등으로 생기는 중력 교란이 원인으로 일반 상대성 이론에 따르면 이 같은 파동은 빛의 속도로 움직인다고 한다. 따라서 태양이 갑자기 태양계에서 사라진다고 해도 태양 빛이 빛의 속도로 지구에 도달하는 8분이 되기 전까지는 지구 궤도에 아무런 문제가 생기지 않을 것이다. 곧 놀란 지구는 원 궤도를 따르지 않고 직진하고 말겠지만.

공간이 아주 단단하기 때문에 중력파는 상당히 측정하기 어렵다. 아마도 몇 년은 더 있어야 중력파를 감지할 수 있는 기술이 개발될 것이다. 그러나 중력파는 분명히 있다. 그 같은 확신을 할 수 있는 이유는 1974년에 에너지 손실 이유를 중력파 방출 외에는 도저히 찾을 수 없는 쌍성 펄서(binary pulsar)를 발견했기 때문이다. 조 테일러(Joe Taylor)와 러셀 헐스(Russell Hulse)는 쌍성 펄서를 발견한 공로로 1993년 노벨 물리학상을 받았다. 중력파를 감지하고 측정할 수 있게 되는 순간 우리는 우주를 탐사할 막강한 도구를 얻게 된다. 중력파를 연구하면 빅뱅의 원리를 알아낼 길이 열릴지도 모른다.

중력파의 속도는 목성이 먼 곳에 있는 펄서 앞을 지나던 2002년에 알아냈다. 거대한 천체가 그렇듯이 목성도 근처를 지나는 빛의 이동 경로를 바꾼다. 이 빛의 구부러짐을 이용해 미국인 과학자 에드 포마론트(Ed Fomalont)와 세르게이 코페이킨(Sergei Kopeikin)이 중력파의 속도를 측정해 냈다. 두 사람의 실험이 성공할 수 있었던 이유는 이론 물리학자인 코페이킨이 중력을 전자기 복사로 대치해 일반 상대성 이론에 적용해 볼 수 있음을 알아냈기 때문이다. 두 사람의 실험 결과는 실험이 가능했던 제한된 범위 내에서는 그렇다는 답이 나왔다. 아인슈타인이 옳았던 것이다. 중력은 빛의 속도로 이동하고 있었다.

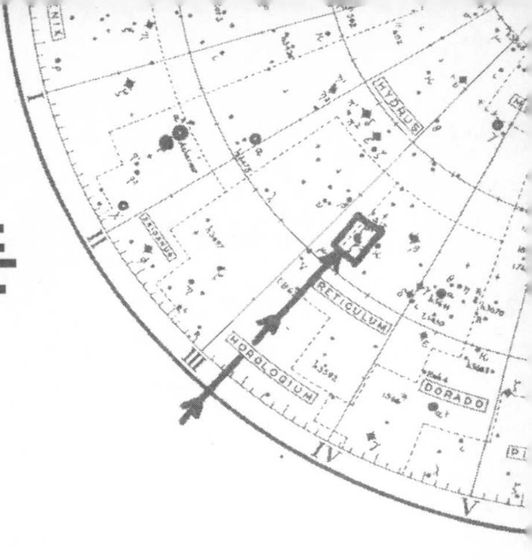

폭발이 불러온 혼돈

: 표준 모델과 그 너머

● 정상 우주론의 오류

이 책을 읽는 독자들은 1950년대부터 1960년대 사이에 빅뱅 우주론과 정상 우주론을 지지하는 과학자들 사이에 격렬한 논쟁이 벌어졌음을 알고 있을 것이다. 토마스 골드, 프레드 호일, 헤르만 본디, 자얀트 나리카(Jayant Narlikar)를 비롯한 여러 정상 우주론자들은 우주가 팽창하고 있는 것은 맞지만 빅뱅 우주론과 달리 우주는 처음이나 지금이나 변함없이 일정한 상태—정상(定常) 상태—를 유지하고 있다고 주장했다. 우주가 팽창해 나감에 따라 우주의 구성 물질도 끊임없이 새로 만들어지기 때문에 평균 밀도는 일정하다는 것이다. 정상 우주론을 택하면 우주가 단 하나의 점에서 탄생했다는 난처한 문제를 설명하지 않아도 된다(예를 들어 다음에 나오는 '빅뱅 전에는 무엇이 있었을까?' 와 같은 문제 등은 생각하지 않아도 된다). 또한 정상 우주론은 빅뱅 이론이 처음 제시한 우주 나이와 비교했을 때 내용물에 비해 우주의 나이가 좀 더 젊어 보이는 곳도 있다는 난처한 문제를 다루지 않아도 된다.

1965년에 발견된 우주 마이크로파 배경 복사, 그 직후에 발견된 아주 먼 거리에 있는 펄사와 은하가 다르게 생겼다는 사실은 우주가 분명 시간이 흐름에 따라 진화하고 있음을 말해 주었다. 이 두 가지 사실이 정상 우주론에 치명상을 가했다. 이 장의 도입부에서 말했듯이 현재 과학자들은 대부분 빅뱅 우주론을 받아들이고 있다. 그러나 정상 우주론은 우주론 연구에 불을 지폈으며 빅뱅 이론을 좀 더 정교하게 발전시키는 데 공헌했다는 데 그 의의가 있다.

● 빅뱅 전에는 무엇이 있었을까?

빅뱅이 일어나기 바로 전에 마지막으로 들은 소리는 "이런, 제기랄"이라고 하는 것이 현명할지도 모르겠다. 진지하게 설명한다면 당신의 머리가 무진장 아플 테니까. 우주 팽창에 관한 표준 모델에서는 빅뱅과 함께 시간이 생겼다고 본다. 따라서 '빅뱅 그 이전'이라는 말은 의미가 없다. 시간도 없는데 무엇을 기준으로 그 이전이라고 한단 말인가? 이것을 북극까지의 여행에 비유한 사람은 스티븐 호킹이었을 것이다. 한번 생각해 보자. 지구 표면에 사는 우리는 북쪽을 향해 가야 한다. 그리고 북극점에 닿았다. 이제 어디가 북쪽인가? 더 이상 북쪽이 없듯이 빅뱅 전에는 시간도 없었다.

저명한 과학자들 중에는 제네바 CERN(유럽 입자 가속기 연구소)의 가브리엘레 베네치아노(Gabriele Veneziano)처럼 시간의 탄생이라는 개념 자체가 허구라고 생각하는 사람들도 있다. 이들은 표준 모델의 기반이 된 일반 상대성 이론의 취약점을 지적한다('중력은 공간을 휘게 할까?' 참고). 상대성 원리는 양자 효과가 작용하는 미시 세계는 설명하지 못한다. 미시 세계에서는 물질들이 부드럽고 완만한 흐름이 아니라 살짝 뛰듯이 움직이기 때문에 상대성 원리로는 미시 세계의 운동을 설명할 수 없다. 아주 먼 옛날 우주가 아주 작았을 때가 있다면, 그 우주에 영향을 미친 것은 상대성 원리가 아니라 양자 효과였을 것이다. 현대 양자 이론에서 가장 주목받고 있는 이론은 소립자가 사실은 입자가 아니라 진동하는 끈으로 이루어졌을 것이라는 끈 이론이다. 끈 이론은 시간의 시작은 없으며 빅뱅이 일어나기 전에도 우주는 존재했다고 한다.

● 우주 밖에 무엇이 있을까?

이 질문에 답을 살펴보려면 또다시 표준 모델을 들여다보아야 한다. '우주 밖에는 아무것도 없다'가 답이다. 모든 공간은 우주 안에 있으니 우주 밖에는 아무것도 없어야 한다. 대부분이 황당한 천문학자들의 주장들 중에서도 우주는 경계가 없다는 말이 가장 황당하게 들린다. 우주는 가장자리라는 끝이 없다. 그 이유는 우리가 우주를 평행선은 결코 만나지 않는, 우리가 살고 있는 환경과 비슷하다고 생각하기 때문이다. 그러나 우주는 우리가 살고 있는 지구의 표면과 달리 구부러져 있어서 평행선도 결국에는 만나는 구조로 되어 있다.

우주의 2차원적인 구조를 이해하려면 구의 표면을 떠올려 보면 쉽게 알 수 있다. 구는 표면적은 일정하지만 경계는 없다. 아무리 걸어가도 가장자리는 나오지 않는다. 사실 우주의 구조는 구와는 조금 다르지만 기본 원리는 마찬가지다.

우주의 끝을 상상할 때면 천문학자들은 지평선 너머에 있는 보이지 않는 부분을 생각해 보는 경우가 많다. 그곳에서 가장 두드러지게 보이는 것은 분명히 우리가 10장 도입부에서 살펴본 우주 배경 복사일 것이다. 빅뱅 후 우주 공간은 갑자기 급속하게 팽창했기 때문에 지평선 안쪽에 있는 우주 공간보다 그 너머에 있는 우주 공간이 훨씬 더 클 것이다. 어쩌면 무한히 펼쳐져 있을지도 모르고.

● 빅뱅이 일어난 장소는?

이 질문에 대한 대답은 조금 성의 없이 들릴지도 모르겠지만, 다시 한 번 표준 모델을 빌려 와 이야기해 본다면, '우주의 모든 곳' 이라고 대답해야겠다. 폭발을 생각할 때면 어떤 물건이 공간으로 퍼져 나가는 것을 떠올리기 쉽지만 그것은 우리가 그런 모습만 봐 왔기 때문이다. 우리들이 폭발 장면을 보는 것을 주로 세계 분쟁 지역을 담은 텔레비전 뉴스에서이다. 그러나 우주는 단 한 개의 점이 팽창한 것이다. 블랙홀과 비슷한 특이점(singularity)이 그 시작이다(8장 '태양계에서 가장 가까운 블랙홀은 어디에?' 참고). 그 말은 우주가 탄생한 초기에는 어떠한 곳도 다른 곳보다 중심에 가까운 장소가 없었다는 뜻이다. 그러니 우주의 모든 곳이라고 할 밖에.

청취자들이 자주 물어 오는 비슷한 질문 중에 하나는 "우주가 팽창한다면 여분의 공간은 어디에서 가져오는 것인가?"이다. 표준 모델은 공간이란 무엇인가에 대한 설명 없이 그저 커지고 있다고만 설명한다. 그러나 양자론은 공간이—정확히 그것이 무엇이 되었건 간에— 양자 입자로 이루어져 있다고 생각하고 우주가 팽창하는 원리를 구명하려고 노력하고 있다. 이 문제는 또한 10장의 마지막에서 다룰 암흑 에너지의 이론적 배경과 관계가 있다.

● 우주의 나이가 137억 년이라면 137억 광년이 넘는 곳에는 무엇이 있을까?

이 문제는 두 가지 측면에서 생각해 봐야 한다. 첫째는 현재의 기술로는 우리가 볼 수 있는 우주는 137억 년 전까지의 우주라는 점이다. 그 무렵 우주는 활활 불타오르고 있었다. 그 경계를 우주 배경 복사라는 형태로 관측할 수 있다. 여기서 내가 137억 광년이 아니라 137억 년이라고 했다는 사실에 주목해 주기 바란다. 왜냐하면 우주 배경 복사가 끝나는 경계까지의 거리는 137억 광년보다 훨씬 멀기 때문이다. 우주는 그 시간 동안 계속해서 팽창해 왔다.

실제로 우주 배경 복사는 오늘날 볼 수 있는 전체 우주 거리라고 할 수 있는 고유 거리(proper distance)인 350억 광년 이상 떨어져 있을 것으로 추정하고 있다. 그러나 우리에게 오는 정보는 모두 빛의 속도로 오기 때문에 우리가 볼 수 있는 우주는 137억 광년까지가 끝이다. 과학 용어로 이 거리를 '공변 거리(comoving distance)'라고 한다.

하지만 그렇다 하더라도 여전히 의문이 남는다. 벌써 몇 번에 걸쳐 우주는 우주 배경 복사가 오고 있는 곳보다 훨씬 크다는 말을 했다(우주 배경 복사는 우주의 어느 곳에서 관찰하건 관찰자를 중심으로 사방에서 온다). 그렇다면 우주의 팽창 속도는 빛의 속도보다 빠르다는 말인가? 답은 '그렇다'이다. 실제로 빅뱅 후 곧바로 시작된 급팽창이 일어난 짧은 시간 동안 그랬다(10장 도입부 참고).

이 같은 사실이 빛보다 빨리 가는 물체는 없다는 아인슈타인의 특수 상대성 이론을 해치지 않는 이유는 우주 공간을 가로질러 가는 속도가 아니라 공간 자체가 팽창하는 속도에 관한 이야기이기 때문이다('빛보다 빨리 움직일 수 있을까?' 참고). 공간이 기준틀이기 때문에 공간은 어떠한 속도로도 팽창할 수 있다. 그러나 그 공간 속을 이동하는 물체는 어떠한 것이든 빛보다 빠를 수 없다.

● 암흑 에너지란 무엇인가?

암흑 에너지는 현재 우주론자들이 가장 흥미를 가지고 진행하는 연구 주제 중 하나이다. 1990년대 중반만 해도 과학자들은 우주에 존재하는 물질들 간에 작용하는 중력이 팽창력을 줄여 우주의 팽창 속도가 서서히 줄어들 거라고 생각했다. 누가 생각해도 일리 있는 말이었다. 그러나 천문학계의 몇몇 이단자들이 그 생각에 회의를 품었다. 이 이단자들은 중력의 힘을 이기고 우주의 팽창 속도를 증가시키는 암흑 에너지라는 우주의 용수철이 있을지도 모른다고 생각했다. 소수의 이단자들에게만 비밀리에 전파되어 오던 이 같은 생각은 1998년 각기 다른 두 연구팀이—그중에 한 명이 호주 국립대학의 브라이언 슈미트가 이끈 연구팀이다— 현재 우주의 팽창 속도가 70억 년 전 내지 80억 년 전보다 훨씬 빠르다는 증거를 찾아냄으로써 널리 전파되었다.

증거를 제공한 천체는 아주 멀리 떨어져 있는 특별한 Ia 형(type Ia) 초신성이었다. Ia 형 초신성은 늙은 별이 근처에 있는 별의 물질을 끌어들임으로서 격렬하게 폭발한 경우다. 이런 초신성들은 며칠 동안 자신이 속한 은하를 밝게 빛나게 하는 표준 촛대의 역할을 한다. 이런 초신성이 흥미로운 이유는 측정한 거리에 비해 밝게 빛나는 정도가 약했기 때문이다.

그 같은 사실은 우주의 팽창 속도가 정말로 빨라지고 있다는 증거였으며, 그 후 이를 뒷받침해 주는 증거들이 계속해서 나오고 있다. 또한 현재 우리는 암흑 에너지가 전체 우주 질량 대비 에너지 밀도(mass/energy density)의 75퍼센트를 차지할 정도로 가장 많은 비중을 차지하는 우주의 구성 성분이라는 사실도 알고 있다. 그렇다면 암흑 에너지란 무엇일까? 이 문제를 고민하다 보면 한 가지 재미있는 가능성이 떠오른다.

일반 상대성 이론을 완성하고 14개월이 흘렀을 때 아인슈타인은 자신의 방정식이 안정된 상태의 우주가 아니라 팽창하거나 수축하고 있는 우주를 나타내고 있음을 알게 됐다. 허블이 우주의 팽창을 밝혀낸 것은 1929년의 일이니 아직 우주가 팽창되고 있다는 사실을 아무도 모를 때였다. 아인슈타인은 자신의 이론에 심각한 문제가 있다고 생각했다. 문제를 바로잡기 위해 아인슈타인은 자신의 방정식에 '우주 상수'라는 새로운 요소를 집어넣었다(우주 상수는 보통 그리스 문자 람다 Λ를 사용해 표시한다).

아인슈타인이 새로 만든 방정식은 잡아당기는 힘과 미는 힘이 일정한 비율로 작용해서 우주가 늘어나거나 줄어드는 것을 효과적으로 막아 주었다. 물론 람다의 값은 관측을 통해 알아내야 했지만. 자신을 괴롭히던 문제가 마침내 풀렸는데도—적어도 수학적으로는— 왠지 아인슈타인은 기쁘다기보다는 어딘지 모르게 찜찜했다. 그리고 마침내 정말로 우주는 팽창하고 있다는 사실이 밝혀졌다. 아인슈타인은 재빨리 우주 상수라는 개념을 취소했다. 세월이 흐른 후 우크라이나 출신의 미국인 물리학자 조지 가모브는 "우주의 문제에 대해 아인슈타인과 이야기할 때, 그의 입에서 우주 상수를 도입한 일이 일생일대의 실수라는 말이 나왔다"고 했다.

허블을 비롯한 여러 사람들이 우주가 팽창한다는 사실을 밝혀낸 후 과학자들은 Λ 값은 0이라고 적고는 뇌리에서 없애 버렸다. 그런데 1990년대 말, 천문학자들이 우주의 팽창 속도가 증가하고 있다는 사실에 만족해하며 즐거워하고 있을 때 심각한 의문점이 제기됐다. 혹시 암흑 에너지가 오랫동안 버림받고 잊혀 있던 일반 상대성 이론의 불행한 고아인 우주 상수가 아닐까? 만약 암흑 에너지가 반발력(negative pressure)이라면 Λ는 은하 사이의 거리가 아주 멀어지지 않을 정도로만 중력을 이길 수 있도록 충분히 작은 값을 가질 것이다.

이론적으로 또 다른 가능성들이 제시되었는데, 그 이론들은 양자 중력, 끈 이론 같은 상대성 이론이 예측하지 못했던 새로운 물리학 분야에서 나왔다. 간단하게 요약하면 다음과 같다.

1. 새로운 자연의 기본 힘을 가리키는 '퀸테센스(quintessence)'라는 기이한 용어는 고대 그리스 철학에 나오는 제5원소라는 뜻이다. 우주 상수처럼 퀸테센스도 반발력을 갖는 암흑 에너지인데 우주 상수와 가장 뚜렷한 차이점은 퀸테센스는 시간과 함께 변하기 때문에 비교적 가까운 과거에서만 그 흔적을 찾을 수 있다는 것이다.
2. 거시적 세계와는 다르게 작용하는 미시적 세계의 중력 변화. 실제로 그렇다면 모호한 반발력이라는 개념 자체가 필요 없을 수도 있다.
3. 우주는 어디나 동일하다는 우주 원리를 포기하는 것. 그렇게 되면 우주는 장소에 따라 다른 특성을 갖게 되므로 우주 전역에 퍼진 척력이라는 개념 자체가 필요 없게 된다.

암흑 에너지가 존재하는 이유를 아는 사람은 아무도 없다. 가장 그럴듯한 가설은 양자 수준에서 부글부글 끓고 있는 가상 입자가 물체 속을 왔다 갔다 하면서 우주를 반발력으로 물들이고 있다는 것이다. 양자 물리학이 다루는 이 기이한 영역에 대해서는 다양한 가설이 아주 많이 나와 있다. 아직 갈 길은 멀었지만. 놀랍게도 양자 수준의 반발력은 우리가 직접 측정할 수 있는 반발력보다도 120자리의 수만큼 크다(그러니까 10^{120}배 크다는 뜻이다). 그 정도 반발력이라면 모든 것을 갈기갈기 찢어 놓을 테니 초기 우주에는 원자도 존재하지 않았을 것이다. 과학계를 통틀어 이보다 더 끔찍한 가설이 또 있을까?

이 문제를 해결하기 위해서 가장 먼저 해야 할 일은 우주 관측 결과와 가장 맞아떨어지는 암흑 에너지 후보를 찾는 일이다. 암흑 에너지는 우주 상수일까 퀸테센스일까? 아니면 또 다른 무엇일까? 문제는 이 문제를 푸는 데 필요한 관측이 아직 다 이루어지지 않았다는 점이다. 현재 전 세계 여러 연구진들이 아주 멀리 있는 초신성이나 수없이 많은 천체들을 활발하게 관측하고 있지만 암흑 에너지의 정체를 밝히려면 보다 정교하고도 훨씬 어려운 관측 결과가 필요하다.

암흑 물질이 그렇듯이 암흑 에너지도 우주의 구조에 크게 영향을 미친다. 따라서 우주 역사의 각 단계에 따른 구조를 밝혀내면 암흑 에너지의 정확한 정체도, 정확한 특성도 밝혀낼 수 있을 것이다.

현재 우리는 우주 역사에 있어 두 단계에 해당하는 우주의 구조를 정확히 알고 있다. 첫 번째는 아주 초기의 우주이다. 우주 배경 복사를 자세하게 연구한 결과 이제 막 탄생한 우주의 구조를 밝혀낼 수 있었다. 두 번째는 3.9미터 앵글로 오스트레일리안 망원경 같은 최첨단 장비로 진행한 대규모 은하의 3차원 분포 상태 연구를 바탕으로 밝혀낸 현재의 우주이다. 암흑 에너지가 처음 만들어진 것으로 생각되는 초기 우주와 현재 우주의 중간쯤인 70억 년 전쯤에 만들어진 우주를 보면 암흑 에너지의 정체를 알아낼 수 있을 것이다.

암흑 에너지의 정체를 밝혀내기 위해서 백만 개가량 되는 희미한 은하를 관측한다는 계획은 실로 웅대한 시도이다. 아직은 계획 단계이며 세부 상황도 결정되지 않았고 그 웅대한 탐사를 책임지게 될 망원경조차 결정되지 않았지만, 21세기 처음 20년 동안 암흑 에너지 탐사 계획과 그 결과 밝혀질 놀라운 결과들에 기대를 걸어 본다.

그런데 지금 초신성에게는 어떤 일이 벌어지고 있을까? 현재 초신성을 관측하는 가장 유명한 연구팀은 초신성 유물 탐사(Supernova Legacy Survey)라는 국제 연구팀인데 이 팀의 사전 연구 결과는 암흑 에너지가……에, 그러니까, 맞다! 우주 상수와 비슷하다고 한다. 초신성 유물 탐사 팀은 암흑 에너지의 반발력의 변화율이 우주의 크기가 지금의 절반밖에 되지 않았을 때와 비교했을 때 20퍼센트도 되지 않는다며 현재 제시된 여러 후보 가운데 아인슈타인의 Λ가 암흑 에너지일 가능성이 가장 크다고 했다. 이것이 사실로 입증된다면 정말 놀라운 일이 아닐 수 없다. 아인슈타인이 자신의 일대일생의 실수라고 했던 것이 사실은 옳았다는 말 아닌가! 아인슈타인은 진짜 대단한 친구다.

● 결국 우주는 어떻게 될까?

암흑 에너지가 우주의 영구적인 속성이라면 우리들은 결국 길고도 추운 결말을 맞게 될 것이다. 암흑 에너지가 무기력해진다고 해도 우주 전역에 중력이 팽창을 막아 우주의 붕괴, 즉 '우주 대수축(big crunch)'이 일어날 정도로 많은 물질이 있을 것 같지는 않다.

우주가 계속해서 팽창하다 보면 결국 수소 연료를 모두 사용해서 더 이상 별이 만들어지지 않는 순간이 올 것이다. 결국 별들은 블랙홀이나 흑색 왜성 같은 거대하고 조밀한 재가 되고 우주의 모든 구성 성분들은 차갑게 식은 채 죽어갈 것이다. 수천억, 수백억 년이 흐르면 결국 블랙홀 자체도 증발해 버리고 말 것이다. 그것이 우리가, 우주가 가야 할 운명이다.

아주 먼 미래의 우주의 모습을 보기 위해서 진지하게 연구하는 사람들이 있다. 그중에서도 최근 주목을 받고 있는 사람들은 미국의 로런스 크라우스(Lawrence Krauss)와 리처드 셰레르(Richard Scherrer)이다. 두 사람은 몇조 년 정도 흐르면 암흑 에너지 때문에 우주가 급격한 속도로 우리에게서 멀어져 가기 때문에 밤하늘에서 볼 수 있는 것이 거의 없어질 거라고 했다. 그때쯤이면 우주 배경 복사는 물론이고 은하도 대부분 밤하늘에서 사라지고 그저 중력으로 강하게 묶여 있는 국부 은하군만이 눈에 들어올 것이다(국부 은하군에 대해서는 9장을 참고할 것). 국부 은하군은 그 구성원들이 다른 존재가 있음을 알지 못하는 우주의 고립된 섬으로 남을 것이다.

3조 년 후에 태어날 우주론자들은 우주의 역사에 대해 어떤 결론을 내릴까? 그 사람들은 빅뱅의 증거를 발견하지 못할 것이다. 현재 우리가 보고 있는 천억 개나 되는 은하에 대해서도 아는 것이 없을 것이다. 그러니 지금 우리가 내린 결론과는 사뭇 다른 결론을 내리지 않을까? 그런 관점에서 생각해 보면 빅뱅의 증거나 은하들을 볼 수 있는 우리는 상당히 유리한 위치에 있음이 분명하지만, 오늘날 도저히 감지할 수 없는 과거의 사건도 분명 있을 것이다. 이 점을 반드시 명심해야 한다.

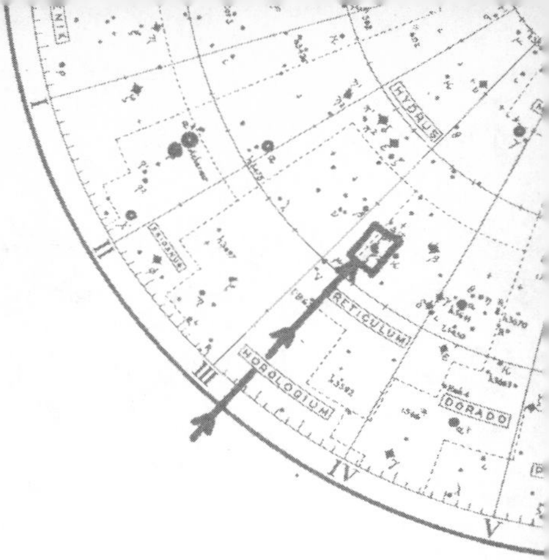

이국적인 우주
: 야생 누비기

● 또 다른 우주가 있을까?

흔히 우주는 '우리가 감지할 수 있거나 알고 있는 모든 것'이라고 정의한다. 우주는 직접 볼 수 있건 없건 간에 시공간, 기본 입자들, 매개 입자들(다시 말해 힘)을 모두 포함하는 개념이다. 그렇다면 우리는 다른 우주의 존재 가능성에 대해 이야기할 수 있을까? 그렇다고 답하는 우주론자들도 있다. 왕립 천문학자였고 현재 왕립 천문학회 회장인 마틴 리스 경은 '다중우주(multiverse)'라는 개념을 제시했다.

반면 우주는 하나이지만 여러 개의 면을 가지고 있고 우리가 보는 것은 그중 한 면이라고 주장하는 우주론자들도 있다. 서로 다르긴 해도 두 주장 모두 "우리가 지금까지 우주라고 불러 온 것은 실체의 극히 일부분에 지나지 않는 것"이라는 리스 경의 명확한 주장을 정확하게 반영하고 있다.

다중우주론의 핵심은 실체(reality)란 우리가 인지할 수 있는 시간과 3차원 공간 이상의 무언가로 구성되어 있다는 것이다. 예를 들어 끈 이론은 우리에게는 기본 소립자와 매개 입자로 보이는 진동하는 끈이 우리가 인지하는 4차원 이상의 세상을 만든다고 생각한다('빅뱅 전에는 무엇이 있었을까?' 참고). 일반적으로 끈 이론이 주장하는 차원의 개수는 10개이지만 11개에서 26개까지 확장시켜 주장하는 경우도 있다.

추가되는 차원들은 계속해서 늘어날 수도 있고 우리가 볼 수 없는 방법으로 압축될 수도 있다. 그러니 굳이 보려고 애쓰지 말자. 이 여분의 차원들은 아주 높은 에너지를 가진 소립자들이 충돌할 때 그 모습을 드러낼 것이다. 프랑스와 스위스 국경에 있는 유럽 원자핵 공동 연구소, CERN(유럽 입자 가속기 연구소)에서 대형 가속기 LHC(the Large Hadron Collider)를 짓고 있는 것도 그 때문이다. 이 대형 가속기는 2008년 말쯤에는 어떤 결과를 낼 것으로 기대하고 있다. 적어도 다중 우주에 대해서만이라도 이해하기 쉽도록 M 이론이라고 하는 시공간에 비해 많이 존재하는 감춰진 차원에 관한 가설을 살펴보자. M 이론에서 M이 정확히 어떤 단어를 뜻하는지는 아무도 모른다. '막(membrane)', '기질(matrix)', '마스터(master)' '마술(magic)', '엄마(mother)' 등등, M을 가리킬 것 같은 단어는 끝도 없지만 나는 '잃어버린(missing)'이라고 보는 것이 가장 좋지 않나 생각한다. 왜냐하면 M 이론은 이론 물리학자들이 무언가를 발견할 때마다 여기 저기 한 토막씩 붙여 놓는 텅 빈 화판이랑 흡사하기 때문이다.

끈 이론에서 파생된 M 이론은 디리클레 막(Dirichlet membrane)이라는 구조를 제시한다(디리클레 막은 D-브레인(D-brane) 혹은 간단하게 브레인(brane)이라고도 한다). 이 용어는 사물의 경계에 대해 연구한 당당한 이름을 가진 19세기 수학자 페터 구스타프 레조이네 디리클레(Peter Gustav Lejeune Dirichlet)의 이름을 본 딴 것이다. 그렇다면 도대체 브레인이 무얼까? 앞쪽에 종이가 한 장 떠 있다고 생각해 보자. 이 2차원의 물체는 3차원의 공간에 떠 있는 것이다. M 이론은 우리 우주가 벌크(the bulk)라고 하는 더 높은 차원의 공간에 자리 잡은 3차원 브레인이라고 한다. M 이론은 이런 식으로 다른 우주를 포함하고 있는 수많은 벌크를 확장시켜 나갈 수 있다.

또한 흥미롭게도 M 이론은 중력이 벌크를 뚫고 나아갈 수도 있다고 한다. 중력은 현재까지 알려진 자연의 네 가지 기본 힘 가운데 가장 약한 힘이다(나머지 세 힘은 전자기력, 강력, 약력이다). 그렇기 때문에 가능한 이야기이다. 중력은 브레인의 틈으로 빠져나가 다른 브레인으로 이동한다. 어쩌면 언젠가는 다른 우주에서 흘러나온 중력파를 관측하게 될지도 모른다.

수많은 우주를 주장하는 가설들은 또 있다. 끈 이론만 해도 10의 100승 개의 서로 다른, 타당한 해를 갖고 있다. 그렇다면 그 하나하나가 모두 다 우주인 걸까? 또한 과학자들 중에는 우리 우주의 물리학 법칙이 생명체가 살아가는 데 적합한 환경을 만들었다고 주장하는 사람들이 있다. 그런 과학자들은 우리 세상의 물리 법칙이 조금만 바뀌었어도 별은 탄생하지 않았을 것이라 한다. 바뀌어 버린 법칙은 다른 요소에도 영향을 미쳐 생명체에게 유리한 우주로 바뀔 시간적 여유를 갖지 못했을 것이라고 말이다. 이런 가설들은 우주가 지금의 모습으로 보이는 것은 우리가 이곳에서 관찰하고 있기 때문이라는 인류지향 원리(Anthropic Principle)를 이끌어 냈다. 이런 가설대로라면 별과 행성이 없는, 그 때문에 생명이 진화하지 않는 우주가 수십, 수백억 개 이상 있을 수 있다는 뜻이다.

● **빅뱅의 에너지는 어디에서 왔을까?**

정말 좋은 질문이다. 표준 모델은 이 문제에 답하지 않는다. 그저 빅뱅 때 믿을 수 없을 만큼 많은 양의 에너지가 쏟아져 나왔다는 사실만 알 뿐이다. 더구나 전통적인 물리학은 빅뱅 직후에 일어난 일에 대해서도 설명하지 않는다. 그때 있었던 불덩어리 우주의 온도와 밀도가 현재 나와 있는 가설로는 설명할 수 없을 정도로 뜨겁고 높기 때문이다.

그러나 과감한 가설을 제시하는 실험 정신이 뛰어난 우주론자들도 있다. 두 개의 평행한 브레인이 벌크 속에서 서로에게 가까이 다가가고 있다고 생각해 보자(벌크에 대해서는 앞 질문 참고). 두 브레인 가운데 하나가 우리 우주이다. 두 브레인이 충돌하면 어떤 일이 벌어질까? 이 가상의 시나리오는 2001년 저스틴 코우리(Justin Khoury), 버트 오브루트(Burt Ovrut), 폴 슈타인하르트(Paul Steinhardt), 닐 튜록(Neil Turok) 같은 물리학자들이 제시한 우주의 에크피로틱 우주 모델(Ekpyrotic Model)이다. '대화재'를 뜻하는 그리스어에서 따 온 용어다. 정말 탁월한 선택 아닌가!

이 가설은 두 브레인의 충돌로 발생한 에너지가 우리 브레인에 다양한 현상을 만들어 낸 빅뱅이라고 한다. 아주 추상적인 개념이기는 하지만 적어도 빅뱅의 에너지가 어디서 왔는지는 설명해 준다. 그러니까 빅뱅의 에너지는 아주 오래전에 일어난 충돌의 결과라는 이야기다. 그런데 이 같은 가설을 입증할 방법이 있을까? 10장 도입부에서 소개한 대로 2008년 우주 배경 복사를 연구하기 위해 출발하는 플랑크 위성이 에크피로틱 우주 모델설을 입증해 줄지도 모른다. 물론 그 전까지는 그냥 상상에 불과하겠지만.

● **우주론을 연구하는 이유는 무엇인가?**
우주론은 그냥 추측만 하는 학문 아닌가?

10장 도입부를 읽는 동안 우주론이 그저 상상의 학문만은 아니라는 사실을 깨달았으면 좋겠다. 우주론자들은 가능한 많은 관측 자료를 수집하고 최상의 가설을 세우며 우리가 본 것을 가장 잘 설명해 주는 가설을 받아들인다. 우주를 연구할 때 우리 우주론자들이 한 가지 세워 놓은 가정은 우주에 작용하는 물리 법칙은 장소나 시간에 상관없이 언제나 같다는 것이다. 그럴 수밖에 없는 것은 현 시점에서 우리가 택할 수 있는 유일한 선택이며 그래야만 시종일관 모순이 없는 결론을 내릴 수 있기 때문이다.

그러나 때때로 우주론은 어림짐작의 학문이라는 생각이 들게 하기도 한다. 토머스 헤르토그와 스티븐 호킹의 '무경계 가설(No-boundary theory)'이 그런 경우일 것이다. 이 가설은 확률이 큰 역할을 하는 양자론의 본질적인 불확실성을 거시적인 세계에 접목시킨 경우이다. 이 가설에 따르면 우주는 무한히 많은 역사를 가지고 있지만 오늘날 우리가 관찰하는 방식이 어떤 역사가 진짜 역사인지를 알려준다고 한다. 원인과 결과에 대한 그런 식의 역추정은 기이까지는 아니더라도 다분히 논리에 맞지 않는 것 같다. 현재가 과거에 영향을 미친다는 생각은 낯설다. 그러나 가장 그럴듯한 우주 모델을 찾기 위해 가능한 모든 역사를 조합해서 통계학적으로 결론을 내리면 10장 도입부에서 대략적으로 설명한 표준 모델과 가장 흡사한 형태의 우주론이 나온다는 사실이 밝혀졌다.

훌륭한 가설들이 그렇듯이 무경계 가설도 관찰 결과를 토대로 진위 여부를 가려야 한다. 다시 한 번 플랑크 위성에 기대를 걸어본다. 그러나 무엇보다도 확실한 증거는 중력파를 관측할 수 있는 기술을 개발해 중력파의 스펙트럼을 확인하는 것이다. 언제가 되어야 그런 기술이 계발될까? 그거야말로 그저 추측해 볼 수밖에.

Space 11

아직도 끝나지 않은……

진짜 흥미로운 문제들

마지막으로 딱히 분류하기 어려운 문제들이 몇 가지 남았다. 이 문제들은 우주와 관계가 있을 수도 있고, 우주를 바라보는 방법과 관계가 있을 수도 있다. 그중에 몇 가지는 프레드 왓슨이 우주를 보는 시각과 관계가 있다. 아무튼 진부한 문제에서부터 아주 독창적인 문제까지, 몇 가지 문제를 더 살펴보자.

우주의 고속도로와 간선도로를 구석구석 살펴보며 지루한 여행을 해 온 테라 청취자들의 질문 정도는 모두 알고 있는 사람들에게도 이 문제들은 흥미로운 구석이 있을 것이라 생각한다. 특별한 주제 없이 중구난방인 질문들이지만 호기심 어린 마음에서 나왔다는 것만은 분명하다. 그래서 내게는 아주 특별하게 느껴지는 질문들이다.

COSMIC LOOSE ENDS

마지막으로 딱히 분류하기 어려운 문제들이 몇 가지 남았다. 이 문제들은 우주와 관계가 있을 수도 있고, 우주를 바라보는 방법과 관계가 있을 수도 있다. 그중에 몇 가지는 프레드 왓슨이 우주를 보는 시각과 관계가 있다. 아무튼 진부한 문제에서부터 아주 독창적인 문제까지, 몇 가지 문제를 더 살펴보자.

우주의 고속도로와 간선도로를 구석구석 살펴보며 지루한 여행을 해 온 터라 청취자들의 질문 정도는 모두 알고 있는 사람들에게도 이 문제들은 흥미로운 구석이 있을 것이라 생각한다. 특별한 주제 없이 중구난방인 질문들이지만 호기심 어린 마음에서 나왔다는 것만은 분명하다. 그래서 내게는 아주 특별하게 느껴지는 질문들이다.

질문을 해 준 사람들 덕분에 이 책을 쓸 수 있었음을 행복하게 여기며, 감사의 말을 전한다. 너무나도 그리운 유명한 2인조 코미디언들이 했던 말을 끝으로 이제 작별 인사를 고한다. 나로부터 굿 나잇! 그들로부터 굿 나잇!

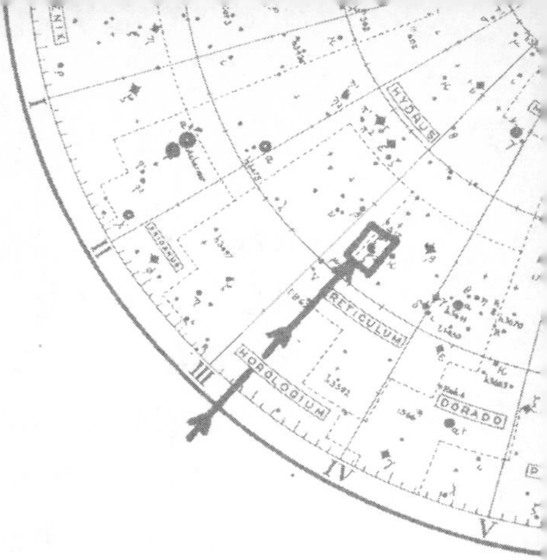

끝나지 않은 문제

: 여전히 중요한 질문들

● 다른 중요한 일이 많은데 굳이 천문학에 국가 예산을 낭비하는 이유는?

2장에서 이야기했듯이 천문학 연구에 공공자금을 쓰는 이유는 여러 가지가 있다. 앞에서도 말했지만 호주 정부가 천문학에 배정한 예산은 다른 예산에 비해 결코 많다고 할 수 없다. 2000년 시드니 올림픽 때를 생각해 보자. 그때 정부가 올림픽 준비에 사용한 공공 자금은 호주 천문학계가 100년 동안 쓰고도 남을 금액이었다.

2장에서도 이야기했듯이 천문학자들은 단 한 번의 예외를 빼면 큰 예산을 요구한 적이 없다. 그 예외란 호주가 주도적인 역할을 하게 될, 아주 먼 곳에 있는 우주를 탐험하기 위한 전파 망원경열 SKA(the Square Kilometre Array) 설치를 위한 예산 요구였다. 이 20년짜리 프로젝트에는 어떤 국가가 참여하건 모두 18억 호주달러가 든다. 이렇게 막대한 양의 자금을 확보하려면 국제 협력이 필수이다. SKA 프로젝트에 여러 나라가 참여한 이유가 그 때문이다. 정말 국제적인 사업이다.

지상에 설치하는 망원경은 그 종류가 광학 망원경이 됐건, 적외선 망원경이 됐건 전파 망원경이 됐건 간에 그다지 많은 돈이 들지 않는다. SKA가 예외인 셈이다. 그러나 우주에 설치하는 망원경은 큰 비용이 든다. 허블 망원경을 대체할 6.5미터짜리 제임스 웹 우주 망원경은 2013년 6월에 발사될 예정이다. 대략 45억 달러가 들어갈 제임스 웹 우주 망원경 프로젝트는 우주에 설치하는 장비 중에서도 비싼 편에 속한다. 같은 크기의 망원경을 지상에 설치한다면 50대 정도 설치할 수 있다. 단 한 대의 망원경을 설치하기 위해서 그토록 많은 돈을 써야 하는가 하는 회의론이 있는데도 결국 계획을 감행하는 이유는, 천문학은 우주에서 관찰했을 때 엄청난 결과를 얻을 수 있는 학문이기 때문이다.

우주 망원경처럼 막대한 예산이 필요한 천문학 프로젝트는 거의 없으며, 예산을 배정하는 사람들이 천문학 연구에 예산을 배정해 주는 경우는 우주 시대를 맞아 그 연구가 재정적으로나 기술적으로 국가에 도움이 된다는 확신이 있을 때뿐이다. 과학에 대한 순수한 지식을 넓히기 위해서 정부가 예산을 배정하는 것일까? 물론 아니다. 정부가 과학에 투자하는 이유는 안보와 상업적인 목적 때문이다.

천문학에 국가 예산을 쓰는 또 다른 경우는 탐사선이나 우주인이 탑승한 비행선을 이용해 태양계를 탐사할 때이다. 세계열강 가운데 몇십 년 안에 달에 식민지를 건설할 계획을 가진 나라는 중국, 러시아, 미국이며, 미국과 유럽은 무인 탐사 계획을 이끌고 있다. 엄청난 돈이 드는 이런 계획들은 그만큼 보상도 크다. 화성에서 미생물을 발견함으로써 의학계가 종 다양성에 의한 획기적인 이득을 얻을 수도 있다. 화성에서 발견한 미생물이 암을 치료할지 누가 알겠는가! 달을 식민지로 만드는 계획도 그렇다. 달의 토양 속에는 지구에는 거의 없는 헬륨 3 동위원소가 많이 들어 있다. 헬륨 3 동위원소는 만 년 동안 공해가 없는 훌륭한 대체 에너지가 되어 줄 것이다.

현재 미국은 13년 정도 되는 시간 동안 달을 탐사하기 위해 천억 달러라는 어마어마한 예산을 들였다. 일반적으로 로봇을 이용한 탐사 계획은 30배 정도 적은 비용이 들지만 어쨌거나 우주 탐사 계획에는 어마어마한 돈이 드는 것은 사실이다. 하지만 그 때문에 얻게 될 인류의 잠재적 이득 또한 어마어마하다. 우주 탐사 계획, 특히 유인 우주 탐사 계획은 오늘날 큰 예산이 드는 과학 프로젝트 가운데서도 으뜸을 차지할 정도로 비용이 많이 든다. 독특한 이런 프로젝트들은 모두 인류의 야망을 담고 있다.

그렇다면 왜 다른 중요한 일도 많은데, 굳이 천문학에 국가 예산을 낭비하는 걸까? 위에서 말한 이유들로도 납득이 되지 않을 수 있다. 하지만 어떤 것이 더 중요한지를 자로 재듯이 결정하는 것은 옳지 않다고 생각한다. 굳이 중요도를 따져야 한다면 정부 예산은 언제나 인류애를 바탕으로 하는 일에 쓰여야 할 것이다. 그러나 정부 예산은 필요한 것, 자원의 유효성, 장기간의 목표 사이에 균형을 맞추어야 한다. 혹시 아는가? 태양계를 탐사하거나 은하의 구조를 이해하는 일이 언젠가 큰 이익을 가져 올 가장 중요한 일이 될는지.

● 우주에서도 소리가 들릴까?

'우주에서는 아무리 소리를 질러도 들리지 않는다' 는 말이 있다. 아마 틀림없는 말일 것이다. 소리가 이동하려면 소리를 퍼트릴 매질, 그러니까 공기 같은 것이 있어야 하는데 당신도 알고 있듯이 우주는 진공 상태이다. 뭐, 어느 정도는 그렇다는 말이다. 3

장 '태양이 통신과 전력에 영향을 미치는 까닭'에서 살펴보았듯이 행성과 행성 사이는 텅 빈 공간이 아니라 무언가가 있다. 아주 적은 양이지만. 행성 간 물질은 먼지 입자, 원자, 소립자들로 이루어져 있다. 태양계를 벗어나면 성간 물질이 있다. 아주 희박한 성간 물질은 대부분 수소와 헬륨으로 이루어져 있고 적은 양의 더 무거운 기체와 아주 소량의 먼지가 포함되어 있다. 기체에는 1세제곱미터당 백만 개의 원자가 들어 있고, 먼지는 10만 세제곱미터당 1개의 입자가 있을 정도로 극히 적으니 청소는 걱정할 필요가 없다. 성간 물질의 밀도는 지구 대기 밀도의 3×10^{19}분의 1 정도에 불과하므로 얼핏 생각하기에는 우주는 소리를 전달하지 못할 거라고 생각하기 쉽다.

그러나 놀랍게도 음파, 좀 더 정확하게 말하면 음향 진동(acoustic oscillations)은 우주의 형성에 큰 역할을 하고 있다. 8장 '항성도 흔들릴까?'에서 살펴보았듯이 태양과 같은 항성은 끊임없이 진동함으로써 천문학자들에게 내부 구조에 대한 단서를 제공한다. 태양 표면에서 자기장의 흐름에 따라 수십만 킬로미터 상공으로 솟구쳐 오르는 전기를 띤 기체 분수인 코로나 루프는 파이프 오르간 같은 음파를 낸다. 태양이 내는 낮은 음은 핵무기 백만 개에 해당하는 폭발을 일으키는 마이크로플레어(microflare) 때문에 일어난다. 표면(광구)에서 외부 대기층(코로나)으로의 음향 결합(acoustic coupling)은 내부 에너지를 외부로 운반해 준다. 그렇기 때문에 코로나의 온도가 광구의 온도보다 훨씬 더 높은 것이다. (광구의 온도는 5,500K 정도, 코로나의 온도는 100만K 정도 된다.)

관찰하기가 쉽지는 않지만 우주의 구조를 결정하는 중요한 음파로는 나선 은하의 아름다운 나선 팔을 만들며 생겨 은하의 물질을 뚫고 나아가는 밀도파가 있다(9장 '은하에 나선 팔이 생기는 이유' 참고). 흔히 파고를 하나 갖는 이런 밀도파를 과학 용어로는 솔리톤(soliton)이라고 한다. 밀도파가 원반을 지나는 동안 별이 왕성하게 탄생해 나선 팔을 만든다.

우주 음파가 중요한 가장 큰 이유는 우주 음파가 없었다면 우리도 존재할 수 없기 때문이다. 빅뱅 이후 아직도 타오르고 있던 우주를 음파가 뚫고 지나갔다. 10장에서 보았듯이 음파가 뚫고 나가는 곳에 살짝 온도 변화가 생기면서 밤하늘에 빛나는 은하가 탄생할 수 있었다. 그 덕분에 우리 은하가 태어났고 우리 인류가 탄생했으니 우리의 기원은 빅뱅의 메아리라고 해도 틀린 말은 아닐 것 같다.

● 점성술에는 뭔가 특별한 것이 있다?

아마도 대부분은 점성술이 아주 재미있다고 생각할 것이다. 잡지에 실린 점성술 기사는 하나도 읽지 않고 건너뛴다는 사람도 '별자리로 알아보는 이 달의 운세'는 그냥 지나치지 못할 것이다. 태어났을 때 밤하늘에 빛나던 태양과 행성들의 위치가 그 사람의 운명과 직업에 영향을 미친다는 생각은 천문학이 받아들일 수 있는 학문의 영역으로 서는 데 도움을 주었을 것이다. 그렇기 때문에 천문학이 처음 탄생했을 때는 '점성술의 시녀(the handmaiden of astrology)'라고 불리기도 했다.

르네상스가 되어서도 점성술은 정통 과학으로 인정받고 있었기 때문에 천문학자들은 부자나 유명한 사람들의 운명, 아니 누가 됐건 간에 부탁해 오는 사람들의 운명을 점쳐 주는 일로 생계를 유지해야 했다. '별들의 제왕'으로 불리며 육안으로 별을 관찰한 사람 중에서는 가장 뛰어난 관찰자로 인정받고 있는 덴마크의 티코 브라헤도 그 당시 가장 유명한 점성술사 가운데 한 명이었다. 학생 시절 브라헤는 정규 과목으로 '점성술'을 배웠다. 브라헤가 천문학자로 명성을 날릴수록 점성술사로서의 역할에 기대를 거는 사람들이 많았다. 그런데 이런 기대 때문에 티코 브라헤에게 곤란한 문제가 일어났다.

1566년 10월 28일에 일어난 월식은 큰 사건을 암시하는 전조로 받아들여졌다. 당시 19세였던 브라헤는 그것이 오스만 튀르크 제국의 술탄인 술레이만 대제의 죽음을 암시하는 일이라고 생각했다. 당시 70세였던 술레이만 대제의 나이를 생각해 보면 충분히 있을 수 있는 일이었다. 브라헤는 이 같은 생각을 공개적으로 발표했다. 그런데 얼마 안 있어 술레이만 대제가 월식보다 몇 주 앞서 죽었다는 비보가 전해졌다. 여기저기서 조소가 터져 나왔다. 당연히 한동안 브라헤는 사람들의 놀림감이 되었으리라. 브라헤가 사촌인 만데럽 파르스베르크(Manderup Parsberg)와 결투를 벌여 코를 잃은 것도 월식 사건 때문일 가능성이 크다. 정말 예언은 함부로 할 게 못 된다.

현재 점성술을 다루는 사람들은 가능한 모든 현대 기술을 동원해 자신들의 주장이 진실임을 입증하려고 한다. 그러나 천문학자들은 점성술은 현실에 기반을 두지 않은 유사 과학이라는 입장이다. 통계학이 이를 입증해 준다. 점성술의 예언이 성공할 확률은 무작위로 예측할 때와 크게 다르지 않다. 점성술사들이 자신들의 학문은 입증할 수 없는 학문이라고 주장하면서 순진한 사람들에게서 돈을 갈취하지 않는 한 그다지 해가 될 것은 없다. 그렇지 않다면 더 이상 재밌지도 않을 것이다.

● **인류가 모든 것을 다 알아낼 수 있을까?**

아마 아닐 것이다. 학문의 추구에는 끝이 없다. 그렇게 믿어도 좋은 이유는 여럿 있다. 1931년 논리학자 쿠르트 괴델(Kurt Gödel)이 입증한 수학 가설도 그 이유 중 하나이다. 일반적으로 괴델의 불완전성 원리(Incompleteness Theorem)라고 부르는 이 가설은 완벽하거나 일관될 수는 있어도 두 가지 모두를 만족하는 결과는 없다는 수학 가설이다. 이 가설은 미시적인 세계인 양자 수준에서는 한 입자의 위치를 알거나 그 속도를 알 뿐 두 가지를 모두 다 알 수는 없다는 베르너 하이젠베르크의 불확정성 원리(Uncertainty Principle)를 수학에 적용시킨 것이다. 불확정성 원리는 괴델의 가설보다 5년 정도 먼저 발표됐다.

현재 괴델의 가설을 일반적인 과학 지식을 설명하는 데 적용할 수 없다고 생각하는 물리학자들도 있다. 몇 년 전에 열린 세계 경제학 포럼에서 저명한 물리학자 브라이언 그린(Brian Greene)과 프리먼 다이슨(Freeman Dyson)은 '언제가 되면 모든 것을 다 알 수 있을까?' 라는 주제로 열린 토론회에 초청받았다. 그때 그린은 "곧"이라고 대답했고 다이슨은 "절대 그럴 수 없다"고 대답했다. 끈 이론의 권위자인 그린은 '모든 것의 이론(Theory of Everything)' 이 밝혀지면 물리학은 모든 의문을 풀 수 있다고 말했다. 그러나 다이슨은 괴델의 가설을 인용하면서 새로운 사실은 새로운 질문을 낳는다고 응수했다.

최근 스티븐 호킹도 다이슨과 비슷한 이야기를 했다는 사실을 말해 두는 게 좋겠다. 그리고 최근 이와 관련해서 세스 로이드(Seth Lloyd)와 폴 데이비스(Paul Davies) 같은 물리학자들이 컴퓨터로 우주와 관련된 단 한 개의 문제가 얼마나 많은 새로운 의문을 불러일으킬 수 있는지 실험해 보았다. 결과는 우주의 생애인 137억 년은 더 걸려야 모두 풀 수 있는 10^{120}개였다.

역사는 다이슨의 의견에 손을 들어줄 것 같으며 내 개인적으로도 그의 의견에 동의한다. 시간을 보는 관점만 보더라도 시간이 우리들의 지식을 어떻게 변화시켜 왔는지 알 수 있다. 10장 '시공간이란?'에서 살펴보았듯이 우주 전역에서 언제나 같은 방식으로 존재한다는 절대량으로서의 뉴턴의 시간은 아인슈타인의 특수 상대성 이론이라는 신병을 맞아 뒤집혔다. 아인슈타인의 이 놀라운 가설은 빛의 속도에 가까워질 때 어떤 일이 생기는지 알려주었다. 빛도 3차원인 공간처럼 하나의 차원이라고 한 특수 상대성 이론은 결국 수학적으로 옳음이 입증됐다. 그러나 시간이 공간처럼 또 다른 차원이라면 왜 공간을 이동하듯이 시간을 이동할 수는 없는 걸까?

관련 질문들은 또 있다. 과연 시간은 그 자체로서 완전할까? 만약 시간이 그 자체로 완전하다면 왜 우리는 순간을 그저 순간으로 받아들이는 것일까? 시간은 왜 언제나 한 방향으로만 흐를까? 이외에도 떠오르는 질문들은 또 있다. 오늘의 1초는 내일의 1초와 같을까? 100년 전 수학자인 앙리 푸앵카레(Henri Poincaré)도 같은 질문을 했지만 여전히 답은 알 수 없다. 상대성 이론과 관련된 가장 대담한 질문은 10장 '또 다른 우주가 있을까?'에서 나온 실제로 이 세상은 4차원이 아니라 더 많은 차원으로 이루어져 있다는 가설이다. 다른 차원들은 시간과 비슷할까 공간과 비슷할까? 여러 차원이 섞이면 아주 이상할 것 같다.

우리가 모든 것의 이론을 알아낸다 해도 여전히 해결되지 않는 의문들이 남을 것이다. 그 의문들은 다른 분야에 속할 수도 있고 바로 하위 단계의 질문일 수도 있다. 한 가지 확신할 수 있는 점은 지금 나와 있는 모든 문제를 풀었고 시간의 앞뒤를 '쉥' 하고 가르며 즐겁게 나아갈 수 있다 해도 또 다른 의문에 생겨나리라는 사실이다.

● 천문학자도 신을 믿을까?

사실 천문학은 신에 대해서 이야기하는 학문이 아니다. 천문학은 우주에 대해서 이야기한다. 그러니 어느 단체나 그렇듯이 신을 믿는 사람도 있고 그렇지 않은 사람도 있는 법이다. 하지만 좀 더 솔직하게 이야기하자면 믿는 사람보다는 믿지 않는 사람이 더 많다고 해야겠다.

천문학이 종교와, 특히 종교 원리주의자들과 극단적으로 대치되는 부분이 몇 가지 있다. 그중에서도 가장 뚜렷하게 대치되는 주제이자 우리 천문학자들이 절대 물러서지 않는 주제는 우주의 나이가 수천 년이 아니라 137억 년이라는 점이다. 천문학자들이 주장하는 우주의 나이는 자신이 속한 세상에서 일어나는 일을 설명하기 위해 적어 둔 고대 신화에 근거한 사실이 아니라 관찰과 논리를 토대로 밝혀낸 것이다. 리처드 도킨스 같은 극단적인 무신론자는 먼지 나는 고대 서적 따위는 쓰레기통에 버려 버려야 한다고 주장하지만 그런 태도는 인류의 값진 문화유산을 부정하는 행위라고 생각한다. 반면 고대의 유물은 무엇이나 부정하지 말고 그대로 받아들여야 한다고 주장하는 광신자들은 세상에서 가장 멍청한 사람들이다. 스트라스부르 대성당(Strasbourg Cathedral)이나 바흐의 '마태 수난곡(St Matthew Passion)', 이스탄불의 블루 모스크가 없는 세상이 상상이 되는가? 종교는 인류의 고귀한 창조성을 고취시키는 가장 중요한 동기 가운데 하나이다.

가장 친한 동료 중 한 명은 독실한 기독교 신자이자 정말 저명한 세계적인 우주론자이다. 그가 어떤 식으로 세상을 바라보고 있는지 궁금했던 내게 그의 대답은 정말 놀라웠다. 그는 시간이 변해도 변하지 않는 아주 중요한 절대 진리를 믿는다고 했다. 그런 절대 진리는 과학에서 나올 수도 있고, 인류애에서 나올 수도 있고, 종교적 믿음에서 나올 수도 있다고 했다. 그는 자신에게 종교는 아주 귀중하다고 했다. 왜냐하면 믿음은 우주에 살면서 흔들리지 않는 윤리를 꿰뚫어 본 사람들의 가르침을 이해할 수 있게 해주기 때문이라고 했다. 그렇지만 그가 다른 사람에게 자신의 믿음을 강요하는 법은 없었다.

나는 무신론자에 가깝지만, 세상을 다양한 관점에서 본다는 점에서는 그의 관점과 상당히 비슷하다. 그 기원이 어디인지 간에 어쩌면 신은 물리학의 법칙 속에서 그 모습을 드러내고 있는지도 모르겠다. 한 가지 분명한 사실은 우주는 자신의 비밀을 거의 드러내지 않았다는 점이다. 우주의 비밀을 밝히려면 수십 년이 걸릴 수도 있고 수백 년이 걸릴 수도 있다. 이토록 재미있는 학문을 연구하는 이유가 바로 그 때문이며, 내가 그 학문에 조그마한 공헌을 하고 있다는 사실이 자랑스러운 이유도 바로 그 때문이다.

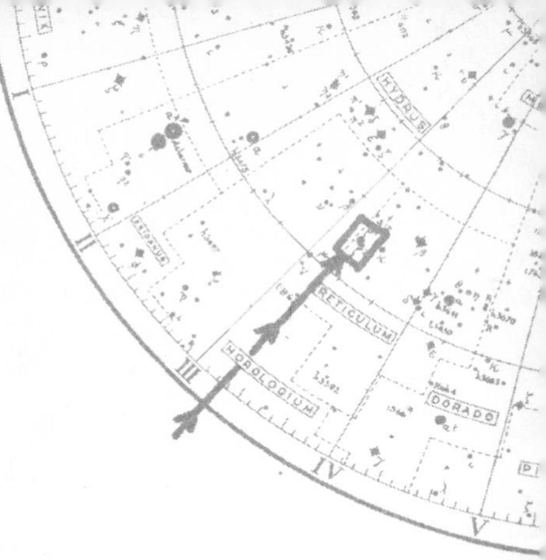

암흑의 비밀
: 프레드 왓슨을 밝혀라!

● 지금 프레드 왓슨이 연구하고 있는 것은?

이런, 이런 질문은 없었으면 했는데! 내 자신이 세상에서 가장 훌륭한 과학자 중 한 명이라고 생각해 본 적도 없고 사실 정말로 그렇지도 않기 때문이다. 그러나 지난 수년간 꾸준히 참가해 온 연구 덕분에 최신 과학을 뒤쳐지지 않고 따라잡아 전문가 행세를 할 수 있었다.

현재 내가 진행하고 있는 연구는 별이 됐건 은하가 됐건 간에 수많은 천체들의 정보를 수집하던 지난 반세기 동안의 일과 크게 다르지 않다. 천체의 가시광선 스펙트럼을 분석해서 고유의 특성을 알아내는 일이다. 천체의 특성을 알아내는 기술을 개발하는 것, 그것이 지난 수년 동안 내가 해 온 일이다. 현재 나는 낭창낭창한 섬유 광학 파이프와 인공 지능 로봇을 이용해 연구를 해 나간다. 이제 막 학문적 걸음마를 시작한 1980년대 초반에 비하면 놀라울 정도의 발전이다.

현재 연구실에서 나는 레이버(RAVEr)라고 불린다. RAVE 프로젝트에 참여하고 있기 때문이다. RAVE란 시선방향 속도 실험(RAdial Velocity Experiment)의 줄임말로 2010년까지 항성 백만 개의 속도와 특성을 탐구하게 될, 10개국이 참가한 과학 프로젝트다. 9장 '암흑 물질이 있다는 건 어떻게 알까?'에서 보았듯이 이 프로젝트는 우리 은하와 관련된 가장 기초적인 과학 문제 몇 가지를 풀기 위해서 진행되는 것이다. 특성을 밝힌 항성의 수가 20만 개 정도 될 때 우리는 우리 은하의 역사에 대해 놀라울 정도로 많은 것을 알아낼 것이다. 우리 RAVEr들은 RAVE를 계속해서 해 나갈 것이다. 한 가지 희망이라면 항성들이 미친 소식을 전해오지 않는 것이다.

● UFO를 발견한 적이 있는가?

거의 반세기나 되는 시간을 하늘을 보며 지냈지만 UFO는커녕 설명할 수 없는 천체는 하나도 보지 못했다. 외계인의 우주선이나 외계인을 봤다는 확실한 증거만 있으면 세기의 발견으로 칭송받을 텐데, 진짜 애석한 일이다. 부서진 우주선 파편이라도 찾아내면 분명 노벨상 감인데. 천문학자들과 우주 과학자들은 대부분 지구처럼 고등 생명체가 사는 행성이 우리 은하 내에 또 있을 것이라고 생각하지만 외계 고등 생명체가 지구를 방문했을 가능성은 없다고—있어도 아주 낮을 거라고— 생각한다. 왜냐하면 아직 그런 증거를 하나도 찾지 못했기 때문이다.

8장 '고등 생물체가 살고 있는 곳이 지구 외에 또 있을까?'에서 보았듯이 인류에게는 아직 다른 항성 주위를 돌고 있는 지구형 행성을 관찰할 수 있는 기술이 없다. 지구형 행성을 찾아내 그 속에 들어 있는 생물체의 표지, 고등 생명체가 활동한 흔적을 찾아내려면 몇십 년은 더 흘러 새로운 망원경 세대가 열려야 한다. 그때나

●●● RAVE는 영어로 '헛소리하다'라는 뜻이 있음 – 옮긴이

되어야 UFO를 보게 되지 않을까 싶다.

● 빌리 코놀리(Billy Connolly)와 노래를 한 적이 있다는데 사실인가?

1960년대 말부터 1970년대 초까지 낡은 기타와 거친 목소리로 포크 블루스 계를 주름잡던 내 우상들을 따라 하기 위해서 스코틀랜드와 잉글랜드 북부 포크 클럽을 돌면서 공연을 했었다. 당시 내 우상은 이제는 전설이 되어 버린 데이비 그레이엄(Davy Graham), 버트 얀쉬(Bert Janch), 존 렌번(John Renbourn) 같은 뮤지션으로 그땐 진짜 똑같이 흉내 낼 수 있었다.

그 무렵 진짜로 노래를 부를 수 있었던 기타리스트를 만났다. 우리 두 사람은 브래드포드 앤 이스트 파이프 레디 믹스트 콘크리트 컴퍼니(The Bradford and East Fife ReadyMixed Concrete Company)라는 2인조 밴드를 만들었다. 이름이 왜 그러냐고는 묻지 말길! 그땐 그냥 그 이름이 멋져 보였다. 지금도 스코틀랜드에서 공연하는 내 오래전 파트너인 케니 브릴은 가끔 자신이 만든 멋진 음반을 보내온다. 그에 대한 보답으로 호주 '술집 과학(Science in the Pub)'을 위해 쓴 미친 〈은하 적색 편이 블루스 Galaxy Redshift Blues〉 같은 걸 보내준다.

브래드포드 앤 이스트 파이프 레디 믹시드 콘크리트 컴퍼니가 으스대며 활발하게 활동을 벌이고 있을 때 또 다른 2인조 밴드도 클럽을 돌며 공연하고 있었다. 그 때문에 가끔 같은 무대에 설 때

●●● 사실은 일반인을 위한 과학이라는 뜻이지만 술집이라는 뜻도 있는 Pub라는 단어로 지은이가 농담을 하고 있다. – 옮긴이

가 있었다. 그 2인조 밴드 이름은 험블범스(Humblebums)였는데, 우리보다 더 기괴해 보였다. 케니와 나는 밴드 이름의 간결함에 압도되었다. 도대체 어떤 대단한 뜻이 담겨 있는 이름인지 도무지 알 수가 없었다. 그 험블범스 중 한 명이 바로 1978년에 〈베이커 스트리트 Baker Street〉를 발표해 큰 성공을 거둔 게리 레퍼티(Gerry Rafferty)다. 그리고 또 한 명은……맞다, 빌리 코놀리다. 가수로서, 그리고 뮤지션으로서 빌리의 능력이 우리보다 특별히 뛰어난 건 아니었지만 그의 공연에는 뭔가 모르게 특별한 게 있었다. 그리고 나머지는 누구나 아는 그대로다.

그럼 질문에 대한 답을 해 보자. 답은 '아니다'이다. 내가 빌리 코놀리와 함께 노래를 부른 적은 없다. 하지만 그가 있을 때 노래를 부르기는 했다. 몇 번 정도는.

● 방송 때 받은 질문을 책으로 엮을 생각이 없는가?

와, 좋은 생각이다. 바로 실행해야겠다!

[ㅇ]

[A~Z]

천왕성은 왜 거꾸로 있을까?

지은이 | 프레드 왓슨
옮긴이 | 김소정

초판 1쇄 펴낸날 | 2010년 4월 23일

펴낸곳 | 도서출판 사람과책
펴낸이 | 이보환
기획편집 | 이장휘, 정은미, 곽준호
마케팅 | 이원섭, 이봉림, 신현정

등록 | 1994년 4월 20일(제16-878호)
주소 | 서울시 강남구 역삼1동 605-10 세계빌딩 5층
전화 | 02-556-1612~4
팩스 | 02-556-6842
전자우편 | man4book@gmail.com
홈페이지 | http://www.mannbook.com

Printed in Korea
ISBN 978-89-8117-119-3 03440
잘못된 책은 바꾸어 드립니다. 책값은 뒤표지에 있습니다.